中 国 香 榧

黎章矩　戴文圣　主编

科学出版社

北 京

内 容 简 介

本书全面介绍了我国榧树和香榧的利用、栽培历史、地理分布和生态习性，榧树种内性状变异，种以下类群划分与选种，香榧的起源及其分类地位，香榧的生物学特性，苗木快繁技术、造林技术、速生高产优质安全栽培技术和产品加工技术。本书可作为高等农林院校、中等专业学校和经济林研究者参考，也可作为香榧生产基地员工进行专业培训的参考用书。

图书在版编目(CIP)数据

中国香榧/黎章矩，戴文圣主编.北京：科学出版社，2007

ISBN 978-7-03-020287-1

I. 中… Ⅱ. ①黎… ②戴… Ⅲ. ①香榧-简介 ②香榧-果树园艺 Ⅳ. Q949.66 S664.5

中国版本图书馆 CIP 数据核字（2007）第163739号

责任编辑：李 瑾　陈沪铭 / 责任校对：连秉亮
责任印制：刘 学　　　　 / 封面设计：一 明

科学出版社 出版

北京东黄城根北街16号
邮政编码：100717
http:// www.sciencep.com

杭州鑫锐印刷有限公司印刷
科学出版社发行 各地新华书店经销

*

2007年10月第 一 版　开本：780×1092 1/16
2007年10月第一次印刷　印张：13
印数：1—800　　　　　字数：300 000

定价：60.00元

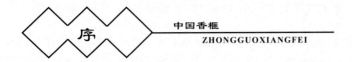

序

中国香榧
ZHONGGUOXIANGFEI

　　香榧是我国特有的珍稀干果，主产浙江会稽山区的诸暨、绍兴、嵊州、东阳、磐安等县市，资源稀少，生长期长，稀罕珍贵。其中诸暨枫桥香榧为历代名产，享誉天下，尤其是赵家镇钟家岭一带千百年以上的香榧古树连绵成林，老树新枝，堪称世界一绝。香榧种仁营养丰富，风味独特，脍炙人口；榧树四季常绿，形态优美，长寿长效；榧果三代同堂，福禄寿喜，喜庆盈门。香榧的这些特性，造福民生，溢滋生态，被世人冠之以"长寿树"、"长生果"等美誉。在我国，香榧具有悠久的栽培利用历史。东汉时利用榧子作药用，唐代起开始食用榧子并作为珍果供奉在士大夫的餐桌上，南宋开始作贡品，古代文人留下了许多赞美榧树、榧子的诗文。因此，香榧不仅具有重要的经济、社会和生态价值，而且具有丰富的文化内涵。

　　近十年来，随着我省效益农业、高效生态农业的发展和科技研究的日益深入，香榧的产业化开发与经营迅速推进。人民生活水平的提高和社会的进步，也使香榧的市场需求不断扩大，香榧的经济、生态、文化功能进一步显现。在新的形势下，我们欣喜地看到，各香榧主产区围绕转变发展方式、提升产业层次，在加快科技创新、提高生产组织化和标准化水平、推进品牌化经营等方面进行了积极探索，取得了明显成效，香榧产业在促进山区农民增收致富、拓展农村文化旅游、改善生态环境等方面发挥了重要作用。在这一进程中，一批从事香榧研究的专家、教授紧密结合生产实际攻克了一批制约香榧产业发展的关键技术难题，浙江省香榧产业协会也有效地履行了行业自律、行业服务、行业协调的职能，特别是通过组织龙头企业带动农户的生产，与科研部门密切合作积极推广新技术和新工艺，有力地提升了香榧的产业化经营水平，促进了香榧产业的全面协调可持续发展。

　　为了适应当前香榧产业蓬勃发展的新形势，加快对香榧产业的提升和发展，在浙江林学院、浙江省林业厅、浙江省科技厅和浙江省香榧产业协会等相关部门领导和有识之

士的大力支持和热心帮助下，浙江林学院黎章矩、戴文圣等专家编著出版了《中国香榧》一书，这是值得称许的一件事。这本书系统总结了香榧科研成果和生产经验，全面介绍了香榧栽培利用历史，香榧和榧树的资源分布和适生条件，香榧起源及其分类地位，香榧的特征、特性和科学栽培技术，产品加工利用技术和产品质量标准，内容全面，图文并茂，通俗易懂。希望《中国香榧》一书的出版，能对香榧产业的提升和发展起到更好的指导和推动作用，为创新创业、富民强农作出贡献。

浙江省政协主席

2007 年 9 月

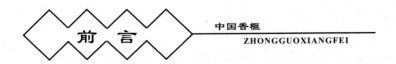

中国香榧
ZHONGGUOXIANGFEI

《中国香榧》全面介绍了我国榧树（*Torreya grandis* Fort. ex Lindl）和香榧（*Torreya grandis* cv. *merrillii*）的利用、栽培历史、地理分布和生态习性，榧树种内性状变异，种以下类群划分与选种，香榧的起源及其分类地位，香榧的生物学特性，苗木快繁技术、造林技术、速生高产优质安全栽培技术和产品加工技术。本书基本概括了现有的香榧研究成果和生产经验，特别是对香榧所特有的生物学特性、苗木繁殖和造林关键技术、无公害栽培和产品加工技术作了重点介绍。为增加直观性和实用性，在书中插入大量图片。在香榧生产典型单位介绍中，对重点香榧生产的乡、镇、村、户的生产经验作了总结和分析，并对其中保留的 6 年以上、多至 56 年的历史资料进行了整理、保存，为进一步研究气候条件、管理措施与香榧产量之间关系提供了重要资料。

本书的编写人员大多是长期从事香榧研究和在第一线指导生产的专家、技术人员，所编写的内容具有较强的针对性、实用性和先进性。本书可作为高等农林院校、中等专业学校和经济林研究者参考，也可作为香榧生产基地员工进行专业培训的参考用书。由于对香榧的研究历史不长，研究广度和深度均显不足，所以本书存在缺点甚至错误在所难免，敬请读者批评指正。

在本书的编写过程中得到了浙江林学院方伟副校长、浙江省林业厅陈国富副厅长、吴鸿副厅长、浙江省科技厅邱飞章副厅长、浙江省香榧产业协会骆冠军会长、杭州市林水局陈勤娟副局长的关怀与支持，浙江冠军食品有限公司、杭州天禾园艺有限公司、浙江康大实业有限公司对本书的出版提供了资助。安徽省黄山市林业科学研究所潘建新副所长、诸暨市林业局斯海平工程师、绍兴县林业局裘鑫灿高级工程师提供了部分照片和文字资料，临安市林业局葛华平工程师参加了野外摄影，淳安县农民技术员张保庭参与香榧选优及良种繁殖工作，在此一并致谢！

编 者

2007 年 6 月于杭州

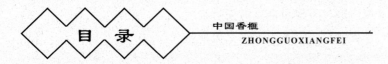

中国香榧
ZHONGGUOXIANGFEI

第一章 概 述

第一节 香榧栽培利用历史

香榧（*Torreya grandis* cv. *merrillii*）是榧树（*Torreya grandis* Fort. ex Lind.）中经过无性繁殖的一个品种，其主要性状和经济价值有别于榧树中其他实生榧树变异类型。香榧的栽培利用历史远迟于榧树。在香榧出现以前，榧子早已作药用和食用。

一、榧树的栽培利用历史

1. 药用

榧树古称彼、柀、玉山果、赤果、榧树、榧子树。公元前 2 世纪初的《尔雅》是记载榧树的最早文献。书中称榧为彼："彼，杉也。其树大连抱，高数仞，其叶似杉，其木如柏，作松理，肌细软，堪为器也。"指出榧树似杉，高大乔木，木材可作器具，但未指出榧实用途。有关榧实的利用最早见于药书，公元 3 世纪初三国魏人吴普撰《神农本草经》首次将榧实归于虫部，列为下品："彼子味甘温，主腹中邪气，去三虫，蛇螫蛊毒，鬼疰伏尸。"认为榧实（彼子）能驱邪，去毒，治疗脑、胸、腹（三虫）疾病和儿童夏季发热病（鬼疰伏尸）。公元 6 世纪初陶弘景《名医别录》记载："彼能消谷、助筋骨、行营卫、明目轻身、令人能食，多食一二斤亦不发病。"指出榧实具有助消化、健筋骨、明目、保健（行营卫）等功能。此后，唐代的《食疗本草》、《唐本草》、《外台秘要》，宋代的《图经本草》、《本草衍义》都有榧实作药用的记载。苏恭在《图经本草》（1061 年成书）中指出："彼子当从木作柀子，误入虫部也……其叶似杉，木如柏而微软，子名榧子，宜入果部。"第一次指明彼、柀子即榧子。明代李时珍的《本草纲目》，集历代医家之说对榧实的疗效归纳为"气味甘、温、平、涩、无毒"，"常食治五痔，去三虫蛊毒，鬼疰恶毒，疗寸白虫"，"消谷、助筋骨、行营卫、明目轻身，令人能食、多食滑肠，五痔人宜之，治咳嗽，白浊，助阳道"，并指出"榧实，柀子治疗相同，当为一物无疑"。

2. 食用

榧子作为食用，最早见于公元 8 世纪唐代陈藏器所著《本草拾遗》，书中载有："柀与榧同，榧树似杉，子如长槟榔，食之肥美。"北宋李昉等编著的《太平广记》记载："唐敬宗宝历 2 年（公元 828 年）浙江送朝庭舞女 2 人，一曰飞燕，一曰轻风……所食多荔枝、榧实……"说明当时榧实已作为美容食品。北宋时已将榧实列为宴席上珍品和馈赠礼品，频繁见于文人墨客的诗赋中。苏轼《送郑户曹赋席上果得榧子》诗云："彼美玉山果，粲为金盘实。瘴雾脱蛮溪，清樽奉佳客。客行何以赠，一语当加璧。祝君如此

果，德膏以自泽。驱攘三彭仇，已我心腹疾。愿君如此木，凛凛傲霜雪。斩为君倚几，滑净不容削。"苏诗简洁地描述了榧实的珍贵（粲为金盘实，清樽奉佳客）、榧树的产地条件（瘴雾脱蛮溪）、常绿树（凛凛傲霜雪）、榧实的药用价值（驱攘三彭仇、已我心腹疾）和材用价值（斩为君倚几、滑净不容削）。苏轼在其所著的《物类相感志》中还载有："榧煮素羹，味更甜美。猪脂炒榧，黑皮自脱。榧子甘蔗同食，其渣自软"。公元 1214 年成书的《郯录》也载有："玉山属东阳，郯（嵊州）暨（诸暨）接壤，榧多佳者"。僧巽中榧汤诗云：" '久厌玉山果，初尝新榧汤'，榧肉和以生蜜，水脑作汤奇绝。"说明北宋榧实不仅作干果，而且制作羹汤。此后，《尔雅翼》、《长物志》、《艺苑雌黄》、《清稗类钞》等史籍都有榧子食用或加工方法的记载。

关于榧树何时开始人工栽培，文献记载不多。浙江磐安县万苍乡有个榧坞村（现名裴湖村）保存的《榧坞种杏堂周氏宗谱》，记载榧坞村在唐代已开始种榧树。另据浙江衢州市柯城区、石梁镇大俱源村上谢自然村《谢氏宗谱》记载：谢氏先祖于唐武德年间（公元 618~623 年），由会稽（今绍兴市）迁移大俱源村定居后，取名"上谢"，并在村前、坑边种植许多榧树，"榧树坪"、"榧树坑"由此得名，20 世纪中期这里榧树很多，1958 年大炼钢铁时被毁，现存 3 株大树，最大 1 株树高 21.5m，胸径 1.2m，活立木材积 9.48m³，干基已空，大枝被毁，仅余少量枝条，但仍结实累累，按推算，树龄已达 1300 多年。文献记载榧树栽培最早见于北宋梅尧臣诗："种榧树皆活，经冬不变青"。可见榧树栽培历史应不迟于唐代。

二、香榧的分类地位与起源

1. 香榧的分类地位

全世界榧属（*Torreya Arn*）植物共 6 种、2 个变种，其中美国 2 种：佛罗里达榧（*Torreya taxifolia*）和加州榧（*Torreya californica*）；1 种产于日本的为日本榧（*Torreya nucifera*）；我国产 3 种、2 个变种，即巴山榧（*Torreya fargesii*）、云南榧（*Torreya fargesii* var. *yunnanensis*）、榧树（*Torreya grandis*）、长叶榧（*Torreya jackii*）和九龙山榧（*Torreya grandis* var. *jiulongshanensis*）。香榧的分类位置如图 1-1 所示。

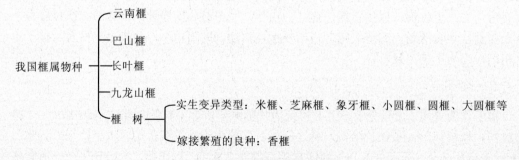

图 1-1　香榧的分类位置

在我国原产的榧树中，长叶榧、巴山榧和云南榧种子胚乳深皱，脱衣难，不堪食用，九龙山榧资源极少，能否作为一个新变种还有待研究，只有榧树是我国分布最广、栽培利用历史最久、经济价值最高的 1 种。榧树是 1857 年由 Lindley 代 Fortune 定名的，是我国榧属中定名最早的一种榧树。香榧是榧树中的优良自然变异类型，经人工嫁接繁殖的一个栽培品种。榧树中还有其他许多变异类型，由于品质不如香榧，也未进行人工栽培，群体规模小而分散，都不能叫品种。

榧树与香榧是物种与品种之间关系。榧树物种种内性状变异复杂，有许多自然变异类型，也包含人工栽培的香榧品种；而香榧性状稳定，品质优良是唯一实行栽培的优良品种。香榧祖先是玉山榧、蜂儿榧，后称细榧。最早出现香榧名称是清朝乾隆年间的《诸暨县志》，该志物产卷载："……榧有粗细二种，以细者为佳，名曰香榧"，这里明确告诉我们，香榧是榧中之佳者——细榧，不包括细榧以外的其他变异类型，更不是性状变异复杂的榧树。榧子的品质以肉质香脆，风味香醇者为佳。故香榧名称更能反映香榧的优良品质，如果把榧树物种和香榧品种都称香榧显然不妥，把香榧改为细榧也无必要，因为香榧已成为著名产品品牌，不能轻易丢掉。

2. 香榧的起源

榧树分布遍及浙、闽、皖、赣、苏、湘、鄂、黔诸省，地域广阔，加上雌雄异株，异花授粉，实生后代分离很大，种内性状变异十分复杂。仅从榧树种子来看，大小、形状、种壳特征、胚乳皱褶深浅、脱衣（内种皮）难易、营养成分含量及风味好坏各不相同，香榧就是从榧树自然变异中选出的优良类型或单株经嫁接繁殖而成的优良品种。因此，香榧的产生必须具备两个条件：一是认识榧树种内性状变异的优劣，并进行选优；二是有成熟的嫁接技术。

在唐代及其以前史籍中所介绍的彼子、柀子、榧实、榧子，是榧树种子的通称，并没有指出榧实有好坏之别。公元 1174 年成书的《尔雅翼》对榧树的生物学特性和种内性状变异首次进行了描述："柀似杉而异于杉。彼有美实而木有文采，其木似桐，而叶似杉，绝难长。木有牝牡，牡者华而牝者实。冬月开黄圆花（实为未开的雄球花——作者注），结实大小如枣。其核长如橄榄核，有尖者，不尖者，无棱而壳薄，黄白色，其仁可生啖，亦可焙收，以小而实心者为佳，一树不下数十斛。"书中指出的榧树雌雄异株（木有牝牡）；难种植，生长慢（绝难长）；种子长如橄榄核，有尖者，不尖者，以小而实心者为佳等描述完全符合实际情况，种子小而实心仍是今天榧树选优的重要标准。《尔雅翼》的著者罗愿及以后对《尔雅翼》音释的洪焱祖均为安徽歙县人，歙县及其邻近的休宁、黟县、绩溪、宁国等县均为古、今榧树主产区，至今仍保留有榧树优良变异类型——小而实心的"小圆榧"、"花生榧"，只是没有进一步进行选择和无性繁殖而未能成为品种。

正宗的香榧品种大约在唐代前期产生于浙江的会稽山区，这是由于会稽山区有好的榧树变异类型，近年在磐安尚湖镇和绍兴稽东镇分别发现数百年生的野生（实生）香榧就是证明；其次浙江为历史上的水果之乡，果树嫁接技术比较普及。《临海异物志》记载三国时当地就有嫁接金橘（鸡橘），杨梅在北宋时就开始嫁接；南宋时韩彦直所著《橘录》就详细介绍了浙江温州地区柑橘品种和嫁接技术。浙江越州（现绍兴）从西晋（公元 3 世纪初）时就出产大栗，称"如拳之栗"（《广志》），北宋时如拳之栗已作为贡品（《全芳备祖》、《能改斋漫录》），这种大栗都是经嫁接繁殖的，"诸暨栗大如拳，必接乃大"（《物理小识》）。历史上的柑橘、杨梅、板栗的嫁接技术是完全可以应用到香榧上来的。近年的古树调查中发现，诸暨、绍兴、嵊州、东阳、磐安等县、市都有千年以上的嫁接香榧，最大的嫁接香榧树龄已达 1500 年，这说明 1500 年前香榧已经诞生，但当时不叫香榧，历史上的"玉山榧"、"蜂儿榧"即香榧前身。苏东坡诗"彼美玉山果，粲为金盘实……"说明玉山果是彼（榧）中珍品。玉山古属东阳县，现为磐安县的玉山镇、尚湖镇一带，是古代香榧发源地之一，也是现代香榧的主产区，现有百年至千年以上古香榧树 3000 多株。南宋学者叶适（1150～1223 年）曾主持东阳郭宅"石洞书院"，收到东阳人郭希吕"玉山榧"后，作"蜂儿榧歌"一诗回赠，诗云："平林常榧啖俚蛮，玉山之产升金盘。其中一树断崖立，石乳荫根多岁寒。形嫌蜂儿尚粗俗，味嫌蜂儿少标律……"诗中明确指出"玉山榧"即"蜂儿榧"，而蜂儿榧是榧中珍品。"平林常榧啖俚蛮，玉山之产升金盘"，是说平常的榧子是供粗俗人吃的（啖俚蛮），只有玉山产的榧子是盛于金盘的珍品，并取玉山榧外形似蜂腹状，名"蜂儿榧"。"形嫌蜂儿尚粗俗"是说香榧形状比蜂儿优美，香榧子不可能像蜂儿，但与土蜂、中华蜜蜂的蜂腹却十分相似（如图 1-2 所示）。清代玉山人周显岱《玉山竹枝词》中有："秋风落叶黄连路，一带蜂儿榧子香。"诗中自注："黄连地名，在封山（玉山）西二十里，从杜家岭取道而入，地产榧，最佳者，细长，名蜂儿榧。"黄连即现在的玉山镇黄里村，是香榧的古、今产地。以上所说的"蜂儿榧"产地、形状、品质与今天的香榧完全相符，进一步证明"玉山榧"、"蜂儿榧"即香榧。

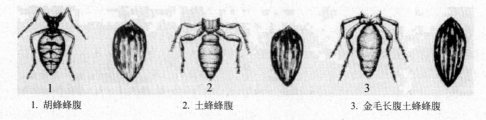

1. 胡蜂蜂腹　　　　　　2. 土蜂蜂腹　　　　　　3. 金毛长腹土蜂蜂腹

图 1-2　香榧种核与蜂腹形状

　　古代，在诸暨、绍兴、嵊州等地香榧也称"细榧"。明代《万历嵊县志》载："榧子有粗细二种，嵊尤多。"至今这些地方，仍称香榧为细榧，而称香榧以外的实生榧为粗榧、木榧或圆榧。

　　香榧之名称首见于地方志是清《乾隆诸暨县志》卷 19 物产志载："邑东乡东白山、上谷岭一带山村皆产榧……有粗细二种，以细者为佳，名曰香榧。"1924 年植物分类学家秦仁昌发表《枫桥香榧品种及其栽培调查》，首次在科学文献上将嫁接的良种榧称为香榧。

　　最能说明香榧发生发展历史见证的是香榧古树。近年来，诸暨、绍兴、嵊州、东阳、磐安等重点产榧县、市，都先后进行了香榧古树调查，结果发现香榧古树数量之多，形态之美，寿命之长，经济效益之高，堪称华夏一绝。5 县、市共有百年生以上嫁接香榧古树 64252 株，诸暨一市就有 40754 株，其中 500～1000 年的有 1376 株，千年以上的有 27 株；绍兴县古树 4927 株，千年以上 9 株；磐安县古香榧 1671 株，千年以上 6 株，800～1000 年 26 株，500 年以上 128 株；嵊州市古香榧 11571 株，东阳市 4000 余株，均为千年以上古树。年龄最大的古香榧树龄已达 1500 年，分布于绍兴县稽东镇，主枝已枯萎近半，但尚能结实；诸暨赵家镇西坑村 1 株 1350 年生古香榧，树高 15m，胸径 2.95m，冠幅 26m，年结实 600kg；磐安县墨林乡东川村 1 株 1200 年生古香榧，树高 30m，基径 2.9m，最高年产果 900 余 kg（如图 1-3 所示）。

绍兴县稽东镇 1500 年生古香榧　　　　　磐安县墨林乡东川村 1200 年生香榧王，2000 年前年产果最高达 900 多 kg，后被雷击，两大枝被毁，现年产果 500kg，产值 15000 余元

图 1-3　香榧古树

从以上分析可见，香榧产生于唐代，推广于宋代，元、明、清时期得到大规模发展。其发生发展历程如下：

名称　　"彼"、"柀"榧子、榧实 {实生繁殖——榧子、圆榧、木榧、粗榧 ; 嫁接繁殖的良种：玉山果、蜂儿榧　细　榧　　香　榧

时代　汉～三国　　南北朝～唐初　　　唐代前期　　　两宋　　　元、明　　清代中期

3. 香榧的研究简史

榧树是我国原产的 5 种榧树中，栽培利用历史最久、分布最广、经济价值最高的一种，也是世界榧属植物中最重要的一种，是国家二级保护植物。榧树最早作为材用（《尔雅》）有"堪为器"之说。榧树种子"榧子"最早作药用，从三国时魏人吴普著《神农本草》、南北朝时陶弘景著《名医别录》起，历代的本草、药书都有榧子药用价值的记载。明代李时珍的《本草纲目》集诸家之说，对榧子的药用价值和疗效记述最详。我国从唐代开始食用榧子。北宋苏轼对榧树的生物学特性、榧子的利用价值以及榧子的加工、食用方法（《物类相感志》）都有记述，特别是最先推荐、宣传香榧祖先——玉山榧，为香榧的推广起了不可替代的作用。南宋学者罗愿的《尔雅翼》最早较科学地记述了榧树的形态特征、雌雄异株、种子形态变异及其与品质相关的重要特性。南宋以后，直到19 世纪，除了少数文人时有歌颂香榧的诗词外，对榧树和香榧基本上没有开展什么研究。

20 世纪 20 年代，随着香榧的扩大栽培和香榧产品的市场流通，才逐步引起一些学

者对香榧的注意，所以香榧的现代研究，始于20年代。1924年10月秦仁昌教授最先考察了浙江诸暨香榧，发表了《诸暨枫桥香榧品种及其栽培调查》一文，简单介绍了枫桥香榧品种、变异类型及栽培技术。1927年曾勉之教授在考察浙江诸暨榧之后，于《园艺》（1）期发表了《浙江诸暨之榧》一文，指出："浙江以产干果闻名于世，杭州几为销售之中心焉，干果之中尤以诸暨之榧子为最著称。"同年，植物学家耿以礼到诸暨采集榧子标本，经胡先骕教授考察发表了《中国榧属之研究》，文章根据榧属植物种子胚乳皱褶深浅分为皱乳榧树组和榧树组，并根据榧树种子形状变异将榧树划分为4个变种和2个变型，首次提出榧树种以下类群划分意见。郑万钧教授分别于1929年和1932年两次到诸暨考察香榧，并写出《浙江诸暨香榧调查》一文。上述学者的工作应视为香榧现代研究的开始，对宣传香榧和推动香榧研究都有重要意义。但由于历史原因，上述学者的研究只是侧重于榧树和香榧的品种类型分类、形态描述和栽培技术的一般介绍，对榧树和香榧考察的地域狭小，调查研究的深度和广度都很不够。

　　1949年中华人民共和国成立以后，浙江省林业厅将香榧与板栗、山核桃并列为浙江省重要干果，并制定发展规划。从1958年开始育苗并通过野生榧高接换种向浙西天目山区扩展，20世纪60年代开始在苗圃地利用小苗嫁接培养嫁接苗，并进行小面积栽培试验。此后对香榧的生物学特性、品种类型划分、人工辅助授粉、施肥和病虫害防治等方面都做了不少工作。在诸多的研究者中，汤仲埙先生做了许多开拓性工作，他在1958年北京大学肄业以后，长期住点诸暨赵家镇（原东溪乡）钟家岭村，一直在生产第一线开展香榧育苗、嫁接、造林、人工辅助授粉等栽培技术的研究和推广工作，还先后与中国科学院植物研究所陈祖铿、王伏雄、康宁、张良等协作进行了香榧有性生殖周期、后期胚发育、榧树种以下类群划分等基础研究工作。70年代以后诸暨香榧研究所任钦良高级工程师在榧树品种类型分类、香榧生物学特性观察和扩大栽培，以及童品璋高级工程师在香榧病虫害防治、保花保果和实用栽培技术推广等方面都做了许多有益工作。此外，马正三、孙蔡江等长期深入基层，在香榧实用栽培技术推广普及中做出了不少贡献。90年代以后，随着香榧价格大幅提高，群众栽培香榧积极性进一步高涨，香榧苗木快繁技术、提高造林成活率、加强成林管理和营建香榧基地等有关技术受到普遍重视，韩宁林、骆成方等对此做了许多有益工作。浙江林学院于1962、1985年两次在天目山区进行野生榧树高接换种工作，90年代中期起，该校黎章矩、戴文圣、程晓建等在全国榧树资源调查和香榧适生条件，榧树种内性状变异、性状相关和选种，榧树种子催芽、周年嫁接和提高接穗利用率等香榧快繁技术，香榧林地土壤营养状况、有毒重金属元素含量与种子品质（营养与安全）的相关性，香榧花芽分化和提高造林成活率的关键技术等方面都做了比较系统的调查与试验研究工作。此外，近年来陈振德、周大铮、何关福、张虹、余象煜、李平等对香榧的油脂、叶、假种皮的成分分析与开发前景开展了一系列的研究，谭晓风、胡芳名等对榧树不同品种类型进行了RAPD分析，管启良、黄少甫等通过核型分析和梁丹等利用AFLP标记技术分别对榧树雌雄株早期鉴别提出新见解，姜新兵、陈力耕等进行了香榧体细胞胚发生的研究，以上说明香榧研究已开始从常规研究向细胞分子水平深入。迄今为止，香榧的主要特性已基本弄清，香榧的配套栽培技术已基本形成，影响香榧扩大栽培的苗木快繁技术与提高造林成活率的关键技术已得到解决，这些都为

香榧的进一步发展打下了坚实基础。但对香榧这一古老树种,现代科学研究起步较晚,研究的广度和深度都还不够,今后的研究重点应为:

1)按正规育种程序开展榧树种内优良类型和品种选择以及香榧品种提纯复壮和优株再选择。

2)加速苗木生长量和缩短童期的关键技术研究。

3)低山丘陵地区香榧基地的营建技术,特别是解决高温、强日照对香榧幼龄期生长发育影响的关键技术。

4)香榧落花、落果和僵果机理及调控技术研究。

5)香榧花芽分化、授粉、受精及胚胎发育过程及其影响因子研究。

6)香榧加工前种子预处理过程中的内部物质动态变化及加工技术的改进,使现在的经验加工上升为科学加工。

7)香榧副产品综合利用和榧属其他物种的开发利用研究。

8)香榧生产过程中有毒重金属元素污染机理及防治的研究。

第二节　香榧的经济价值和生态效益

一、香榧的营养价值

香榧风味独特、营养丰富,古代就作为助消化、美容、保健食品。近年来,经成分分析发现其含有丰富的油脂、蛋白质、氨基酸、矿物元素和特殊的维生素。

1. 香榧油脂含量及脂肪酸组成

关于香榧油脂含量和脂肪酸的组成,国内有多家进行过分析,由于采样和分析方法不同,结果有一定差异。浙江林学院采取完熟种子分析,在 48 个种子样品中,14 个香榧样品种子含油率在 54.62%～61.47%之间,平均达 57.02%;其他 34 个实生榧样品含油率为 39.44%～51.15%,平均 48.02%。含油率高是香榧香脆的主要原因之一。14 株香榧油脂脂肪酸平均组成如表 1-1 所示。

表 1-1　香榧油脂和脂肪酸组成

项目	脂肪酸组成								
	棕榈酸	硬脂酸	山嵛酸	油酸	亚油酸	亚麻酸	二十碳烯酸	二十二碳酸	不饱和脂肪酸占脂肪酸总量
含量/%	8.61	1.61	8.62	35.16	43.21	0.33	0.28	2.18	78.89

香榧油脂含有 8 种脂肪酸,以亚油酸、油酸等不饱和脂肪酸为主,不饱和脂肪酸占脂肪酸总数的 78.89%,是容易消化、有利于降低胆固醇的高级食用油。近年来的研究证明,香榧子油具有一定的降血脂和降低血清胆固醇的作用,有软化血管、促进血液循环、调节老化了的内分泌系统的疗效。第一军医大学南方医院陈振德等从血脂、血清血栓素（TXA$_2$）、前列环素（PGI$_2$）、TXA$_2$/PGI$_2$ 比值及内皮素（ET）等方面探讨香榧子油对

预防动脉粥样形成的可能性，以雄性 Wistar 大鼠为供试对象，随机分正常对照组、高脂对照组、月见草油对照组和香榧子油实验组，观察 12 周。结果说明，香榧子油实验组大鼠血清总胆固醇（TC）、甘油三酯（TG）和动脉粥样硬化指数（AI）明显低于对照组，而血清高密度脂蛋白胆固醇（HDL-C）明显高于高脂对照组；香榧子油实验组大鼠血浆 TXA_2、ET 水平及 TXA_2/PGI_2 比值低于高脂对照组，而血浆 PGI_2 水平高于高脂对照组。试验表明，香榧子油对动脉粥样硬化形成有明显的预防作用。食用油脂丰富的香榧能有效地驱除肠道中绦虫、钩虫、绕虫、蛔虫、姜片虫等各种寄生虫，并具有杀虫而不伤人体正气的特点，是有效的天然驱虫食品。

2. 蛋白质含量与氨基酸组成

香榧是蛋白质含量比较丰富的干果之一。据对 24 个不同产地、树龄的香榧单株样品分析，蛋白质平均含量为 13.47%，变幅为 12.10%～16.81%。蛋白质的氨基酸组成如表 1-2 所示。

表 1-2　香榧种仁氨基酸组成

氨基酸名称	含量/%	氨基酸名称	含量/%	氨基酸名称	含量/%
天冬氨酸 ASP	1.22	苏氨酸 THR	0.59	赖氨酸 LYS	0.65
丝氨酸 SER	0.72	丙氨酸 ALA	0.59	异亮氨酸 ILE	0.69
谷氨酸 GLU	1.36	脯氨酸 PRO	0.62	亮氨酸 LEU	0.90
甘氨酸 GLY	0.64	胱氨酸 CYS	0.14	苯丙氨酸 PHE	0.67
组氨酸 HIS	0.27	酪氨酸 TYR	0.65	氨基酸总量	11.81
精氨酸 ARG	1.04	缬氨酸 VAL	0.94	人体必需氨基酸	4.57
		蛋氨酸 MET	0.12		

香榧种仁含有 17 种氨基酸，氨基酸总量达 11.81%，8 种人体必需氨基酸有 7 种具备，必需氨基酸占氨基酸总量的 38.61%，具有很好的营养价值。

3. 维生素种类及含量

香榧种仁中含有 5 种维生素。首次发现烟酸、叶酸、维生素 D_3 含量极其丰富（如表 1-3 所示）。

表 1-3　香榧种仁维生素种类及含量

项　目	维生素种类				
	维生素 B_1 mg/100g	维生素 B_2 mg/100g	维生素 D_3 mg/kg	烟酸 mg/kg	叶酸 mg/kg
含　量	0.0412	0.104	129.0	207.9	226.5

维生素 D 能增加钙、磷等元素在人体肠道中的吸收，并能提高它们的有效利用，缺维生素 D 会影响骨骼和牙齿的发育。香榧种仁中含维生素 D_3 量达 129.0mg/kg，高于一般干果许多倍，这与古药书称榧子"助筋骨"的功能是一致的。

维生素 B_1 参与神经系统代谢，增进智力发展，促进生长发育，帮助消化，保持精力充沛。

维生素 B_2（核黄素）在活细胞氧化中起着重要作用，帮助糖、脂肪、蛋白质代谢，为细胞生长和组织维持所必需。参与神经系统代谢，促进智力发展和细胞再生，促进皮肤、毛发、指甲生长，增进视力，消除口腔炎症。

叶酸是重要的 B 族维生素，参与氨基酸和核酸代谢，高等动物缺乏时会产生巨细胞性贫血。叶酸能促进泌乳、健美皮肤、防止白发、增进食欲、防治口腔溃疡。近年研究证明，孕妇在怀孕期间叶酸营养不足是产生畸形儿的重要原因之一，在畸形儿比率较高的山西省已配制高叶酸及锌、铁等矿物元素的面粉，强制孕妇服用。香榧叶酸含量达 207.9mg/kg，其含量比一般干、水果高几十倍。

烟酸又称尼克酸，能促进消化，降低血压，防治偏头痛、口臭，能降低胆固醇。烟酸缺乏会引起糙皮病，故烟酸亦称为"抗糙皮病维生素"，香榧种仁中含烟酸达 226.5mg/kg，超出烟酸含量较高的龙眼、核桃、杏、荔枝等干果、水果的 22～50 倍。

叶酸、烟酸能健美皮肤，防止白发，防止"糙皮病"，这说明香榧防止衰老、美容的说法是有根据的，相传美女西施平生只喜食榧子和橉李（水果），唐代也将榧子作为舞女的美容食品。至于榧子可以增进食欲、帮助消化，历代药书均有记载。南北朝人陶弘景谓"榧子消谷，令人能食，多食一二斤亦不发病"。产区群众经验：多食腹胀，只要吃 10～20 颗香榧，1 小时即可痊愈。

4. 矿物元素

香榧种仁中含用 19 种矿物元素，生命必需元素钙、钾、镁、铁、锰、铬、锌、铜、镍、氟、硒等全部具备。其中钾、钙、镁、铁、锌、硒等元素含量丰富，所以具有很高的营养价值（如表1-4所示）。

表1-4 香榧种仁矿物元素含量

种类	单位	含量	种类	单位	含量	种类	单位	含量
钾	%	0.7～1.18	镍	mg/kg	1.71	铁	mg/kg	25.92
钙	mg/kg	909～3010	铬	mg/kg	0.23	锌	mg/kg	12.70
镁	%	0.05～0.314	镉	mg/kg	0～0.11	氟	mg/kg	2.338
钠	%	0.14	铅	mg/kg	0.06	汞	mg/kg	0.002
铜	mg/kg	4.02	锰	mg/kg	14.73	砷	mg/kg	0.10
硒	μg/100g	7.36	铝	mg/kg	10.64	磷	%	0.215～0.339

1）钾　　香榧种仁中含钾量高达 0.70%～1.13%，是常见干果中最高的。现代医学研究表明：钾元素在维持心脏功能，参与新陈代谢以及降低血压等方面功效突出，还有助于调节感情、稳定情绪、减少中风的发病率。美国医学家经 12 年对 50～70 岁男女跟

踪观察发现，进低钾饮食者中风死亡率显著高于高钾饮食者，每天钾的进食量增加 10 个毫克分子（390mg），发生中风致死危险性可减少 40%。

2）镁　　香榧种仁中含镁量 41.26～310 mg/100g，绝大多数样品均在 250mg/100g 以上，属于含镁丰富的干果。镁是人的心脏卫士之一，同时有防治健忘症、老年痴呆症及糖尿病的功效。据美国哈佛医学院对 12 万名健康男女近 20 年含镁食物的摄入量的随访问卷调查发现，含镁食物摄入总量与Ⅱ型糖尿病的发生成反比。

3）锌　　香榧锌含量达到 12.7mg/kg，是干果中较高的。锌元素被誉为"生命之花"，参与生殖、生长、发育等生理功能的酶系统大多含锌。锌也是碳酸酐酶、DNA 聚合酶、RNA 聚合酶等 80 多种酶的组成成分或激活因子，直接参与蛋白质、核酸等合成，在机体代谢及组织呼吸中占重要位置。缺锌会造成妇女妊娠并发症和儿童发育迟缓。

4）其他矿物元素　　香榧种仁中还含有丰富的钙、磷、铁、硒。钙、磷的营养价值已是常识。铁能运输氧与电子转移，促进生长发育，防治缺铁性贫血，增加对疾病抵抗力和学习能力；硒组成谷胱甘肽过氧化酶，防止克山病和骨节病，并能促进生长。近年研究证明铁、锌、硒含量是食品的重要健康标准，随着地球中 CO_2 浓度和作物产量的提高，食品中铁、锌、硒、碘含量下降，将形成世界性的"隐形饥饿"。

从香榧矿质元素含量看，食用香榧可预防心、脑血管疾病，防治中风和老年痴呆，有利于儿童的生长发育。

香榧种仁中有毒重金属元素砷、汞、铅、铜、铬的含量均远低于食品安全标准所允许的含量。镉元素在个别样品中超标，可能是施肥引起，在今后栽培中必须引起注意。

5）农药残毒　　分析了香榧种仁中六六六、滴滴涕、百菌清、三氯杀螨醇、联苯菊酯、溴氰菊酯、甲胺磷、辛硫磷、对硫磷、氧化乐果、甲基托布津等 23 种常见农药残毒以及亚硝酸盐、硝酸盐含量，农药残毒全部未检出；亚硝酸盐含量 0.18mg/kg，硝酸盐 12.31mg/kg，均符合安全标准。

从有毒重金属和农药残毒分析资料看，香榧食品符合优质、安全的要求，达到无公害食品和森林食品标准。

5. 香榧主要成分与品质之间关系

香榧与实生榧树中的其他自然变异类型之间的差异，除种子形态特征不同外，主要是品质间的差异：香榧种仁香脆、肉质细腻、容易脱衣（内种皮）；而实生的木榧绝大多数表现肉质粗硬、不松不脆、缺乏香味、且不易脱衣。2002～2003 年采集不同产区（会稽山区、天目山区、黄山地区）完全成熟的香榧 30 株，实生榧优株 35 株，实生榧不同变异类型 33 株共 98 个单株种子样品，进行主要成分分析，结果如表 1-5 所示。

由表 1-5 可见，香榧脂肪、蛋白质含量高，淀粉含量低；实生榧中选出的优株，上述成分接近香榧而与实生榧的一般自然类型差异显著；而一般实生榧的油脂、蛋白质含量低，淀粉含量高，总糖的含量三者差异不大。蛋白质是重要营养成分，而油脂、淀粉含量高低决定种仁的香、脆程度。香榧蛋白质、油脂含量高，淀粉含量低，口感细腻香脆，而实生榧（木榧）相反，口感粗硬、不香不脆。从不同品种类型的单株间蛋白质、油脂、淀粉、总糖含量变异系数看，除总糖外，各成分含量的变异系数以香榧最小，实

生榧优株次之，一般实生榧变异最大，说明香榧性状稳定。在香榧中所存在的一定差异可能受立地条件、管理措施和结实多少所引起，同时香榧诞生历史已达 1000 多年，品种内存在某些性状变异也在所难免。

表 1-5　香榧及榧树不同品种、类型种子主要成分差异

品种类型	样品数/株	蛋白质 / %			脂肪 / %			淀粉 / %			总糖 / %		
		平均	变幅	变异系数	平均	变幅	变异系数	平均	变幅	变异系数	平均	变幅	变异系数
香榧	30	14.02	11.92~16.03	7.47	57.44	53.46~61.47	3.00	5.22	4.14~7.12	10.66	2.83	1.33~3.72	25.45
品质接近香榧的实生榧优株	35	13.22	11.46~16.43	9.16	55.64	49.91~65.13	5.88	7.47	4.241~4.55	31.18	2.94	2.14~4.35	20.95
实生榧	33	10.78	9.47~13.64	20.33	46.58	39.44~54.08	7.99	14.71	8.14~19.61	25.26	3.15	1.77~4.34	17.63

注：总糖分析样品香榧、实生榧优株各 17 株，实生榧 26 株。

二、榧树（含香榧）木材

榧树生长慢，木材比重大、纹理致密、不翘不裂，是良好的建筑、家俱和雕刻良材。榧木在我国古代就作为上等家俱用材。《尔雅》最早指出榧木"堪为器"，东晋《王羲之传》曾记载："王右年尝诣一门生家，见一新榧几，至滑净，便书之，正草相丰。"唐代诗人王昌龄的诗"芳香净榧几，松影闲瑶墀"，说明榧几当时已相当名贵。据福建林科所 20 世纪 60 年代分析闽西北榧树木材的一般特性为：无脂材，年轮稍不明显，宽狭略均匀，每厘米年轮数 7～9 轮（x）。在一年轮中早晚材变迁缓慢：早材带略宽，淡红色；晚材带略狭窄，色较浓。年轮界间有深褐色细线，年轮线明显。心材、边材区别不明显，木材淡赤褐至微黄白色，管胞在扩大镜下略可见（早材）。纵切面反光弱。具有难闻气味和苦味。木射线细，扩大镜下稍可见，大小稍均匀，距离不等，每毫米数 7～10 条（x）；在弦切面作斑点状，弦切面上无波纹。纹理直，结构细而匀，材质中等，有弹性。

木材有关性质和用途：木材干燥容易，少开裂，变形小，颇耐腐且耐水湿；切削容易；油漆胶黏性质良好。为良好的木模、木工、建筑材料用材，可作桩柱、造船、铅笔杆、算盘珠、棋子、雕刻等用材。

榧木曾是重要出口物资，出口日本、韩国等国作为雕刻和制作围棋盘用材，每立方米木材价值万元以上，为了保护资源，20 世纪末国家已明文禁止出口。

三、香榧的副产利用

目前，香榧栽培目的主要是收获作干果用的种子，但除种子外，假种皮、叶子等均有一定的开发价值。陈振德等分析香榧假种皮中挥发油含量达 5.83%，主要由柠檬烯等 48 种化学成分组成，按成分分成两组：Ⅰ组的主要成分为 α-蒎烯、柠檬烯、β-可巴烯、α-卡丁烯，分别占 24.11%、16.95%、10.80%和 10.47%；Ⅱ组主要成分是柠檬烯和 α-蒎烯，分别占 33.37%和 21.04%。周大铮等用色谱分析技术分离鉴定假种皮中含 3 种木脂素化合物：松脂素Ⅰ、二氢脱水二聚松脂醇（Ⅱ）、（7.8cis-8.8′trans）2′，4′-二羟基－3，5－二甲氧基-落叶松脂素（Ⅲ）。还发现假种皮中含有多种黄酮类化合物具抗病毒活性和取代黄酮类化合物托亚埃Ⅱ号、Ⅲ号，有抗肿瘤活性。20 世纪 80 年代诸暨东溪香料厂利用假种皮蒸馏芳香油、浸膏、明膏等，产品已销往天津、北京、广州、桂林等地。

关于假种皮中含抗癌物质——紫杉醇的研究也受到广泛重视。陈振德等人分析认为香榧假种皮中紫杉醇含量是现有红豆杉属植物叶和树皮含量的 2 倍；但近来清华大学化工学院吕阳成、宋进等人分析认为假种皮中紫杉醇含量在 0.003%以下，开发价值不大。至于香榧、榧树树皮中紫杉醇含量尚未见分析报道。浙江林学院分析香榧假种皮中含氮量达 1.3%以上，磷 0.35%～0.45%，钾 0.7%～0.9%之间，是优质的有机肥源，目前产区年产香榧假种皮 3000 多吨都废弃不用，不仅浪费资源又产生环境污染。

何关福等从香榧叶中分离出 26 种精油成分，主要化学组成为：苧烯占 44.24%，α-蒎烯占 20.75%，σ-3-蓇烯占 4%，其中榧黄素和香榧脂为特征性成分。上述精油成分在橡胶、医药、化工上有广泛用途，但在其他针叶树中也广泛存在，加之香榧叶含量不高，而种子价值高，所以叶片开发意义不大。

此外，李桂玲等人从三尖杉、南方红豆杉和香榧树体中分离出 172 株内生真菌，抗病活性检测，有 90 株内生真菌对一种或多种植物病原真菌如红色面孢霉（*Neuropora* sp.）、木霉（*Trichoderma* sp.）、镰刀菌（*Fusarium* sp.）等有抑制作用，其中香榧内生真菌中具抗病菌活性的比例达 57.1%。具抗病菌活性的内生真菌主要分布于青霉属、镰孢菌属等 18 个属中。王建等人从三尖杉、南方红豆杉、香榧皮层中也分离出 172 株植物性真菌，其中 25 株（占总数的 14.5%）对 BK（人口腔上皮癌）或 HL-60（人白血病）细胞具有显著的抑制活性，其中香榧具抗肿瘤活性的菌株占总内生真菌株数的 8.6%。这些发现对新药物开发和香榧抗病生理研究都有重要意义。

香榧种衣（内种皮）具有驱蛔虫作用，也是传统的中药，20 世纪曾出口日本。

四、香榧栽培的经济效益

香榧是我国特有的珍稀干果，其营养丰富，风味独特，加上资源少，产品供不应求，市场价格一直居高不下。近五年的市场价格一直在 120～200 元/kg 之间，是目前价格最高的干果之一。用两年生砧木嫁接培养两年的苗木造林，4～5 年可挂果，10 年生每公顷产籽 300kg，产值 3 万元左右，20 年生每公顷产籽 1600kg，产值 12～16 万元。浙江会稽山区有结实香榧树 16.2 万株，其中 50 年生以上大树约 10.5 万株，新投产树约 6 万株，

80%产量来自大树，大年年产 1200t，平均每株产香榧 9.14kg，产值 1000～1600 元/株。高产单株产籽 150kg，产值 2 万余元。浙江诸暨市赵家镇，大年产香榧 450t，产值 1 亿多元（含加工值）；该镇钟家岭村有 11260 株投产香榧树，其中大树 5461 株，近年年产香榧 100t，平均株产 11.88kg，株产值 1200 元以上，总产值 1000 余万元，全村 287 户，916 人，年香榧收入户均 34800 元，人均 9000 元以上。嵊州市谷来镇袁家岭村，有投产香榧树 1400 株，面积 11.53hm²，2001 年收香榧 21.5t，平均株产 15.18kg，每公顷 1843 千克，2002 年为小年，收香榧 10.8t，产值 253 万元（含加工值）；全村 83 户，280 人，年香榧收入（含加工值）户均 30482 元，人均 9035 元。绍兴县稽东镇娄坞村，192 户，602 人，有香榧 1562 株，面积 10.4 hm²，1998～2002 年香榧产量和收入如表 1-6 所示。

表 1-6　娄坞村历年香榧产量产值

年 度	香榧总产/kg	平均株产/kg	公顷产量/kg	公顷产值/元	平均株产值/元	人均收入/元	当年价格/（元/kg）
1998	10914.0	7.00	727.6	167640	1120.0	2900.7	160.0
1999	13750.0	8.81	916.67	132075	881.0	2284.0	100.0
2000	16250.0	10.40	1562.5	187200	1248.0	3239.2	120.0
2001	31250.0	20.05	3052.9	250000	1604.0	4152.8	80.0
2002	20500.0	13.12	1971.0	205000	1312.0	3405.3	100
平 均	18632.8	11.876	1646.2	188383	1233.0	3196.4	112.0

由表 1-6 可见，娄坞村人均投产香榧仅 2.6 株，1998～2002 年 5 年间年平均株产 11.8kg，年平均株产值 1233 元，人均年香榧收入 3169.4 元。

香榧投产较迟，但一旦投产，产量上升很快，3～4 年生嫁接苗造林，10 年株产 2kg，产值 200 余元。香榧经济寿命很长，50～300 年为盛产期，立地条件好的散生树，千年以上仍能结实累累。诸暨赵家镇钟家岭村，有 1 株被群众称为"香榧皇后"的古树，树龄 1000 多年，近 3 年产蒲 1650kg，年均 550kg，折香榧籽 412.5kg，年均 137.5kg，单株年产值 13000 多元。寿命之长，收益之高，在干果中实属罕见。

栽培香榧的投入，主要是施肥，每年 2 次；其次是采收用工，每工采蒲 50～100kg；再次是处理，包括脱蒲、堆沤、晒干加工等用工投入。一般每产 50kg 香榧总投入约 500～800 元，但产值 5000 元以上。据 2003 年对产区 80 多重点户调查，投入占总收入的比例在 7.8%～31.5%，平均 15%左右，所以香榧的栽培效益也是干果中最高的树种之一。

五、香榧的生态效益和观赏价值

香榧对土壤的适应性很强。在香榧分布区内，从低山丘陵的第四纪红壤、老红壤、山地红壤、黄红壤到中山的山地黄壤、黄棕壤上都有香榧分布，且生长结实正常。土壤 pH 4.5～8.2 范围内均可栽培，特别是在石灰岩发育的淋溶石灰土上生长结实良好，种子品质也优于其他土壤。石灰土分布的喀斯特地区是我国四大贫困地区之一，发展香榧将

对这一地区的经济发展起重要作用。香榧幼苗、幼树耐阴，造林可以不破坏或少破坏原有植被，特别适宜在林下种植（郁闭度 0.6 以下），是低价值林分改造的优良树种。香榧树冠浓密，叶面积指数高，林下落叶层厚，而且树叶不含树脂，容易腐烂，对涵养水源，改良土壤都有重要意义。20 世纪 80 年代诸暨县林业局童品璋等调查诸暨县 13 个乡的不同地类水土流失情况如表 1-7 所示。

表 1-7　不同地类水土流失情况

地类、林种、树种		平均每年每亩泥沙流失量		水土流失量与香榧林比较/ %
		m³	t	
用材林平均		1.0708	1.7768	138.75
经济林	油桐林	3.2823	5.4158	425.33
	油茶林	2.1957	3.6229	284.52
	乌桕林	2.9354	4.8434	380.38
	板栗林	2.6058	4.2996	337.67
	香榧林	0.7717	1.2733	100.0
平　均		2.6837	4.4281	347.76
特产林	茶　园	2.6302	4.3398	340.83
	桑　园	1.5894	2.6225	205.96
	果　园	1.5545	2.5649	201.44
平　均		2.4074	3.9722	311.96
无林地平均		3.3984	5.6074	440.38
未成林造林地平均		2.1593	3.5628	279.81

摘自《诸暨县林业区划报告》 1986 年 8 月。

由表 1-7 可见，在所有地类中，香榧林的水土流失量最低，如以香榧林水土流失量为 100，与其他林种、树种的平均水土流失量比，用材林、经济林、特产林分别为 138.75、347.76 和 311.96；以香榧与其他经济树种比，油桐林为 425.33，板栗林为 337.67，同是常绿树种的油茶为 284.52，其他经济树种林地水土流失量高于香榧林 2～3 倍，可见香榧是重要的生态经济树种。

香榧四季常绿、树形优美，是重要的观赏树种。香榧可以散生种植，也可形成纯林、混交林。在产区香榧常与板栗、山核桃、毛竹及其他落叶或常绿树种形成林相优美的混交林（如图 1-4 所示）。

香榧孤立树

香榧与茶叶、小竹、阔叶树混交

香榧与毛竹、阔叶树混交（颜色深的为香榧）

图 1-4　香榧孤立树与混交林

第三节　榧树与香榧的资源分布

榧树分布区域较大，香榧是利用野生榧树嫁接而成，其分布区主要在浙江会稽山区，其资源远比榧树少。

一、榧树的资源分布

1. 古代榧树资源分布

榧树是重要用材树种，其种子可作药用和食用，古代本草多有记载，宋代以前榧称彼或柀。公元 5 世纪的《名医别录》载："柀生永昌，东阳诸郡"，永昌为今云南保山市，是云南榧的产地；而当时的东阳郡辖境相当于现在的浙江金华江和衢江流域各县市，为古、今榧树分布区。公元 10 世纪，宋丁度撰《集韵》载："榧，木名，有实，出东阳诸郡。"唐李德裕《平泉山居草木记》有"木之奇者有稽山之海棠、榧、桧"，浙江会稽山是榧树中心产地，也是香榧发源地和主产区。《剡录》载："东坡诗云，'彼美玉山果，粲为金盘实'。玉山属东阳，剡、暨接壤，榧多佳者"，"剡"为浙江嵊州市古称，"暨"为现在的诸暨市，均属会稽山区。安徽皖南为古代榧树重要产区，公元 1174 年成书的《尔雅翼》对榧树形态特征记载最详，而该书著者罗愿和后来的音释者洪焱祖均为安徽歙县人。歙县及其周围的休宁、黟县、宁国、太平、绩溪等县都是古榧树产区。1175 年，南宋淳熙《新安志》有榧子的记载。安徽宣城古代出榧，宋代诗人、宣城人梅尧臣（1002～1060）有种榧诗云"种榧树皆活，经冬不变青"，这是我国最早的种榧记载之一。福建的闽北、闽西、闽中古代出榧，特别是武夷山区榧树资源丰富，朱熹幼年老师、福建崇安（今武夷山市）人刘子翚（1101～1147）《答人寄榧诗》有"初授玄壳出冰霜，小嚼清香泛窗几"的赞美榧子的诗句。在中亚热带西部的湖南西、中、北部与及贵州、湖北相邻处古代出榧。1300 多年前唐代诗人王昌龄在任湖南龙标（黔阳）尉时有诗"芳香净榧几，松影闲瑶墀"来赞美榧树家具。在湖南宁乡有树高 24m，胸径 4.6m

的千年古榧树。明代王忻《三才图会》有"榧子生山谷及浙闽多有之"的记载。从明代万历起浙江各府县志都有榧树、榧子的记载。从古文献记载看，浙江为榧树的中心产区和香榧的发源地。

2. 现代榧树资源分布

根据调查和有关文献记载，现代榧树的资源分布区约在北纬 26° 的武夷山南段东坡的长汀等地到北纬 32° 的安徽大别山区六安、霍山、金寨等地；东经 109° 左右的贵州松桃、湖南湘西龙山一线到东经 122° 的浙江沿海的宁海、奉化、象山等县、市，跨安徽、江苏、浙江、江西、福建、湖南、湖北南部及贵州东部，其中资源最多为浙江，全省除嘉兴市、舟山市少数县、区外都有榧树分布。其次为安徽，主要分布于皖南的黄山市及宣城市，其中黄山市的黄山区、黟县、歙县、休宁和宣城市的宁国、广德、绩溪等县市有数千株至数万株大树，而祁门、石台、宣州区、贵池等县市也有散生分布；在皖西大别山的六安、霍山、舒城、金寨、岳西及大别山南麓的湖北英山也有散生分布。福建的闽西、闽中、闽北均有榧树分布，以武夷山区为主产区，建瓯、建阳等县资源较多。江西主要分布于赣东南，与福建、浙江相邻处的武夷山北段、北坡的黎川、资溪、铅山、上饶等县市以及属于黄山系统的赣东北婺源、德兴、景德镇等地，在湘、鄂、赣交界的幕阜山区周围如湖北的咸宁、崇阳、通山、通城，江西的铜鼓、修水、武宁及湖南的岳阳、平江等地均有散生榧树，其中江西铜鼓较多。榧树分布的西区主要在湖南及其西北部与贵州、湖北相邻地区，如湘西的张家界、桑植、龙山、慈利及贵州的松桃，属武陵山区；安化、黔阳、桃江属雪峰山区。湘东的宁乡和湘南的新宁也有分布。在榧树的自然分布区内，多数地方资源已破坏殆尽，仅有散生分布。现保留较多的主要在国家自然保护区内及少数交通不便的有食用榧子习惯的山区：前者如黄山自然保护区、天目山自然保护区、清凉峰自然保护区、武夷山自然保护区以及江西黎川的岩泉自然保护区，现仍保留有数千株到数万株大树；后者如皖南黟县的泗溪乡、休宁县儒村乡，黄山区新明、龙门、蔡家桥、郭村等乡镇，歙县的杨村、富溪、呈坎等乡，宁国的甲路镇、水东乡，广德的石古、独木等乡，湖南宁乡县的月山乡及新宁县的靖位乡、一渡水乡，均有集中连片的榧林分布。榧树资源最多、保留最好的是浙江省。2000 年浙江林学院与浙江省林业勘察设计院联合对全省榧树资源进行调查，以及 2003～2004 年浙江林学院经济林研究所的补充调查，发现全省有胸径 6cm 以上野生榧树 57 万多株，其中大树 46 万多株。此外，衢州市、温州市及宁波市的奉化、象山等县市也有榧树分布，但未普查。估计全省榧树资源在 60 万株以上，其中有不乏千年以上的大树（如表 1-8 所示）。

表 1-8　浙江省野生榧树资源分布表

县市名称	总数/株	大树数/株	分布面积/hm²	主要分布乡镇
临安市	495820	403575	89687.8	全市大部分乡镇
安吉县	16546	13546	1300.5	报福、龙王山、上墅、姚村、章村
庆元县	15265	12215	153.65	贤良、九溪

续 表

县市名称	总数/株	大树数/株	分布面积/hm²	主要分布乡镇
松阳县	14170	5600	35.0	玉岩
天台县	6996	1173	466.4	街头、石梁、龙溪
富阳县	4080	3142	220.5	洞桥、新登、万市
建德市	2330	2330	31.0	凤凰、三都、洋尾
绍兴县	3980	3980	300.0	稽东、黄坛
嵊州市	3000	3000	300.0	谷来、竹溪、通源、长乐
诸暨市	5000	5000	360.0	赵家、斯宅、东和
磐安县	500	500	150.0	玉山、尚湖、墨林、窈川
淳安县	2100	2100	150.0	严家、临岐、左口、威坪
东阳县	1000	1000	59.0	虎鹿、怀鲁
龙泉市	860	850	24.76	龙南、安仁、锦溪、城北
遂昌县	683	683	68.0	据古树名木调查材料
浦江县	616	616	19.0	花桥、杭坪、虞宅
莲都区	537	537	51.8	峰源、仙渡
宁海市	313	313	14.0	双峰
武义县	211	211	8.95	明山、新塘、新宅、竹客
缙云县	120	120	5.04	胡源、石贸、大洋
新昌县	111	111	0.80	小将
合 计	574738	461082	93488.0	

注：近年调查建德市有野生榧树万株以上，其外富阳、淳安、桐庐、遂昌等县市实际株数均超过表列株数。

浙江榧树主要分布于天目山区及会稽山区，天目山区所在的杭州市各县市共有榧树504830 株，占全省已调查的榧树 574738 株的 87.83%，而香榧栽培区主要在会稽山区（如图 1-5 的①、②、③所示）。

除浙江外，榧树资源最多的为皖南的黄山市和宣城市；其次为江西的西南部及东南部和福建的闽北、闽中地区；湖南分布区域大，但数量较少；湖北、贵州局部地区分布，数量也少，如图 1-6 和 1-7 所示。

中国香榧

天目山区，野生榧树纯林，建德三都大库村

会稽山区，野生榧树片林，绍兴稽东陈村

天目山区，沟谷榧树片林

图 1-5　榧树自然资源

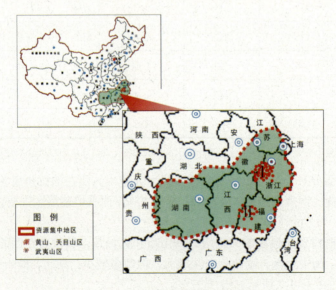

图 1-6　全国榧树资源分布图

图 1-7　浙江榧树资源分布图

二、榧树分布区的自然条件

1. 气候条件

我国从北亚热带到中亚热带南部都有榧树分布，以中亚热带为主。如表 1-9 所示：

表 1-9　榧树分布区的气象因子

地　点	地理位置	年均气温/℃	1月平均气温/℃	绝对最低气温/℃	≥10º 年积温/℃	年雨量/mm
安徽六安	N31º48′，E116º25′	15.5	1.9	-15～-17	4834	1072
安徽霍山	N31º22′，E116º18′	15.2	2.0	-15.3	4758	1381
安徽歙县	N29º52′，E118º56′	16.3	4.0	-12.7	5048	1550
浙江昌化	N30º10′，E119º13′	15.5	2.9	-13.3	4887	1417.2
浙江诸暨市	N29º41′，E120º19′	16.2	3.9	-13.4	5137	1300～1700
绍兴县	N30º0′，E120º34′	17.3	3.9	-10.1	5250	1609
浙江宁海	N29º20′，E121º40′	16.5	5.1	-3.8	5000	1000～1600
江西铅山	N28º22′，E117º44′	17.5	6.2	-8.5	5534～5940	1300 以上
江西黎川	N27º04′，E117º04′	17.9	6.0	-8.5	5600	1300 以上
福建武夷山	N27º52′，E118º02′	17.9	6.7	-8.1	5526	1752～1918
福建建瓯	N27º04′，E118º20′	18.7	8.0	-8.4	5996	1663.6
湘西龙山	N29º30′，E109º30′	16.9	5.3	-8.7	5300～5415	1385
贵州松姚	N28º10′，E109º08′	16.7	4.8	-9.0	4875～6085	921～1500

　　由表 1-9 可知，年平均气温 15℃以上，绝对最低温度不低于-16℃，年雨量达 1000mm 的地区，榧树均可正常生长发育。榧树幼年喜阴，怕高温干旱和强日照；结实以后需要充足的光照条件，光照不足则产量低、品质差。成年榧树具有较强的抗旱性。2003 年浙江香榧产区遭遇 50 年来未见的高温干旱天气，除雄花花芽分化受严重影响外，香榧产量和质量下降不大，表现出的抗旱能力比山核桃、板栗强。

　　2. 地形地貌

　　榧树的垂直分布因地理位置而异，在北亚热带的大别山，海拔可达 800~1000m，黄山、天目山及其支系的清凉峰、龙塘山可达 1000~1500m，在中亚热带西部的湖南、贵州的武陵山、雪峰山可达 1500m，而中亚热带南部的武夷山可达 1800~2000m，上述地方的榧树生长发育正常。在黄山北坡的黄山区樵山乡海拔 1000m 处，年均温不足 14℃，绝对最低温度-18℃以下，>10℃年积温 3500℃左右，榧树生长结实良好，所产的"樵山榧"明代就作为贡品，现有树高 18.5m、胸围 6.85m 的大树。武夷山海拔 1800~2000m 处，高 20m 以上、胸径超过 1m 以上的大树结实良好，而该处的年均温不足 11℃，≥10℃年积温 3200℃左右，但绝对最低温度在-14.8℃以上，所以高海拔地区的沟谷地带或避风向阳地段，因少受寒潮影响，绝对最低温度较高，即使年积温较低，榧树也能正常生长发育。在黄山的玉屏楼、狮子岭和西海等地 1000~1700m 处，因绝对最低温度达-20℃以下，常受寒潮影响，主梢常常冻死，多形成灌木状和小乔木状（如表 1-10）。

表 1-10　不同山区榧树分布带气象因子

山区名称	地理位置	海拔/m	平均气温/℃	1月均温/℃	绝对最低温/℃	≥10℃积温/m	年雨量/mm	榧树分布
大别山	N31°~32° E115°30′~116°30′	400	15.1	3.2	-16.0	4600	1100	800m以下有分布
		1000	13.7	0.9	-20.0	3620	1200	
天目山	N30°18′~30°27′ E119°20′~119°27′	200~500	14.0~15.2	2.0~3.0	-15.0	4100~4680	1400~1610	多
		500~800	12.3~14.0	0.5~2.0	-16.7	3800~4300	1585~1625	多
		800~1000	12.3~10.6	0.5~-1.0	-18.7	3200~3800	1735~1865	少,树干低矮
黄山	N29°40′~30°30′ E117°40′~118°30′	169 歙县	15.5	4.0	-12.7	5106	1550	多
		1725	8.0~9.0	-	-20.0以下	2600	1641	有,灌木状
		1849	7.7	-3.4	-22.0	2339	1686	无
武夷山	N25°~28°20′ E116°~119°	220 武夷山市	17.9	6.7	-8.1	5526	1752	有
		1400	11.8~12.4	3.5	-11.4	3803	2523	多
		1800	9.9~10.5	2.4	-14.8	3018	1869	多

　　榧树分布的最低海拔在 100m 以下，浙江临安市的板桥镇、三口乡，绍兴王坛镇元岸村，嵊州市竹溪镇以及浙江宁海、奉化等沿海地区在 50~70m 海拔范围内有榧树分布。在植被稀疏、土壤瘠薄的低丘，常因高温、干旱和强日照影响，不见榧树分布，造林成

活和生长也不理想，而植被保存好、地形起伏较大的山沟、山脚及中下坡，空气湿度较大地段，即使海拔在 100m 以下，榧树和香榧都能生长结果良好。由于榧树幼年期喜阴湿环境，所以自然分布在低山丘陵地带的榧树，阴坡、半阴坡多于阳坡；山谷、山脚多于山顶及中上坡，生长也是前者优于后者，而 700m 以上的山地则相反。这种现象在香榧引种时必须加以注意。

3. 地质土壤条件

榧树对地质土壤条件适应性较广，在浙江会稽山区榧树及香榧多分布于凝灰岩、流纹凝灰岩、紫砂岩发育的土壤上，局部有辉长岩、安山岩、玄武岩；在浙皖交界的天目山区及黄山地区，榧树多分布于石灰岩、板岩、凝灰岩、砂页岩、英安熔岩发育的土壤上；而在浙赣毗邻处多分布于片麻岩、砂页岩、花岗岩、片岩、千枚岩和凝灰岩发育的土壤上；在武夷山区榧树多生于丹霞地形的红砂岩发育的土壤上；在湘中、湘西和相邻的贵州东北部多分布于砂页岩、红砂岩、千枚岩、板岩、变质的砂砾岩风化的土壤上，分布最多的是凝灰岩、石灰岩、紫色砂页岩和花岗岩。土壤类型以红壤、黄壤为主，在山区 600m 以上的红壤、黄壤、山地黄壤和局部（1500m 以上）的黄棕壤上榧树生长结实正常。榧树喜肥，在有机质丰富、疏松、质地由砂壤到轻黏、pH5.2～7.5 的土壤上生长发育良好；酸黏、排水不良的土壤，未经改良不适宜榧树生长。从土壤肥力与香榧品质相关性调查看，分布于石灰岩、流纹凝灰岩、辉长岩、安山岩等盐基饱和度较高的偏基性母岩风化的土壤上的香榧，品质优于其他土壤所产香榧。

4. 伴生树种与群落类型

在榧树自然分布区内，榧树资源保存较好的多在自然保护区内或交通不便的低、中山地带，自然植被保存较好，群落类型多样。除榧树林外，常见的有南方红豆杉、山核桃榧树林，山茱萸、榧树林，板栗、杉木、毛竹榧树林，柳杉、矮尾柯、木荷、华东楠、马尾松、青冈栎、黄山松榧树林等。榧树混交林中的伴生树种有板栗、山核桃、山茱萸、枫香、马尾松、杉木、柳杉、银杏、金钱松、糙叶树、红楠、玉兰、三尖杉、檫木、木荷、朴树及其他壳斗科、樟科、木兰科树种。林下植被有南天竺、小槐花、豆腐柴、野山楂、山鸡椒、山胡椒、醉鱼草、乌药及宽叶麦冬、贯众、淡竹叶、虎耳草、江南卷柏、车前、多花黄精、紫萁、美丽胡枝子、石蒜、大青、蒲儿根等。

三、香榧的资源分布

1. 香榧的特点

香榧是榧树中的一个品种，也是目前唯一的一个经过人工培育的优良品种。现在许多地方把榧树通称香榧，这是不正确的。因为香榧的形态特征、风味品质、历史起源和原产地域与一般实生榧树不同，香榧是重要产品和品牌。前面已谈到香榧的主要营养成分与实生榧的差异（如表 1-5 所示），而香榧的形态特征也显著区别于一般实生榧。

在生物学特性上表现为物候期早，春季混合芽萌发结果枝比实生榧早 7～10 天；秋

季种子成熟于 9 月中上旬,比实生榧早 10～60 天;香榧叶片革质层比野生榧厚,抗旱性相对较强。

当然香榧品种已有 1000 多年历史,品种内性状分离和退化在所难免。目前已发现香榧品种内种核形态特征、品质、风味、物候期都存在变异,单株产量变异更大,所以香榧品种的提纯、复壮很有必要。从香榧生产区各地调查看,品质属正宗香榧的比例仍在 95% 以上。

2002～2003 年采集诸暨、绍兴、嵊州、东阳、磐安等香榧主产区的重点乡镇所产香榧种子,室内考种分析如表 1-11 所示。

表 1-11　不同产地香榧种子的经济性状

产地	种子形状(带假种皮)	种核形状去假种子皮	种核平均重/g	核形指数/株平均	胚乳皱褶情况	脱衣难易	风味	蛋白质含量/%	油脂含量/%	淀粉含量/%	成熟期
诸暨赵家镇	长椭圆至橄榄形	蜂腹形至橄榄形	1.48～1.62	0.48～0.51	细、浅	易	肉细香脆	13.61～15.78	54.13～58.66	5.66～7.01	9月上中旬
绍兴稽东镇	同上	同上	1.37～1.59	0.49～0.51	细、浅	易	同上	14.20～15.37	55.23～60.39	5.01～6.34	9月上中旬
嵊州谷来镇	同上	同上	1.47～1.58	0.48～0.50	细、浅	易	同上	12.97～15.31	52.98～60.34	4.44～6.81	9月上中旬
东阳虎鹿镇	同上	同上	1.42～1.50	0.49～0.50	细、浅	易	同上	13.87～16.11	53.64～61.47	4.68～6.33	9月上中旬
磐安玉山镇	同上	同上	1.52～1.67	0.48～0.51	细、浅	易	同上	12.94～15.94	54.11～58.24	4.23～6.80	9月上中旬

由表 1-11 可见,不同产地的香榧种子,其形态特征、风味和主要营养成分相当稳定,主要特征为:种子细长,单粒重 1.5g 左右,种壳花纹细密较直,胚乳实心,皱褶浅,易脱衣,肉细腻香脆,蛋白质、油脂含量高,淀粉含量低。此外,香榧生长速度比榧树其他品种类型快,大砧嫁接年高生长量达 50cm 以上,径粗增长量达 1～1.6cm,1～3 年生嫁接苗高香榧比其他 31 种榧树优株苗高高出 30%～80%(浙江林学院),榧树大砧高位嫁接会出现上粗下细的"牛膝"现象(如图 1-8 所示)。

图 1-8　香榧(接穗)生长快,榧树(砧木)生长慢,接后生长上粗下细的"牛膝"现象

2. 香榧的资源分布

香榧的主产地在会稽山区的诸暨、绍兴、嵊州、东阳、磐安等五县市，以诸暨市最多，嵊州市、绍兴县次之，东阳又次之，磐安最少。诸暨市的赵家镇，绍兴县的稽东镇，嵊州市的谷来镇为集中产区，三镇产量占全省香榧总产量的80%以上，三镇均位于会稽山之阴（东北面），古属山阴（今绍兴）；而诸暨市东白湖镇，东阳的虎鹿镇、怀鲁镇，磐安的玉山、尚湖等乡镇，位于会稽山之阳，香榧产量占全省总产量不足20%。磐安县墨林乡、大磐镇属大磐山系，也是古香榧发源地之一，但资源很少。

据历史考证，香榧产生于唐代，推广于宋代，元、明、清三代得到规模发展。但长期以来，香榧发展主要靠野生榧树大树高接换种，20世纪60年代以后才开始育苗嫁接，由于造林技术跟不上，成活率低，保存率更低，加上生长慢、投产迟，导致香榧面积、产量都发展很慢。到目前为止，全省结实香榧大树仅10.5万株，80%以上为100年生以上大树，50年生以下的结实树约6万株。以面积计，全省投产面积约3万亩，90年代以来新发展的幼林约9万多亩（保存数），60%~70%为实生苗造林，尚未嫁接，所以正宗香榧林面积不足7万亩。关于香榧产量的记载，最早见诸于史料的是1924年刊出的《诸暨民报五周年纪念册》载："香榧岁出二千四五百担至四千五百余担。"1930年《中国实业志·浙江省》记载："榧大别为二，一曰香榧，一曰圆榧，香榧味极香美，……以诸暨枫桥山间最多。"同年《中国农业资源》（十五）记载："浙江全省香榧产量590t，其中诸暨一县占500t"，这是建国以前的最高产量。中华人民共和国成立后，全省香榧年均产量一直徘徊在300t左右，以产量占全省85%以上的绍兴市为例，1949~2006年不同时期香榧产量如表1-12所示。

表1-12 绍兴市及所属县市不同时期香榧产量　　　　　　　单位：t

时期（年）	项目	绍兴市	诸暨市	嵊州市	绍兴县
1952~1959	年均产量 年变异系数 /%	272.23 19.97	165.15 28.22	47.68 44.55	60.16 59.88
1960~1969	年均产量 年变异系数 /%	245.86 39.19	120.94 51.65	52.83 33.24	72.19 52.03
1970~1979	年均产量 年变异系数 /%	275.47 74.42	151.63 75.06	62.32 69.73	62.31 85.40
1980~1989	年均产量 年变异系数 /%	278.41 27.07	151.60 41.82	74.54 12.54	63.56 43.16
1990~1996	年均产量	130.29			
1997~2006	年均产量 年变异系数 /%	978.81 33.39	536.0	265.61	177.2

注：绍兴县资料为绍兴市产量减去诸暨、嵊州市产量得来。

表1-12资料说明，从20世纪50年代末到80年代末的40年中，绍兴市香榧年均产

量基本上在 270t 上下徘徊,由于雄株大量砍伐,加上管理跟不上,导致 1990~1996 年的连续 7 年的低产,年均产量下降 50% 以上。从 1995 年起各产区逐步推行人工授粉、施肥、病虫害防治以及"爱多收"防落果试验及推广,使香榧产量迅速增加,1997~2006 年年均产量比 1990 年前 40 年平均产量增加近 4 倍,比 1990~1996 年 7 年平均产量增加约 7 倍。近年来,绍兴市香榧产量基本稳定在 850~1000t 之间,全省产量在 1000~1500t 之间,其中诸暨市 500~650t,嵊州 200~350t,绍兴县 200~250t,东阳市 80~120t,磐安县近 70t。据 2003~2007 年对重点产区的乡、镇、村、户调查,全省有结实香榧大树 10.5 万株,其中诸暨约 4.5 万株,嵊州 2.83 万株,绍兴县 1.7 万株,东阳 1.0 万株,磐安 3900 余株;刚开始投产的幼树约 5.8 万株,主要在诸暨、嵊州和东阳等县市。

四、香榧引种概况

香榧引种始于 20 世纪 50 年代,主要是浙江省内从会稽山区向天目山区引种,多利用当地野生榧资源从产区采集香榧接穗嫁接而成。一般大树嫁接,4 年左右结实,10 年以后进入盛果期,只要接后加强管理,生长和结实情况均不亚于主产区。如 1958 年浙江建德市凤凰乡大库村从诸暨引来接穗大树嫁接,现保留的 270 株,大年收干籽 2000 多 kg,2002 年收入 40 余万元,平均单株产值 1480 元,其中高产单株 3 年平均年产干籽 20kg,株产值 2000 余元;20 世纪 50 年代中期临安市三口镇长明村进行大树高接,最高单株产干籽 50kg,产值 4000 余元;60~70 年代富阳市洞桥乡高接的香榧,现株产香榧 5~15kg,株产值 500~1500 元。此外,70 年代安徽黟县泗溪乡及江西资溪县从浙江引种香榧均生长结实良好。2003~2004 年调查不同地方引种香榧结实情况和种子品质分析结果如表 1-13 所示。

表 1-13 外地引种香榧生长结实情况

引种地点	引种时间	保留株数	单株产量/kg	种子单粒重/g	主要成分	干果风味	引种地立地条件及管理情况
建德市凤凰乡大库村	1958	360	7.0	1.62	同诸暨原产地	同诸暨原产地	海拔 400~600m 山地,1998 年前荒芜,近年管理好
富阳市洞桥乡碧东山村、小坞村	1958~1965	260	4~12.5	1.68	同上	同上	海拔 100~150m 低丘,长期不管理,近年管理好
临安市三口镇长明村	1958~1979	80	4.0~50.0	1.84	同上	同上	海拔 100~150m 低丘,管理好
临安市太湖源镇横渡村	1975	30 余株	3~8.0	1.78	同上	同上	海拔 200~300m 低丘,管理差
安徽黟县泗溪乡	1973	2	4.0	1.74	同上	同上	海拔 300m,管理差

近年浙江丽水市的庆元、松阳、莲都等县区,金华市的浦江县、兰溪市,衢州市的

开化、柯城等县区，杭州市的建德、富阳、临安、淳安、余杭等县市以及宁波市的宁海市均积极引种香榧。其中属天目山区的杭州市及浦江县已发展香榧 3 万多亩，部分已开始投产，如建德市三都区种于梨树林下的香榧小苗，5 年生普遍结果；浦江县农民企业家赵文刚在该县杭坪镇程家村营建的香榧基地达 4000 余亩，其中 2001 年用大苗 2m×2m 株行距营造的密植株，2006 年折亩产香榧果 81.9kg，亩产值达 2457 余元（如图 1-9 所示）。

图 1-9　浦江县杭坪镇程家村香榧基地

第二章 香榧的生物学特性

第一节 榧树的植物学特性

　　香榧是榧树中的优良变异类型经嫁接繁殖而成的优良品种，其植物学性状属于榧树范畴，只是香榧性状稳定，变异幅度小，而榧树种内性状变异大，故先介绍榧树的植物学特性。

1. 树形

　　榧树为常绿乔木。实生榧树树高可达 25m 左右，树形呈尖塔形或圆锥形，树干通直，分枝匀称，树皮灰白色，呈不规则纵裂或薄鳞片状脱落。香榧为嫁接繁殖，无主干，多干丛生，分枝点低，树冠呈圆头形、卵圆形或开心形（如图 2-1 所示）。

实生榧树　　　　　　　　　　　　　　　香榧

图 2-1　实生榧树与香榧树形

2. 芽与枝

　　榧树为顶芽发枝，冬芽圆锥形，具数对交互对生的芽鳞。因枝条长势不同，顶芽一般 3 个，多至 5～7 个簇生，其中 1 个为真正顶芽，抽生延长枝，其余为顶侧芽，抽生顶侧枝。在枝条的叶腋间分布有潜伏芽，除受外界刺激外，一般不萌发，而顶芽抽梢集中于枝顶，呈轮生状，一年一层，故分枝有明显的层性。

3. 叶

　　叶交叉对生或近对生，基部扭转排成两列；条形叶，长 2cm 左右，宽 0.3cm 左右，上面光绿色，下面淡绿色；坚硬，先端有刺状尖头，基部下延长，有短柄，上面微拱凸，

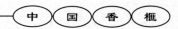

无明显的中脉，下面有两条较窄的气孔带；横切面维管束之下方有一个树脂道，叶脉中具增强细胞；叶表皮细胞为厚壁细胞，表面具角质层；叶肉中有石细胞或无，有较多或大量菱形或六边形结晶。

4. 花

榧树雌雄异株，稀同株。雄球花单生叶腋，稀呈对生，椭圆形或卵圆形，有短梗，具 8～12 对交叉对生的苞片，呈四行排列；苞片背部具纵脊，雄蕊多数，排列成 4～8 轮，每轮 4 枚，各有 4（稀 3）个向外一边排列；有背腹面区别的下垂花药，药室纵裂，药隔上部边缘有细缺齿、花丝短。雌球花无梗，两个成对生于叶腋；每一雌球花具两对交叉对生的珠鳞和一枚侧生的苞鳞，胚珠一个，直立生于漏斗状珠托上；通常仅一个雌球花发育，受精后珠托增大发育成肉质假种皮。

5. 种子

榧树属裸子植物，无真正的果实。其种子核果状，习惯称果实或种蒲（为照顾群众习惯本书仍称果实或种蒲）；外被肉质假种皮，绿色，熟时淡黄色至暗紫色或紫褐色，外有白粉；种皮骨质，内种皮（俗称种衣）膜质，紫红色，胚乳向内皱褶或微皱。去假种皮的种子称"种核"，商品香榧即指种核。带假种皮的种子，椭圆形、近圆形至长圆形。基部具宿存的苞鳞、珠鳞，顶部有突起的短尖头。种核呈椭圆形、长圆形、近圆形或橄榄形。由于榧树为雌雄异株，异花授粉的结果使得种内性状变异复杂。种内不同变异类型和单株间种子重 3～20g，种核重 1.1～7.0g，核形指数在 0.33～0.85 之间，变异幅度很大。花期 4 月中旬～5 月上旬，种子成熟期 9 月初～11 月初。香榧种子重 5.5～7.0g，种核 1.4～1.8g，种形指数 0.45～0.60 之间，以种仁含油量高，淀粉含量低，肉质细腻、香脆而区别于其他实生榧类型。如图 2-2 所示的即是榧树的枝、叶、花、种子形态图。

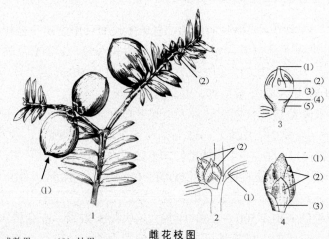

雌花枝图

1. 结果枝：（1）成熟果； （2）幼果

2. 雌花枝：（1）叶片； （2）雌花

3. 雌花构造：（1）珠孔； （2）雌配子体； （3）胚珠； （4）珠托； （5）珠鳞

4. 幼果：（1）种子； （2）珠鳞； （3）苞鳞

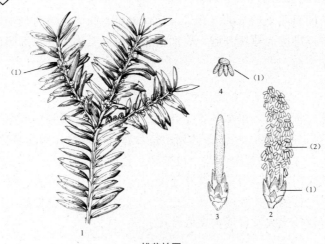

雄花枝图

1. 雄花枝：（1）雄球花　　2. 雄球花开放状态：（1）花序苞片；　　（2）雄花
3. 雄球花中心肉柱　　4. 雄花放大：（1）花粉囊

图 2-2　榧树枝、叶、花、种子图

第二节　香榧的生长结实习性

掌握榧树的生长结实习性，是制定栽培技术、实现高效培育的前提与基础。香榧是榧树中唯一实行人工栽培的品种，故本节重点介绍香榧的生长结实习性。

一、香榧的生育特性与结实周期

榧树属生长慢、结实迟、寿命长的树种。自然生长的百年生实生榧树树高仅 10m 左右，胸径 20～30cm。人工栽培下，实生苗 1～2 年生长缓慢，1 年生苗高仅 15～20cm，2 年生高 20～40cm，从第 3 年起生长加快，年高生长量达 30cm 以上，干径年增长量可达 1cm 左右。一般 20 年左右开始结实，寿命可达千年。

嫁接香榧树生长和结实的快慢因砧木大小和管理好坏而异。2 年生砧木嫁接苗，一般 4～5 年开始挂果（少数 2 年挂果），15 年后达盛果期，砧木越大，接后生长和结实越快。8～10cm 大砧嫁接，一般 3～4 年挂果，10～12 年生进入盛果期。大砧就地嫁接，抽枝年生长量达 60cm 以上，大枝直径年增长量可达 1～2cm，一般 5～6 年可形成完整树冠。

香榧寿命极长，经济寿命可达数百年以至千年以上。浙江会稽山区香榧产量 90%来自 50 年至数百年生的大树，500～1200 年生大树仍结实累累。在会稽山区，300～500 年生株产 200kg 以上果实的大树随处可见，所以种植香榧一旦投产，长期得益。

二、根系生长特点

香榧属浅根性树种。只在幼年期有明显的主根，随着树龄增长，侧根分生能力增强，

生长加速，主根生长受到抑制。进入盛果期后，由骨干根、主侧根和须根组成发达的水平根系，主根深仅 1m 左右。根系的水平分布为冠幅的 2 倍左右，多至 3～4 倍；根系垂直分布多在 70cm 深土层内，少数达 90cm，密集层在地表 15～40cm 范围内。根系皮层厚，表皮上分布多而大的气孔，具有好气性。在荒芜板结或地下水位高的林地，根系上浮，多密集于地表，林地深翻能促使根系向深广方向发展。根系再生力强，一旦断根，能从伤口的愈伤组织中产生成簇的新根，且粗壮有力。

据任钦良研究，香榧根系周年生长，无真正的休眠期。全年生长有 3 个高峰期：第 1 个高峰期在 3 月上旬至 4 月下旬，时间短，生长量小；第 2 个高峰期在 5 月中旬至 6 月下旬，新根多，生长旺；第 3 个高峰期在秋季种子收获前夕至隆冬，这段时间由于地上部分生长发育基本停滞，又逢 10 月小阳春天气，光合产物能较多地供应根系生长，因此新根量多，生长旺盛，历时也最长（8 月中旬至翌年 2 月初）。

在根系生长高峰期的后期，多数须根尖端发黑自枯，随即在自枯部位的中后部萌发新的根芽，相继进入下一个生长峰期。如此周而复始，不断分叉，形成庞大的网络吸收根群。

三、枝芽类型与生长特点

1. 芽

香榧芽根据着生位置分定芽与不定芽。定芽着生于一年生枝顶，常 3～5 个成簇，中间 1 个为顶芽，体积明显大于其他芽，抽生延长枝；其余为顶侧芽，抽生顶侧枝。不定芽主要产生于枝条节上及其附近，节间也有隐芽原基，受刺激后也可产生不定芽，但为数较少，如图 2-3 所示。根据芽的性质可分为叶芽与混合芽，前者抽生营养枝，后者发育成结实枝。混合芽一般由顶侧芽分化而成，生长势弱的下垂枝顶芽也可发育成混合芽，形成结实枝丛，不定芽抽生的枝条，部分当年就可以分化雌花芽。部分生长旺盛的枝条叶腋间的隐芽当年也可分化成花芽，在幼树和苗木的夏梢上比较常见，如图 2-4 所示。

两年生以上粗壮枝条上隐芽发育

当年生枝叶腋隐芽发育

图 2-3　香榧隐芽发育情况

图 2-4　春梢顶部抽生的徒长枝（夏梢），叶腋隐芽分化的混合芽抽生的结果枝

2. 枝

　　香榧多为低位嫁接，枝条斜生，一般没有中心主干。树冠由主枝、副主枝和侧枝群组成。主枝顶端优势明显，其延长枝不会形成混合芽，一直斜向生长。主枝上的原生侧枝多细弱下垂，少数生长旺的，在结实以后，也被压下垂。枝条一旦下垂生长势变弱，一般不能形成副主枝，只有在主枝顶部受机械损伤后，产生一些强壮侧枝，其中一个代替主枝延长枝，余下的个别强壮枝可成为副主枝。因此，副主枝少，而且位置不定。由于副主枝少、侧枝生长势弱，影响主枝的加粗生长，所以主枝多呈细而长、尖削度小的竹竿状，在主枝的节上丛生下垂的，是由原生侧枝和次生侧枝（由不定芽萌发的）组成的侧枝群，如图 2-5 所示（幼树细长的主枝）。

图 2-5 香榧幼龄树形副主枝少，主枝呈竹杆形

（1）枝条特点与结实能力

香榧发枝率高，枝条生长细弱，生于主枝上的一级侧枝长度多在 20cm 以下，粗度在 0.3cm 左右，2 级侧枝长 6～10cm，粗度在 2～3mm，3 级以上的侧枝群长度仅 1.1～8cm，粗度只有 0.8～2.0mm。侧枝的生长势与结实能力密切相关，如表 2-1 所示。

表 2-1 不同粗度侧枝结果能力

枝粗 /mm	平均枝长 /cm	总枝数 /支	有大果枝数 /支	小果总数 /个	有大果枝率 /%	果枝平均小果数 /个
2.0～2.5	7.41	7	7	37	100	5.28
1.0～2.0	6.28	49	24	119	48.97	2.43
1.0 以下	4.09	44	8	17	18.18	0.38
总 数		100	39	173		
平 均	5.39				39.00	1.73

注：2003 年 8 月调查嵊州市谷来镇袁家岭村 50～60 年生香榧树中部外围枝条。

由表 2-1 可知，随着枝条粗度的下降，结实能力也下降。枝粗 2.0～2.5mm 的 1 年生枝，果枝率达 100%，平均每枝小果数 5.28 个；1.0～2.0mm 的枝条，果枝率为 48.97%，每枝小果数为 2.43 个；而枝粗 1.0mm 以下的枝，果枝率和每枝小果数分别为 18.18% 和 0.38 个。

1 年生枝的生长与结实能力与基枝的生长势呈正相关，随机抽取生长势不同的 3 个 3 年生基枝，统计其上发枝数与结果能力如表 2-2 所示。

表 2-2　基枝发育状况与其发枝、结果能力的关系

枝号	3年生枝		2年生枝				1年生枝				一年生枝
	枝长/cm	枝粗/mm	枝号	枝长/cm	枝粗/mm	大果数/个	枝号	枝长/cm	枝粗/mm	小果数/个	小果数/个
1	4.1	1.8	1	3.8	1.3	1	1	1.1	0.8	0	0
							2	1.2	0.9	0	
			☆2	2.8	1.1	1	1	1.6	0.9	0	
							2	1.1	0.8	0	
			3	2.4	1.1	0	1	1.8	1.1	0	
2	5.8	2.2	1	4.0	1.5	1	1	4.0	1.5	5	12
							2	1.7	1.0	0	
							3	1.4	1.0	1	
			☆2	3.8	1.4	1	1	3.7	1.5	6	
			3	2.0	1.2	0	1	0.9	0.9	0	
							2	1.1	0.9	0	
3	6.8	2.6	1	4.8	1.7	1	1	3.6	1.3	8	15
							2	3.8	1.5	3	
			☆2	5.6	1.6	0	1	5.3	1.3	4	
							2	2.4	1.0	0	
			3	2.0	1.2	0	1	1.9	0.9	0	

注：有☆者为延长枝。

随机抽取 32 年生结果树树冠中部近外围结实枝组中的枝条。

由表 2-2 可知，基枝长 4.5cm 以下的在结实一次以后，发枝细弱，就失去再结实能力，往往整枝脱落；枝长 5cm 以上的在结实 1 次以后，其上发生的部分枝条尚有结果能力，但结实两次以后绝大多数会连同基枝一起脱落。生长强壮的枝条，顶侧芽容易转化为混合芽；而生长细弱的侧枝，顶芽转化为混合芽的能力强于顶侧芽。香榧结实枝群在 4～5 年生以内，只要生长势不是太弱，则会通过枝条轮换结实而达到连年结实，部分发育健壮的枝条则可连续结实（如图 2-6 所示），说明香榧丰产性很强，但老树及生长衰弱的树，侧枝群连续结实能力显著下降。

年年结果枝：结果（大果）枝上抽生结果枝（小果）；

隔年结果枝：果枝上抽生新梢无小果

僵果：大果基部的小果为不发育的僵果

结果过多，新梢脱落或发育不良，叶发黄无幼果

图 2-6　香榧结实特点

（2）香榧侧枝的自我调节特性

香榧发枝多，枝条细，一年生枝直径仅 1.5mm 以下，单粒种子重量在 8g 以上，而且着生于枝条的顶端，一旦结实枝条就被压下垂。着生于主枝、副主枝上的原生侧枝，一般第 2 年形成混合芽，第 3 年结实（小果），第 4 年种子发育成熟，所以第 4 年起枝条就开始下垂。下垂枝由于营养和激素不足，生长势逐年下降，多数在 4～6 年内结实 1～2 次后枝条基部产生离层整枝脱落。同时在枝条开始下垂时，于下垂枝所在的节上产生不定芽，抽发更新枝（次生侧枝）以代替脱落的枝条。由于老枝不断脱落，新枝不断更新，所以在一个枝节上分布有不同年龄的枝梢，枝龄从 1～12 年生都有，说明下垂的侧枝组，最长寿命可达 12 年。通过自然脱枝、萌发更新枝，来保持结实枝组的相对年轻化和旺盛的结实能力，是香榧有别于其他树种的独特性状。

香榧以不定芽产生更新枝，只发生在斜上或水平生长的主枝、副主枝和生长旺盛的侧枝上，枝条一旦结实下垂就失去产生不定芽的能力，所以主侧枝在下垂以后（除极个

别特别粗壮枝外）就不会产生更新枝。对主枝先端 1～10 枝节上（1～10 年生）枝条年龄组成调查如表 2-3 所示。

表 2-3　香榧主枝先端各节上枝条年龄结构变化

枝节次数	枝节年龄/年	各节上着生的不同枝龄的枝条数									节上侧枝总数
		1年生	2年生	3年生	4年生	5年生	6年生	7年生	8年生	9年生	
1	1	4									4
2	2		4								4
3	3	1		4							5
4	4	2			4						6
5	5	1	1	3	2	1					8
6	6	2	3		2	2	1				10
7	7	3			1	4	1	1			10
8	8	4	2		2						12
9	9	2	2	1	1				1		8
10	10	2	2		5	2	2	1			14
合计		21	14	10	17	10	5	2		1	81

由表 2-3 可知，在主枝先端 10 个枝节上有 81 个侧枝及许多枝条脱落的痕迹。在保留的 81 个枝条中，5 年生以下枝龄的枝条有 72 条，占总枝条数的 88.88%，5 年生以上的仅占 11.12%。说明大多数侧枝在 5 年以内已先后脱落，同时在一个枝节上有不同年龄的枝条，如第 10 节上共有 14 个枝条，其中 1、2、5、6 年生各 2 个，4 年生 5 个，7 年生 1 个。

下垂侧枝上没有产生更新枝能力，其上枝条脱落形成裸节，并在节上保留有脱枝的痕迹。不同生长势的下垂枝结实能力和落枝情况显著不同，如表 2-4 所示。

表 2-4　不同生长势的下垂枝结实和落枝情况

枝节次数	枝节年龄/年	9年生枝			6年生枝		
		长度/cm	粗度/mm	节上保留侧枝数/条	长度/cm	粗度/mm	节上保留侧枝数/条
1	1	4.0	1.2	2	2.1	1.6	2
2	2	6.6	1.4	3	7.0	1.6	0
3	3	7.2	1.9	3	8.7	2.1	0
4	4	8.2	2.1	3	8.6	2.3	0
5	5	11.0	2.8	3	9.6	2.5	0
6	6	11.0	3.6	3脱1	9.5	3.2	0
7	7	13.0	4.4	0			
8	8	14.5	5.8	0			
9	9	17.5	7.7	0			
合计全枝节上保留侧枝数/条		17			2		
2005 年全枝结实数（成熟大果）/个		13			1		

表 2-4 表明，生长较旺盛的 9 年生下垂枝上保留有 17 个侧枝，1～6 年生枝龄都有，共结实 13 个；生长弱的 6 年生枝上，1 年生以上侧枝全部脱落，仅有 2 梢 1 果，整个枝条呈线状，且枝条基部离层已经形成，整枝即将脱落。

下垂枝不论原生长势如何，随着年龄增长，整枝生长势逐年下降，如表 2-4 所示。9 年生枝由最初的年生长长度 17.5cm，下降到第 9 年的 4.0cm；6 年生枝条由 9.5cm 下降到 2.1cm。整个枝条粗生长十分缓慢。9 年生枝基部直径仅 7.7mm，6 年生枝基部直径 3.2mm（如图 2-7 所示）。

主枝背上为更新枝，下部为下垂枝及其上的
裸节，最长的 9 年生

10 年生下垂枝，4 年生以上侧枝全部
脱落，有明显裸节

图 2-7　香榧下垂枝及其形状

四、香榧的开花结实习性

1. 枝梢生长期

香榧除幼苗和幼树一年能抽生春、夏、秋 2～3 次梢外，盛产期的香榧树一年只抽一次春梢。由混合芽抽生的结果枝于 3 月中下旬抽生，至 4 月上中旬生长结束，4 月中旬开花；营养芽抽生的营养枝于 4 月上旬萌发，5 月中下旬生长结束，抽生时间比混合芽迟 10～15 天。3 月中下旬可从树冠上抽生的淡黄色结果枝多少，可预测当年结实多少和来年产量的丰歉。如图 2-8 所示的混合芽抽生的淡黄色结实枝图。

图 2-8　香榧混合芽萌发淡黄色结实枝及其上的雌花，尚未抽梢的为叶芽

2. 花芽分化

榧树雄花芽分化的大体时间及小孢子的超微结构已有研究，但对分化过程交待不清；香榧雌球花的分化尚无专门研究。2003~2005 年浙江林学院对产于淳安临歧镇朱塔村、海拔 300m 处的百年生雄榧树，及临安三口镇长明村、海拔 150m 处年产 150kg 果的壮年香榧树，进行采样解剖，并分析其花芽分化过程，结果如下：

（1）香榧混合芽分化

如图 2-9 所示

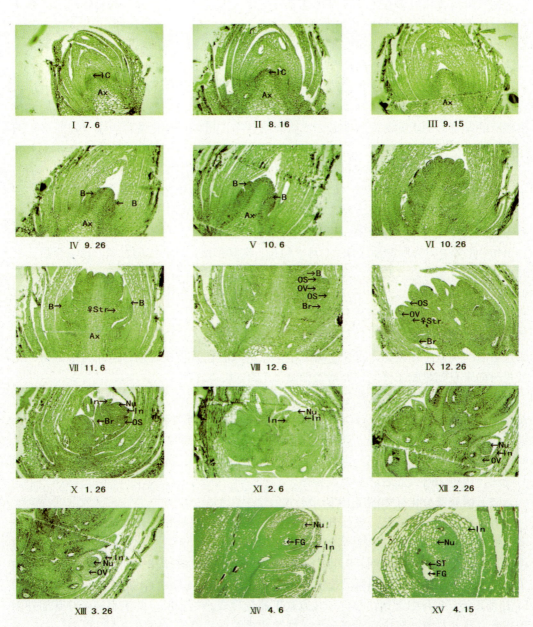

I～III：混合芽中轴伸长，苞片原基分化；IV～VII：枝轴速长，叶片原基迅速分化，雌球花原基出现；VIII～X：苞鳞、珠鳞、珠被原基出现；XI～VIII：珠心、珠被发育时期，珠被全包住珠心；XIV～XV：胚乳游离核时期，为雌配子原始期。
r:雌球花；IC:原始细胞层；AX:中轴；B:叶原基；Br:苞鳞；OS:胚珠；In:珠被；Nu:珠心；FG:雌配子体；ST:造孢组织

图 2-9 香榧雌花芽分化过程

香榧花芽为混合芽，其芽原基在上一年的顶侧芽或顶芽（细弱枝）的芽内雏梢顶端已形成（圆形的一团分裂细胞）。当上一年的芽于今年春季抽梢后，在 6 月上旬春梢生

长结束时，枝条顶端的芽原基开始发育新的芽（混合芽的芽内梢），以后在芽内雏梢的中上部叶腋内分化雌球花原基，雌球花原基的出现应视为雌球花分化的开始。香榧雌花芽的分化期大体可分为 3 个阶段：

1）6 月上中旬至 9 月上旬，主要为芽中轴缓慢伸长，在中轴的周围分化苞片（芽鳞），因这一时期的营养优先供种子发育，所以原基发育很慢（如图 2-9 的 I、II、III 所示）。

2）9 月上旬～11 月上旬，枝轴快速伸长，并于中轴上由下而上分化叶原基，于 11 月上旬在中轴的中上部叶腋内分化雌球花原基。此期种子已成熟采收，树体营养能集中供应芽的发育，加上此时天气晴暖，光合产物较多，所以芽分化发育较快（如图 2-9 的 IV、V、VI 所示）。

3）11 月上旬～次年 4 月中旬为雌球花分化发育时期。11 月 6 日切片，在芽内梢的中上部叶腋间产生圆锥形突起（如图 2-9 的 VII 所示）为雌球花原基，在此之前营养芽与混合芽在解剖形态上没有区别。雌球花原基形成后生长锥快速伸长形成珠鳞原基。11 月中旬～次年 1 月下旬为苞鳞、珠鳞原基分化发育（如图 2-9 的 VIII、IX、X 所示）；1 月下旬～3 月中旬为胚珠形成期，1 月下旬苞、珠鳞形成，珠心细胞发育，顶端平展，上侧出现珠被原基，进入珠被、珠心发育时期，3 月上中旬，珠被大多数已全部包围珠心，但不同雌球花分化有早迟之别，如XII图右边雌球花珠被已包围珠心，左边雌球花胚珠原基顶部平展，才进入珠被原基分化期（如图 2-9 的 XI、XII、XIII 所示）；3 月下旬～4 月中旬珠心细胞快速发育，体积增大，并于珠心细胞深处近合点端出现大液胞，周围有颜色很深的类似海绵组织，可能是雌配子体已进入胚乳游离核时期。但 4 月中下旬开花授粉时尚未见到雌配子体的颈卵器（如图 2-9 的 XI、XII 所示）。

解剖分析说明，香榧混合芽上雌球花原基产生于当年 11 月初，在此之前，混合芽与营养芽在形态上没有区别。11 月上旬雌球花原基出现后到次年 4 月中旬开花时，雌球花经珠托、苞鳞、珠鳞、珠心、珠被分化发育阶段进入开花期。裸子植物的花芽分化期以雌、雄球花原基出现为标记。因此，香榧雌球花分化时期应为当年 11 月上旬至次年 4 月中旬。历时 160 天左右，主要在冬季。

（2）雄花芽分化（如图 2-10 所示）

香榧属雌株，无雄花，要让其结果，需要雄榧树给其授粉。雄榧树的雄花芽为纯花芽。雄球花原基于 6 月中旬在当年生枝条的叶腋间形成。8 月中旬以前为小孢子叶球的中轴及其基部的鳞片分化期。8 月中下旬鳞片分化结束，雄球花中轴迅速伸长，在中轴上由下而上分化小孢子叶原基，最初为一团圆形、细胞质很浓的分裂细胞（如图 2-10 的 I、II 所示）。9 月中上旬，小孢子叶原基迅速分化成小孢子叶，并于小孢子叶基部外侧形成乳突状花粉囊，其中充满体形大、细胞质浓的造孢组织（如图 2-10 的 III、IV、V 所示）。9 月下旬～10 月上中旬造孢组织进行有丝分裂，形成大量花粉母细胞（如图 2-10 的 VI、VII、VIII 所示）。10 月下旬，花粉母细胞减数分裂，进入四分体初期，直到次年 3 月中旬均处于四分体时期（如图 2-10 的 IXX、XI、XII 所示），此时，花粉囊呈长椭圆形，绒毡层及 1 个小孢叶的 3～4 个花粉囊清晰可见。次年 3 月底到 4 月上旬，四分体形分离，形成单核花粉，4 月中旬，雄花开放时，二核花粉粒全部形成，此时，花粉囊的绒毡层已被大部分吸收，只留下药室的外壁（如图 2-10 的 XII、X、IX 所示）。

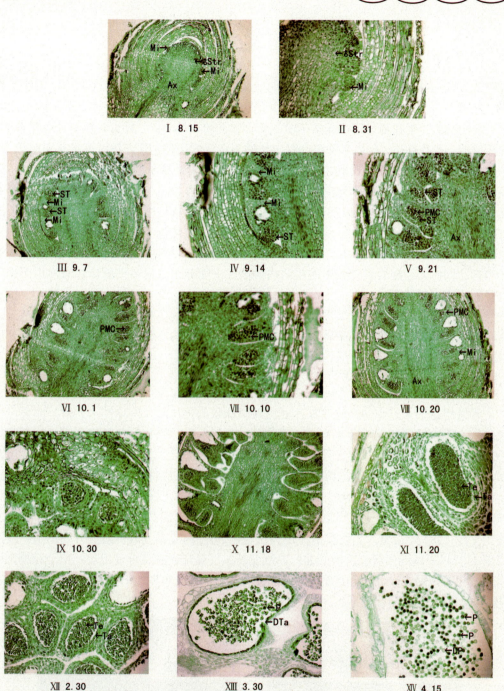

I～II：小孢子叶球中轴速长，小孢子原基出现；III～V：花粉囊及造孢组织形成；VI～VIII：花粉母细胞阶段；IX～XII：花粉母细胞分裂，四分体大量出现时期；VIII：四分体解体，形成小孢子；XIV：单核花粉形成。
Str：雌球花；Ni：小孢子叶；Ax：中轴；ST：造孢组织；PNC：花粉母细胞；Ta：绒毡层；DTa：退化的绒毡层；P：单核花粉；DP：失活的单核花粉；Te：四分体

图 2-10　榧树雄花芽分化过程

由此可见，香榧雌球花与榧树雄球花分化不同步，前者从 11 月上旬到次年 4 月中旬，历时 160 天；后者从 6 月中旬到次年 4 月中旬，历时约 300 天。

榧树成熟花粉呈椭圆形或圆形，有一个假萌发孔，显微镜下能看到两层壁，外壁厚，内壁薄。成熟花粉遇水或以水作为溶剂的液体，其内壁能迅速膨胀，在赤道区膨胀更显著，几秒钟内，外壁在中间一处破裂，并迅速脱离花粉。在脱离过程中，外壁收缩成突起，常被误认为是花粉发芽。成熟花粉中含少量淀粉，具二核；败育花粉淀粉含量很多，花粉壁薄，仅具单核。在花芽发育过程中如遇不良气候条件，败育花粉可多达 40% 以上。

据余象煜、李平等人观察，正常花粉的超微结构为：花粉壁分内外两层，外壁由 10 多层明暗相间、呈同心圆排列的壁物质组成；内壁分为 3 层，其内外两层壁薄，电子密度大，中间层厚，有不均匀的壁物质分布；内壁呈波浪状与原生质体相嵌，细胞质中的细胞器丰富，线粒体多而大，线粒体的嵴发育完善，质体较多，有两个细胞核，大的在中间，略呈椭圆形，小的靠端壁，圆形，核膜两层，核膜孔明显，两核之间有管状和泡状结构。同时，还能看到有较多的粗糙内质网，上面分布着很多核糖体，液泡小而少。败育花粉比正常花粉小，有的呈畸形，其壁发育不良，花粉中充满淀粉粒，通常 1 核，线粒体少，嵴发育不良，内质网上核糖体少，有的核中的核物质浓缩成几团，液泡大，花粉中能看到较多的膜状溶酶体，成复合同心圆膜状结构，中央有一团原生质体，其周围被有多层的共同膜，即内质网膜所包围。

3. 开花授粉

香榧雌花于 4 月中旬在雌花珠孔处出现圆珠状的传粉滴（俗称性水）时，即表示性成熟，一般在结果枝展叶后 4～5 天（如图 2-11 所示）。始花时传粉滴形小，如不予授粉，随时间推移而增大，明亮且有黏性，约经 9～11 天后，渐次缩小，色渐深，亮度减弱，直至黄褐色干缩。榧树花粉落于传粉滴上并随之带入胚珠的储粉室内，经花粉萌发，精子形成至 8 月中旬才开始受精。香榧为风媒花，无柱头，传粉滴是花粉的接受者和引导者，传粉滴的有无是能否授粉的重要标志。传粉滴的出现与气温关系密切，据马正山、施拱生在 1985 年观察，当香榧所在地气温稳定升至 14℃以上时传粉滴开始出现；气温降至 11℃以下或遇雨时传粉滴回缩；天气变晴，气温升高时又再度出现；整个花期常因天气变化而伸缩多次，直至干缩，即失去授粉能力。单株花期 15～20 天，天气晴暖则花期缩短，低温多雨则花期延长。

前期

后期

图 2-11 雌球花传粉滴

上述观察是就一批花的传粉滴吐缩与日平均气温关系而言。在了解每朵雌花在无榧树花粉干扰（传粉滴一遇到榧树花粉即收滴不再吐出）的情况下，传粉滴吐缩次数、经历时间、花期长短及其与气候条件关系，2006 年浙江林学院利用现代温室大棚内外各 3 株盆栽香榧结果树（附近 10km 范围无雄榧树），以单花为单位每日 18 时观察传粉滴吐缩情况，连续 30 天，并选择两天无雨的夜间，每隔 2 小时观察 1 次，同时记载气温、风雨等情况。其结果如下：

（1）传粉滴的吐缩次数与时间

在没有授粉的情况下，传粉滴可因气候变化而吐缩数次（1 吐 1 缩为 1 次），吐露时间很长，具有等待授粉特点（如表 2-5 所示）。

表 2-5　　大棚内外香榧雌花传粉滴吐露情况

位置	单朵花的花期/天		传粉滴吐缩次数			吐露天数			单株不同花开花早迟（月、日）
	变幅	平均	变幅	平均	3 次以上/%	变幅	平均	10 天以上/%	
大棚内	1～29	20.06	0～4	2.50	56.29	1～27	13.19	87.50	4.2～13
大棚外	5～20	14.27	0～4	1.45	27.27	5～18	11.36	63.63	4.1～3

注：单朵花花期为：传粉滴第 1 次吐出到最后 1 次吐出收缩前之间天数。

由表 2-5 可知，大棚内比大棚外单花花期长，传粉滴吐缩次数多，吐出时间长，三者棚内分别比棚外高出 40.57%、72.41% 和 16.11%。这是由于棚内受风雨影响小，气温变幅小之缘故，如观察期间，棚内气温变化在 10.5～23℃ 之间，而棚外为 7～29℃ 之间。

不同的花由于发育状况不同，传粉滴吐露的量、吐露次数和历时均不相同，发育正常的花传粉滴大，吐露时间长，最长可达 29 天；发育差的花传粉滴小，吐露时间也短，个别迟开花的仅吐露 1 天。传粉滴在整个花期吐露次数，最多 4 次，最少 1 次，有少数花传粉滴吐出后一直不收缩，直到最后干缩或掉落，这类花的比例，大棚内达 18.75%，大棚外达 27.27%，不收缩时间最长达 18 天。

（2）开花期间传粉滴吐缩的动态变化

大棚内、外香榧植株传粉滴吐缩的变化趋势相同，但波动情况，棚外远大于棚内（如图 2-12、2-13 所示）

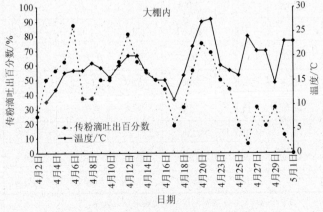

图 2-12　大棚内花期传粉滴动态变化

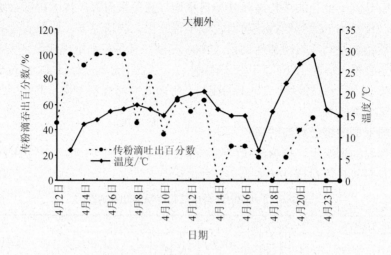

图 2-13　大棚外花期传粉滴动态变化

上图资料显示：大棚内整个花期 28 天中，每日传粉滴吐出百分率最高为 87.50%，最低为 6.25%，平均 45.54%，日变异系数 CV（%）=45.72；大棚外整个花期 20 天中传粉滴吐出百分率最高为 100%，最低为 0，平均达 53.14%，日变异系数为 62.96%。大棚内，花期的第 28 天尚有 12.5%雌花有传粉滴，而大棚外第 20 天尚有 50%雌花有传粉滴，只是在此后连续 4 天降雨，传粉滴就再不出现。说明大棚外自然情况下，由于受风雨影响和气温变幅大，引起传粉滴吐缩变异大，花期也缩短。

（3）传粉滴夜间吐缩情况

选择无雨的 4 月 2 日和 6 日两个夜晚，标记传粉滴已吐露的雌花从 18 时开始每隔 2 小时观察 1 次至次日凌晨 6 时，结果如表 2-6 所示。

表 2-6　香榧雌花传粉滴夜晚吐露情况

位置	观察日期	观察项目	不同时间传粉滴吐露百分率						
			18:00	20:00	22:00	0:00	2:00	4:00	6:00
大棚外	4 月 2 日	气温/℃	<u>11.7</u>	<u>11.2</u>	9.0	8.5	8.5	7.0	7.0
		%	100	91.67	0	0	0	0	0
	4 月 6 日	气温/℃	16.0	10.5	9.5	8.5	6.5	5.5	5.0
		%	91.67	100	83.33	58.30	66.70	33.00	8.30
大棚内	4 月 2 日	气温/℃	<u>15.1</u>	<u>14.0</u>	11.0	9.5	9.5	8.0	7.5
		%	100	81.81	27.27	27.27	27.27	27.27	27.27
	4 月 6 日	气温/℃	17.0	13.0	12.0	11.0	9.5	9.0	8.5
		%	100	90.90	90.90	90.90	45.45	36.36	36.36

注：气温数字下有"＿"为参考临安气象站资料，该站距观察地点 1.5km。

表 2-6 资料说明：传粉滴的吐露率在夜晚逐步下降，到凌晨 6 时最低，其中 20 及 22 时以后下降最快，引起下降的原因主要是气温。

（4）决定传粉滴吐缩的外界条件

决定传粉滴吐缩的外界条件主要是气温和降雨。

1）气温　　传粉滴吐露的最低气温在 11℃左右，已经吐露的在 9.5℃以下时会慢慢收缩，直到 5℃左右时仍有部分花传粉滴不缩，但在花期的中后期收缩缓慢，如表 2-6 中 4 月 6 日晚午夜 0 时到次晨 6 时，棚外气温降 8.5～5℃时，传粉滴吐露率仍有 8.30%～58.30%；但 4 月 2 日晚当气温由 11.2℃降至 9℃时传粉滴吐露率由 91.67%降至 0，说明早期传粉滴吐缩比后期对气温敏感。大棚内、外除阴雨天气外，传粉滴吐露率与气温呈正比。在开花期正常无雨天气，如果气温达到 13℃以上，传粉滴吐露率可达 40%以上。

2）降雨　　雌花在降雨来临之前传粉滴会慢慢收缩，如果雨水来得急，传粉滴会被风雨淋洗、振落，天晴后重新再吐，图 2-13 中的 4 月 14 日及 18 日气温分别为 16.5℃及 16℃，但由于降雨，传粉滴吐露率为 0。在大棚外的 20 天花期中，晴天 12 天，传粉滴吐露率变化在 45.45%～100%，平均 74.17%，日变异系数 31.98%；而 8 天雨天中，传粉滴吐露率变化在 0～45.45%之间，平均 21.59%，变异系数达 74.42%。大棚内受雨水影响较小，传粉滴吐露主要随气温变化而变化。但降雨天气由于空气湿度大、气温低，传粉滴吐露率也低于晴天，如大棚内 28 天花期中晴天与雨天传粉滴平均吐露率分别为 54.16%与 35.57%。

（5）人工授粉对传粉滴吐露的影响

雌花传粉滴吐露后，以不同花粉授粉，反应完全不同。

1）4 月 9 日以榧树花粉授粉后，几分钟后传粉滴开始收缩，2 小时内全部收缩，以后不再吐露。

2）用榧树花粉与银杏花粉 1∶1 混合的混合花粉于 4 月 17 日授粉，授粉后 2 小时内传粉滴全部收缩，以后不再吐出，与授榧树花粉同。

3）4 月 15 日上午 9 时授长叶榧花粉，传粉滴缓慢收缩，直到 4 天后的 4 月 18 日 18 时才完全收缩，以后不再吐露。

4）4 月 9 日上午 9 时授银杏花粉，3 小时后有 90.48%传粉滴收缩，9 小时后又慢慢吐出，至 4 月 10～11 日，80%以上吐出，直至 4 月 15 日尚有 42.85%的传粉滴吐出，与未授粉的雌花完全相同。

以上现象说明，香榧雌花对不同花粉有选择吸收特性，表现为授同种花粉（亲和的）迅速接受、授含有亲和花粉的混合花粉选择吸收和不亲和花粉（银杏）拒绝接受，授亲缘较近的长叶榧花粉，表现为缓慢接受。种子植物的受精生理研究认为，花粉亲和性的识别机理是由 S-基因控制的 S-蛋白来识别的，S-蛋白分别存在于花粉粒和雌花柱头表膜中。香榧属裸子植物，雌花无柱头，其传粉滴可以接受不同花粉，但不亲和花粉经传粉滴带入胚珠后又吐出，说明识别机理不是存在于传粉滴中，而是存在于球孔下方的珠心细胞中。

（6）传粉滴与人工辅助授粉

人工辅助授粉是当前解决产区雄花资源不足，保证香榧高产稳产的重要措施之一。

从上述传粉滴的吐缩与授粉关系可见：

1）在没有授粉的情况下，传粉滴吐露时间很长，平均在 11 天以上，单花花期在 14 天以上，有等待授粉习性。在整个花期中，只要有传粉滴出现，不论何时，人工授粉都有效果；授粉后传粉滴是否再出现是衡量授粉效果的重要标记。

2）正常情况下授粉后 2 小时内传粉滴完全收缩，因此，花期如遇多雨天气，在雨停的间歇期，如有传粉滴出现，授粉后只要在 2～3 小时内不下雨，就能保证授粉效果。

雌球花传粉滴一经出现，不论自然授粉或人工授粉受孕率均在 50%以上，其中从始花起 1～7 天内受孕率最高，第 8 天后下降很快，直至 11 天尚有部分雌球花能够受精（如表 2-7 所示）。

表 2-7 香榧雌球花可授期试验

授　粉 日期/（月、日）	4.18	4.19	4.20	4.21	4.22	4.24	4.25	4.26	4.28	4.29	4.30
授粉胚珠数/个	100	100	100	98	94	100	91	87	69	60	54
当年保留幼果数/个	81	79	82	76	75	68	53	39	17	8	3
保存率/%	81.0	79.0	82.0	77.5	79.8	68.0	58.2	44.8	24.6	13.3	5.5

注：4 月 23 日小雨，未授粉，28 日上午雨下午阴，上午 8～10 时未授粉，下午 3 时补授。当年 10 月 17 日调查幼果数。

4. 落花落果

香榧是丰产性很强的树种，结实壮年树在正常年份结果枝占总枝数的比例达 30%～40%。每个结果枝有雌球花 4～8 对，平均 12～14 个，结幼果 4～8 个。雌球花受孕率可达 50%以上，但每个结果枝最终能成熟种子仅 1～2 粒，平均 0.6～0.9 粒/枝，个别丰产树可达 1.5 粒/枝。正常的落花落果是树种的自我调节现象，对保证树体生长与生殖的平衡和种子的正常发育都是必需的，但由于树体营养和特殊的自然条件而引起的大量落花落果，却是导致香榧产量不稳的重要原因。

香榧种子从授粉到成熟跨 2 个年度，历时 17 个月之久。其落花落果主要集中在两个时期：

1）落花　即在开花后的 10～30 天内，雌球花发黄，相继脱落，时间约在 5 月中旬至 6 月上旬，落花量约占雌球花总量的 25%左右。

2）幼果脱落　指前一年形成的幼果，在当年开始膨大期的 5～6 月份发生落果。落果量约占幼果总数的 80%～90%，对产量影响极大；加上前一年落花率 25%，是从雌球花到最后成熟种子的百分率仅 11%左右。根据观察研究，第一次落花原因主要是授粉不足，因产区雄榧树多被砍伐或改接香榧，现保留的雄榧树只占香榧总株数的 1%～2%，加上分布不均、花期短，如遇花期多雨，则授粉受精不良。在产区一些缺少雄株的香榧林或背风山坡、不通风的山谷，香榧曾长期不结实，从 20 世纪 90 年代中期开始人工辅助授粉，才开始结实。第二次幼果脱落主要是营养和激素的不足等生理原因造成。表现为老树弱树落果多于壮年树，5～6 月果期如遇长期阴雨，则引起大量落果，因为此期正是新梢发育充实和幼果膨大进入速生期，需要大量营养，如遇连阴雨天气，光合产物不足，加上林地积水，通气不良，两者都影响幼根生长，幼根是合成细胞分裂素的主要场

所，营养不足，细胞分裂素合成受阻，导致果柄离层形成而大量落脱。

早春如遇寒潮，气温变幅很大，导致大量落叶也会引起幼果大量脱落。2005年3月中上旬，产区3次降雪，气温日变幅-2～16℃，引起大树大量落叶，主产区诸暨赵家镇及嵊州谷来镇一些海拔较高的山村，40%以上的结果大树树叶落去30%～100%，凡落叶率在50%以上的树，幼果全部落光，导致这些地方香榧减产1/3～1/2。但这样的灾害性天气仅几十年一遇，同时当年新抽生的营养枝和结实枝均不会落叶落花。

香榧细菌性褐腐病也是香榧落果的重要原因之一，近年通过3～5月的药剂防治效果明显。

香榧幼果有既不膨大，也不脱落而成僵果的现象。在结果枝的成熟种蒲基部往往有1至数个僵果，在两年内不会脱落，其形成机理尚不清楚。

5. 种子发育

香榧4月中下旬开花授粉，次年8月底～9月中旬种子成熟，跨两个年度，历时17个月之久。在每年的5～9月期间，在同一株树上既可看到当年开花授粉的幼果，又可看到去年形成、今年膨大并成熟的大果，即所谓的"二代果"，这是裸子植物，特别是松、柏科中许多树种的共同特征。

香榧种子生长发育时期长，根据其体积增长和内部物质转化积累过程可分为4个时期。

1）缓生期　　即从去年的5月初到当年的4月底的幼果期，历时1年，幼果全部包埋于苞鳞和珠鳞之中。幼果体积由最初的长0.5～0.6cm，宽0.3～0.4cm到最后的长0.6～0.65cm，宽0.4～0.45cm，增长甚微。

2）速生期　　由当年5月初幼果从珠鳞中伸出至6月底果实基本定型，为果实体积增长旺盛期，历时约两个月。其中5月中下旬的15～20天内增长最快，体积增长量约占总体积的70%～80%。在速生初期种子内部为液体状，至6月中下旬种仁变凝胶状并逐步硬化。

3）种子内部充实期　　从6月底至9月上、中旬为种子内部充实期，历时70～80天。此期种子体积无明显变化，光合作用的产物主要用于种仁发育和内部物质积累。此期在种子外部形态上产生一系列变化，光滑的假种皮表面出现棱纹，外表产出一层白粉，肉质的假种皮内出现纤维质，种柄由绿色变成褐绿色；种衣（内种皮）由淡黄变成淡紫红色，种仁进一步硬化，表面出现微皱。

4）成熟期　　香榧品种种子成熟期比较稳定一致，一般在白露至秋分之间的9月中上旬。种子成熟的特征为假种皮由绿变黄绿或淡黄色，易与种核分离，假种皮开裂露出种核，少量榧果落地，即为成熟采收适期，其成熟期比实生榧早。

实生榧中不同类型、单株，成熟期变异很大，9月中旬至11月上旬都有成熟。

6. 种子油脂的积累与转化

香榧为重要油料与干果树种，而作为干果的重要品质指标——香脆程度与种子含油率呈正相关，相关系数 $R_{0.01(60)}=0.806 > R_{0.01(60)}=0.325$。所以研究香榧油脂形成与积累的

动态规律，对香榧管理和采种期的确定都有重要意义。

（1）香榧种仁发育与油脂积累

根据浙江林学院田荆祥等采集浙江诸暨香榧种子样品分析结果表明，香榧种子内部种壳先发育，6月中旬至7月为旺盛生长期，7月中旬进入种仁快速生长时期，从7月15日到9月5日的50天中，种子出仁率由37.38%上升到67.60%，种仁含水量由12.75%下降到6.46%，含油率由21.40%上升到54.48%，总糖由11.18%下降到4.03%，而蛋白质含量变化不大，如表2-8所示。

由表2-8可知，香榧种仁在8月5日～8月25日的20天中增长最快，而含油率在7月5日至8月15日的40天中增长最快，以后一直缓慢增长，直到9月5日出仁率和含油率仍在继续增长。2004年分别分析9月15日后采集的诸暨、东阳、绍兴、嵊州、磐安5县、市的48个香榧种子样品，种仁含油率在55.6%～60.3%之间，种子出仁率多数在68%以上，所以香榧采种应在9月中旬，特别在夏季高温、干旱年份种子成熟期还将往后推迟，采种期也应顺延。

表2-8 香榧种子主要成分的动态变化

日 期 /（月、日）	出仁率 /%	含水率 /%	含油率 /%	粗蛋白质 /%	总 糖 /%
7.5	37.38	12.75	21.40	11.51	11.18
7.15	41.46	11.94	29.12	13.39	10.70
7.25	45.00	8.86	39.09	11.11	9.07
8.5	49.00	8.08	45.40	12.36	8.25
8.15	56.80	7.32	49.97	11.06	6.37
8.25	65.60	7.09	52.22	10.69	5.90
9.5	67.60	6.46	54.48	11.72	4.03

（2）油脂脂肪酸组成的动态变化

香榧油脂含有9种脂肪酸，各种脂肪酸所占的百分比大小依次为：亚油酸＞油酸＞山嵛酸＞软脂酸＞硬脂酸＞二十烷酸，还含有少量的亚麻酸和花生酸，含量均在1%以下，如表2-9所示。在油脂形成与积累过程中，油酸、硬脂酸和二十烷酸比例逐渐增加，而亚油酸、山嵛酸和软脂酸逐渐减少；不饱和脂肪酸逐渐增加而饱和脂肪酸逐渐减少，这与一般油脂作物脂肪酸的变化趋势是一致的。在种子充分成熟时不饱和脂肪酸占脂肪酸总量的81%以上，其主要成分为亚油酸和油酸。

表2-9 香榧油脂肪酸组成动态变化   单位：%

日 期 /（月、日）	软脂酸 $C_{16:0}$	硬脂酸 $C_{18:0}$	油酸 $C_{18:1}$	亚油酸 $C_{18:2}$	亚麻酸 $C_{18:3}$	二十烷酸 $C_{20:1}$	山嵛酸 $C_{22:0}$	饱和脂 肪酸	不饱和 脂肪酸
7.5	11.32	0.83	15.89	58.26	0.60	0.20	12.82	24.97	75.04
7.15	11.07	1.86	18.58	53.87	0.50	0.25	12.38	25.81	73.45
7.25	8.40	1.74	24.20	52.84	0.35	0.58	11.73	22.04	77.97
8.5	9.27	2.14	25.68	49.93	0.29	1.78	10.70	22.32	77.68
8.15	9.02	3.19	29.63	45.58	0.54	1.37	10.20	22.88	77.12
8.25	7.50	2.69	33.59	43.21	0.63	2.45	8.15	19.12	80.88
9.5	8.00	2.91	37.08	42.71	0.73	1.16	7.27	18.33	81.68

（3）油脂理化指标的动态变化

油脂的理化指标决定油脂的性质和营养价值。在香榧种子油脂形成与积累过程中，其理化指标均处在动态变化之中（如表2-10所示）。

表2-10　香榧油脂理化指标动态变化

日期 /（月、日）	酸价/%	碘值	皂化值	过氧化值	折光指数
7.5	33.10	145.37	199.46	0.17	1.4160
7.15	29.34	141.07	192.90	0.25	1.4161
7.25	15.45	138.79	220.39	0.29	1.4161
8.5	5.27	135.74	211.00	0.33	1.4140
8.15	1.54	132.32	192.03	0.27	1.4728
8.25	1.56	124.51	201.59	0.26	1.4750
9.5	1.24	122.07	200.86	0.44	1.4744

总的趋势是酸价、碘值逐渐下降，过氧化值逐渐提高，皂化值、折光指数变化不大。酸价与游离脂肪酸呈正比，在油脂形成初期先合成游离脂肪酸，所以酸价高，以后随着游离脂肪酸与甘油结合形成甘油脂，酸价值下降。香榧油脂的酸价由7月5日的33.10%下降到9月5日的1.24%；碘值与酸价相同，随着甘油脂结合完全、游离脂肪酸减少，由7月5日的145.37下降到122.07。香榧油脂酸价很低，是优质食用油。

皂化值与甘油脂分子质量呈反比，香榧油脂以18碳以上的脂肪酸组成，所以皂化值较低，在200左右，且在种子成熟过程中变化不大。

过氧化值系指油脂与空气中氧发生氧化作用所产生的过氧化物量，与油脂质量呈反比。香榧油脂的过氧化物值由7月5日的0.17上升到9月5日的0.44，呈缓慢上升趋势，这与不饱和脂肪酸含量上升有关，但总量在0.5以下，说明香榧油抗氧化能力很强。

7. 香榧的胚胎发育

20世纪80年代中期汤仲埙、陈祖铿、王伏雄等人对香榧的胚胎发育曾做过初步研究。结果如下：

1）香榧4月中旬至5月初开花授粉，此时胚珠尚处于大孢子母细胞阶段，8月上、中旬颈卵器、卵细胞形成，精原细胞分裂精子形成，精卵结合，完成受精过程。受精后，胚基本上不分化发育，当年以原胚越冬。

2）第二年6～7月间，后期胚开始分化。6月底幼胚处于多细胞的柱状胚状态，整体解剖看，胚的结构已明显具极性分化，在珠孔端方向为胚柄系统，细胞细长弯曲，并出现扭曲皱褶现象，细胞的液泡化程度高；在合点端方向为胚的本体部分，即幼胚的游离端，细胞较小，原生质浓，细胞分裂旺盛。7月初在游离端10～12个细胞深处出现弧形排列细胞，它是后期胚细胞分裂分化的活动中心，有称此区为"焦点区"，在"焦点区"细胞与胚柄系之间有一"过渡区"。7月中旬，胚游离端细胞的弧形排列更为明显，在游离端两侧形成子叶原基，7月底子叶原基已长达150μm，并出现原形成层。8月底种子成熟时胚的各种组织和器官均已开始分化，但形态结构尚不分明，此时胚的特点是：

① 苗端尚未分化隆起，胚游离端的"焦点区"几乎贴近表皮层细胞。

② 根冠没有明显分化，柱状组织与环柱组织界线不清。

③ 下胚轴中的髓部与原形成层细胞难以鉴别。

3）种子脱落后，胚继续发育和分化。在种子脱落后经 1～3 个月的沙藏后熟期间，胚的发育渐趋完善。

① 胚长由 4mm（占雌配子体总长度的 13%）增长到 15～17mm（占雌配子体总长的 50%～57%），其中子叶长度由原来的 100～200μm 增长到 15000μm。

② 苗端开始分化，到后熟期结束时已分化出 1～3 对真叶。

③ 下胚轴短，在下胚轴原形成层的两侧分别具有一个大而明显的分泌道，这个分泌道有时沿子叶节向顶延伸，直达子叶之中。

④ 根冠中的柱状组织短，由柱状组织到胚柄处的"过渡区"，既无典型的柱状组织与环柱状组织之分化，又不是典型的胚柄细胞。

总之，香榧胚的发育从开花授粉到胚发育完全跨两个年度，历时达 20 个月之久，可大体分三个阶段：

① 第一年受精后胚发育缓慢，当年以原胚越冬。

② 第二年 7～8 月为后期胚发育阶段，到 9 月中上旬种子成熟时胚的各种组织和器官原基已基本分化，但苗端和根冠尚未分化。

③ 种子成熟采收后经层积贮藏，胚的各种组织继续分化发育，到 11～12 月，完成胚的最后分化，成为成熟胚，此时种子才有发芽能力，胚的分化过程如表 2-11 所示。

上述研究论文中均无解剖显微图，仅有少量手绘图，且表 2-11 所列的 4 月 27～5 月 10 日胚珠原基出现，实为混合芽原基出现，而混合芽的芽内梢原基上的雌球花原基是 11 月中旬才出现。此外，有关颈卵器出现、受精过程、游离核分裂和胚乳发育等均未述及，说明香榧胚胎发育尚有待进一步研究。

表 2-11　香榧的有性生殖过程

发育时期 period of development		雄配子体发育 development of male gametophyte	雌配子体发育 development of female gametophyte
年序 year	日期 data		
1	4.27～5.10		胚珠原基(实为混合芽原基-本书注) primordium of ovule
	9.10～12.31	造胞组织 sporogenous tissue	
2	1.20	造胞组织 sporogenous tissue	
	2.10	小孢子母细胞形成 formation of microspore mother cell	
	2.30	减数分裂前期 prophase of meiosis	

续　表

发育时期 period of development		雄配子体发育 development of male gametophyte	雌配子体发育 development of female gametophyte
年序 year	日期 data		
2	3.20	减数分裂Ⅰ meiosis Ⅰ	
	4.10	小孢子形成 formation of microspore	大孢子母细胞 macrospore mother cell
	4.20	二细胞花粉 mature pollen grain	同上 ibid
	5.1	传粉 pollination	同上 ibid
	6.20	体细胞与不育细胞 body and sterial cells are of same in size	雌配子体4-16个游离核 4-16 free nuclei of female gametophyte
	7.27	精原细胞增大 developing spermatogenous cell	雌配子体32个游离核 32 free nuclei of female gametophyte
	7.31	同上 ibid	雌配子体细胞壁形成 wall formation of female gametophyte
	8.20	同上 ibid	卵形成 egg formation
	8.24	精原细胞分裂 divison of spermatogenous cell	受精 ferilizaton
	8.28	合子与原胚2核 (zygote or 2 free nuclei of proembryo)	
	9.30	原胚4核4 (free nuclei of proembryo)	
	10月~12月 October to December	原胚 (proembryos)	
3	1~3月 January to March	同上 (ibid)	
	4月 April	幼胚 (Youg embryos)	
	5月~6月 May to June	多胚、胚柄形成 polyembryony and suspensor formation	
	7月~8月 July to August	后期胚 late embryos	
	9月~11月 September to November	成熟胚 mature emberyos	

注：摘自汤仲埙等，香榧的有性生殖过程。

8. 香榧的年发育周期（物候期）

香榧一年中无明显的休眠期，从春季的萌芽、抽梢、开花授粉，夏、秋季的种子生长发育到冬季的花芽分化，形成不同的生长发育阶段，循序渐进，呈有节律的变化（如表2-12所示）。

表2-12 香榧生长发育年周期

	1	2	3	4	5	6	7	8	9	10	11	12
旬	上中下	上中下	上中下	上中下	上中下	上中下	上中下	上中下	上中下	上中下	上中下	上中下
根系旺长期	←											→
新梢生长期 结果枝				─								
新梢生长期 营养枝				───								
新梢生长期 开花期				─								
新梢生长期 落花期					─							
幼果缓生期							───					→
幼果体积生长期					─							
果实充实期							───					
幼籽脱落期					──							
花芽分化期	──										──	→
落叶脱枝期				──								

每个阶段有一个生长发育中心，在营养分配上首先保证这个中心，同时前一阶段的生长发育又为下一阶段生长发育创造条件。如春季主要是枝梢等营养器官的形成、发育，为下一阶段的种子发育打下营养基础（光合产物）。从6月到9月是二年生种子发育时期，为使2年生种子发育营养得到保证，一年生种子呈相对休眠状态，花芽分化也推迟到冬季。秋季采种后的光合产物的积累和秋冬根系的旺盛生长又为冬季的花芽分化提供充足的有机营养和相关激素。

9. 香榧特有的生物学特性

香榧是重要的经济树种，同时又是适应性强、树形优美的生态经济树种和观赏树种，具有其他干果所没有的特殊性状。

1）生长慢、结实迟、寿命长。实生榧树结实年龄在20年以上，小苗嫁接香榧需4～5年才能结实，进入盛产期需12～15年，但一旦投产产量增加很快，且结实寿命很长，百年以上到数百年大树仍处于结实盛产期，少数千年以上大树仍可结实500kg以上（带假种皮），即使树干中空濒于枯死的老树只要有新枝发生均可结。其经济寿命与生物学寿命几乎相等。

2）香榧枝细，种子重，结果枝下垂，副主枝难以形成，主枝尖削度小，壮年树主枝多呈竹杆形，树冠内膛通风透光良好，结实能力强。

3）顶芽和顶侧芽发枝，侧枝呈轮状分布。下垂的结果枝群在结果1～2次后，可自

行脱落，同时在节上不断产生更新枝，通过枝条自我调节，保证结果枝组年轻化和旺盛的结实能力。

4）种子两年成熟，同一树上2代种子并存。因种子发育时间长，受外界因子影响多，落花落果较严重。同时，2代种子并存为采种带来不便。

5）雌球花冬季分化，避免了与枝条生长、种子发育争夺营养的矛盾，在一般情况下不会出现大小年现象。

第三节　香榧的生态习性和适生条件

香榧是榧树中的一个优良品种，其生态习性与榧树相同，浙江会稽山区的香榧，结实大树90%以上都是野生榧树就地嫁接而成。近年江西、安徽等省利用野生榧高接换种香榧生长发育良好，因此凡榧树能正常生长的地方也是香榧的适生区域。

一、生态习性

1. 温度

榧树、香榧对气温的适应性较强。榧树分布北缘在淮河以南，如安徽六安、金寨等地年均气温在 15℃左右，南缘在南岭以北的湖南南部、贵州东部，平均气温在 17.0～17.5℃左右，福建东南部气温可达 18.9℃，在这个范围榧树生长发育良好。榧树分布区 ≥10℃年积温在 4700～6000℃之间，在高海拔山地的榧树分布地，年均气温和绝对低温则更低。黄山、天目山绝对低温-18℃，年积温 3800℃，榧树能正常生长结实；而武夷山海拔 1800m 以上，年积温只有 3018℃，但由于绝对低温较高，在-14℃以上，气温变幅小，榧树生长结实正常，树高 20m，胸径达 1m 的大树并不少见。在高海拔山地，绝对低温和气温变幅对榧树影响比年积温更大。在浙、皖、赣、闽等省低海拔的低丘红壤上，夏季高温、强日照是榧树、香榧幼年阶段生长发育的限制因子。在浙江中部海拔200m 以下低丘，如植被稀疏，林地裸露，夏季气温达 38℃以上，则产生日灼危害，表现为叶表灼伤，幼梢枯萎，甚至整株枯死，不死的植株早期也生长缓慢。

2. 光照

榧树、香榧幼林时期耐阴，在低丘平原地区育苗如不遮阴，则高温和强光照会使苗木成批枯死，即使遮阴，苗木光合作用和苗木生长也会出现"夏休"（夏季停止生长）和"午休"现象，生长量大受影响；但随着苗木年龄增加，需光量逐渐增强，光照不足则生长不良。在天然榧树林下1～3 年生幼苗很多，4 年生以上则很少，均因光照不足而先后死亡，结实以后的香榧树需要充足的光照，以保证花芽分化和种子发育需要。光照不足常导致林下香榧不能分化花芽。如将正常结果的香榧树于1998 年从诸暨引种至浙江林学院校园内的树林下，因上层林冠郁闭度大于 0.7，种后始终不能开花、结果；而光照充足处则开花、结果正常。在产区香榧结实性能和种子品质表现为阳坡好于阴坡，坡地

好于谷地，树冠外围好于内膛，也是这个原因。

3. 水分

香榧在一年中的不同发育时期对水分要求不同。4～6 月为新梢发育、开花授粉及 2 年生种子的生理落果期，要求雨水调匀、光照充足。其中 4 月中旬至 5 月上旬为开花授粉期，如遇连阴雨，则授粉不良，大量落花；5～6 月生理落果期，连续阴雨、日照不足，光合作用受影响，加上林地积水，新根生长受抑制进而影响细胞分裂素合成，两者都会引起正在膨大的幼果脱落，此期的降雨时间、降雨量与生理落果量呈显著的正相关；8～9 月为种子内部充实时期，如遇长期高温干旱，则影响种子发育，种仁含量相应下降，成熟期推迟；9～11 月采果后，地上部分其他器官进入相对休眠时期，对营养消耗较少，而这时天气温暖晴朗，是有机物质积累最好时期，这时的有机物质积累对冬季花芽分化和来春的新梢生长都至关重要。

香榧是抗旱性很强的树种，进入成年的香榧或榧树即使遇到夏、秋季长期干旱也很少发现落叶、枯枝和落果现象。2003 年 8～9 月浙江香榧产区遭到 50 年未遇的长期干旱，不少山区河流干涸，饮水断绝，杉、竹、柏林出现成片凋萎或枯死现象，而同地的香榧仍然郁郁葱葱、结实累累。当年香榧种子产量和品质调查，因干旱而减产的比例在 10% 以内，几乎没有空籽。据 32 份不同产地种子分析，与 2002 年相比，种子单粒重下降 0～6.4%，出仁率下降 0～7.1%，种子成熟期推迟 10～15 天；而同年的浙江天目山区不同产地的山核桃单粒重下降 21.4%，空果与半空果占 13.0%～45%，不少低海拔坡陡土薄的山核桃林有相当数量整株枯死。

夏季高温干旱对香榧当年产量影响不大，但对枝芽发育、雌雄花芽分化与发育影响较大，大旱的次年雌雄花显著减少，导致第 3 年减产，特别是雄花，常因夏季高温干旱，花芽原基形成后不分化发育。2003 年夏季高温干旱，诸暨钟家岭村雄球花发育率仅达 0.12%，2006 年夏季高温干旱绝大数雄球花同样不能分化。

4. 地质环境与土壤

香榧对地质环境和土壤适应性较广，在榧树和香榧分布区的岩石类型中常见的有凝灰岩、流纹岩、流纹凝灰岩、石灰岩、花岗岩、砂岩、紫砂岩和少量的辉长岩、安山岩和砂砾岩。土壤类型有山地红壤、黄壤、黄红壤、石灰性土、黄褐色土和少量第四纪红壤。上述岩石、土壤类型上香榧均能正常生长结实，但种子品质以盐基饱和度较高的石灰土、紫砂土（含钙的）和安山岩、辉长岩发育的山地红、黄壤为好。2003、2004 两年采集诸暨赵家镇 3 种土壤上香榧种子分析，紫砂岩发育的紫砂土比凝灰岩、砂岩上发育的土壤上香榧种子出仁率高 4.8%～12.4%，仁出油率高 3.2%～4.7%，其他成分没有明显差异。2003 年为大旱年份，种核单粒重、出仁率、脂肪、蛋白质含量均比 2002 年的正常年份低，但差异不大，说明香榧具有较强的抗旱性（如表 2-13 所示）。

从主产区和引种区的香榧生长发育情况看，土层深厚、肥沃、有机质含量丰富、疏松、通气、排水良好的微酸性至中性，质地轻黏到砂性壤的土壤上香榧生长结果良好，过于酸黏和排水不良的土壤不适于发展香榧。

表 2-13 不同土壤上香榧种子成分差异

年 度	土壤类型	香榧种核单粒重/g	种核出仁率/%	脂肪含量/%	蛋白含量/%	淀粉含量/%
2002 年	紫砂土	1.64	74.8	58.24	14.68	5.26
	黄泥土	1.72	71.3	55.77	14.89	6.27
	砂 土	1.78	68.2	57.93	14.36	4.53
平均		1.71	71.43	57.31	14.64	5.35
2003 年	紫砂土	1.58	72.54	56.33	13.19	5.61
	黄泥土	1.59	69.48	55.46	12.47	6.08
	砂 土	1.55	66.76	56.12	12.28	6.09
平均		1.57	69.59	55.98	12.65	5.92

注：紫砂土为含钙紫砂土；砂土为砂岩分化的砂质土；黄泥土为凝灰岩风化土壤。

香榧较耐旱而根系好气，在一些土层薄、岩石裸露的凝灰岩、石灰岩岩石缝中香榧生长结实良好（如图 2-14 所示）。

诸暨钟家岭村岩石丛中香榧古树

诸暨赵家镇钟家岭村岩石缝中香榧

磐安东川村石谷中香榧林

图 2-14　岩石中香榧生长情况

5. 风

香榧为风媒传粉，在临风的缓坡上香榧林有利于授粉结实，而在沟谷因空气湿度大、通风不良加上光照不足生长好而结实不良。在海拔较高的山脊和冲风口，香榧冬季易受干冷的风害和寒潮影响，生长和结实都不良。2005 年 3 月的寒潮危害期间，这些地方的香榧落叶落果最为严重。

二、香榧的适生条件

香榧与榧树的生态习性相同，凡有榧树分布的地方，基本上都适于香榧栽培；但要达到高产优质和高效栽培，仍需注意林地选择。

1. 气候条件

香榧在温暖、湿润、光照充足的立地条件下生长结果良好。以中心产区浙江诸暨为例，年平均气温 16.5℃，年雨量 1600mm，以 5～7 月为多，初霜期在 11 月上旬，终霜期在 3 月下旬，年积温 4600～4800℃。但在重点产区的赵家镇 600～800m 海拔的钟家岭、骆家尖等地，年均温不足 15℃左右，年积温不足 4000℃，香榧产量和品质均居于产区的前列。在具体观察香榧和榧树的地理分布和直垂分布的基础上，认为香榧适生气候条件为年均气温 14.5～17.5℃，年降雨量 1000～1700mm，年绝对低温-8～-18℃，年积温 3500℃（中山丘陵地）～6000℃（中亚热带南缘）。在榧树分布的北缘要注意选择温暖、避风向阳的立地条件，在中亚热带的低丘要防止高温干旱和强光照危害。

2. 地形地势

香榧和榧树性喜地形起伏，但相对高差不大，空气湿润，土壤肥沃，无严寒酷暑的立地条件。在分布区的北缘应选海拔 600m 以下，中亚热带中部 800m 以下，中亚热带南部 1200m 以下，局部地区如福建武夷山区可在 1500m 以下发展。地形起伏不大，海拔 300m 以下的低丘地区宜选植被保存较好，空气湿度大的山凹，阴坡造林，500m 以上应选阳坡，800m 以上要选背风（冬季西北风）向阳的小地形造林。土壤瘠薄的山岗和冲风口香榧生长不良，在冬季和晚春遇到干冷的西北风时，幼苗、幼树易受冻害。林地坡度应在 30° 以下，陡坡只能块状整地，保护林下植被以利水土保持。

在香榧主产区的浙江会稽山区，海拔 100～800m 的低山丘陵都有香榧分布，但以 300～600m 范围较多，产量和质量也相对较好。由于过去的香榧林全部是由野生榧树改接而成，所以有无野生榧树资源是香榧分布的先决条件。低海拔、人为活动频繁，榧树资源破坏，加上立地条件不适于榧树、香榧幼林生长，致使低海拔香榧很少，这不等于说低海拔不能种香榧。300m 以下的低丘，只要地形起伏较大，植被保存较好，环境比较阴湿，香榧均能正常生长结实，即使高温、干旱的低丘，只要在幼龄阶段采取遮阴、灌溉使香榧度过幼龄期，提早形成林分环境就能正常结果。诸暨市林业科学研究所于 1958 年在诸暨城郊 50 多米海拔的红壤低丘上种植实生苗。1960 年嫁接，采取遮阴、灌溉、施肥措施，幼林生长良好，20 世纪 70 年代开始结果，现树高近 20m，根径 30～45cm，冠幅 7～9m。23 株香榧常年产 2500kg 果，最高年产果 3500kg，平均株产 152kg，折成株产干籽 37.5kg，单株产值 3000 余元。香榧的年生长量为：树高 50cm 以上，冠幅 18cm，根径 0.73cm，其速生丰产性状显著优于山地，如图 2-15 所示。

在低丘地区，沟谷、阴坡香榧生长好于阳坡、上坡，结果没有显著差别；在海拔 500m 以上低山的香榧结实情况，阳坡好于阴坡，坡地好于沟谷。

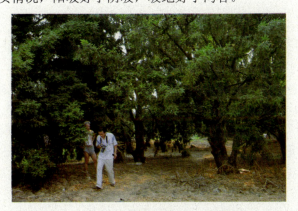

图 2-15　诸暨十里牌海拔 50m 处香榧林

3. 土壤

要求有机质含量高，肥沃、通气，土层厚度 50cm 以上，pH5～7，盐基饱和度较高的土壤。由于香榧喜钾，种仁中含钾居干果之首，所以对土壤含钾量要求较高。香榧根系好气性强，怕积水，所以土壤过于酸黏、积水，均不适于种植香榧。石灰土，特别是黑色淋溶石灰土上香榧生长结实良好，种子品种也优于其他土壤上的香榧。

第三章　榧树种内性状变异与选优

榧树为我国特有珍稀树种，大部分呈野生、半野生状态。榧树雌雄异株，异花授粉，实生后代均为杂种，种内性状分离很大；加上栽培历史悠久，长期受生态因子、基因突变、病毒等影响也产生了许多变异。这些变异好差不均，如香榧，它是从实生榧树中产生的优良变异类型，经人工培育而成的唯一栽培品种，已成为重要的生产资料，并在社会主义新农村建设中发挥着积极作用；有的则不堪食用，未加以开发利用。为了挖掘有用资源，选育新品种，浙江林学院深入浙江省的绍兴、诸暨、嵊州、东阳和磐安，安徽省的黄山、黟县、宁国、广德，福建省的武夷山，江西省的黎川县等榧树分布区和香榧主产区进行榧树资源调查、收集与选种，范围覆盖了浙江省有香榧资源的90%左右村、镇以及全国80%左右实生榧树分布的县、市。在详细观测榧树、香榧的结实性状和种子的经济性状前提下，又在对榧树种内性状变异和性状进行相关分析的基础上发现：榧树中有许多变异类型的风味、品质与香榧不相上下；香榧当中的种子大小、成熟期早晚、产量高低等性状也存在一定变异。因此，在榧树和香榧群体中选种的潜力巨大。在调查基础上，制定了明确的选种目标和科学的选种方法（选择育种程序），收集了榧树各类资源400多个，建立了种质基因库40余亩，选出了3个优良品种和200余份初选优良单株，为进一步开展良种选育工作打下了坚实基础。

第一节　榧树种内性状变异

榧树种子的经济性状变异及性状相关，关系到种用林选种的潜力和选种指标的确定。浙江林学院在香榧主产区和榧树自然分布区，分株采收充分成熟种子，实验室测定种子、种核重量（气干重），种核纵、横（最粗处）径和核形指数（种核横径/纵径），出核率（去假种皮种核占带假种皮种子的百分率），出仁率，胚乳皱褶情况等；分析种仁的蛋白质、脂肪、糖、淀粉含量等品质指标，并按香榧加工方法统一加工后，对种仁的口感、色泽、风味、脱衣难易进行品评，分好、较好、中、差4级，分析榧树主要经济性状的变异情况。对于香榧，则着重考察、分析产量性状变异；而对雄株则采集雄花蕾，测定花蕾的大小、花粉量、出粉率及观测花期，分析其性状变异，最终为选优提供科学依据。

一、野生榧性状变异

1. 种子形状变异

在未受或少受人为干扰的浙江天目山、安徽黄山、江西黎川、福建武夷山等榧树资源重点分布区，随机抽取112个榧树单株进行分析统计（如表3-1所示），种形指数变

幅为 0.559～0.888，平均值 0.74，标准差（S）=0.09，变异系数（CV）=11.5%；种形指数在 0.6 以下的有 18 个，在 0.61～0.7 之间的有 26 个，在 0.71～0.8 之间的有 45 个，在 0.81～0.9 之间的有 23 个，单株之间呈连续变异，几乎呈常态分布（如图 3-1 所示）。榧树种子的基本形状是椭圆形或卵状椭圆形，随着种形指数的增加，种形由椭圆形逐渐变为近圆形；随着种形指数的减小，种子则由椭圆形逐渐变为长圆形、长倒卵形。

表 3-1　榧树不同单株种实主要性状情况

性状	种子重/g	种子横径/cm	种子纵径/cm	种形指数	出核率、/%	种核重/g	种核纵径/cm	种核横径/cm	核形指数
最大值	18.49	3.052	4.519	0.888	57.63	8.300	3.896	2.251	0.834
最小值	4.630	1.783	2.315	0.559	32.94	1.19	2.15	1.31	0.436
平均数	9.906	2.342	3.197	0.739	43.693	3.982	2.803	1.676	0.605
标准差	3.482	0.284	0.472	0.085	6.597	1.367	0.389	0.236	0.094
变异系数	35.15	12.11	14.76	11.50	9.94	34.32	13.86	14.10	15.47

2. 种子大小变异

果树的种实大小往往因立地条件、树体营养和结果多少而变化。一般立地条件好、树体健壮、结果少的，则果大；反之则小。这种由于环境条件和树体营养的变化而引起种实大小的现象不能遗传，在选种上没有价值。但在同样立地条件下，种实大小的变异则是由遗传性决定的。从 112 个样株分析看（如表 3-1 所示），种子纵径最大值为 4.519cm，最小值为 2.315cm，平均值为 3.2cm，标准差（S）=0.47，变异系数（CV）=14.76%；种子横径变幅为 1.783～3.052cm，平均值为 2.342cm，标准差（S）=0.284，变异系数（CV）=12.11%。平均单粒种子重变幅为 4.63～18.49g，最大与最小的相差近 4 倍，平均值为 9.91g，标准差（S）=3.48，变异系数（CV）=35.15%，说明种子重变异很大。

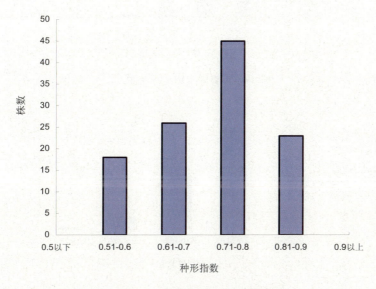

图 3-1　种形指数样本频率分布

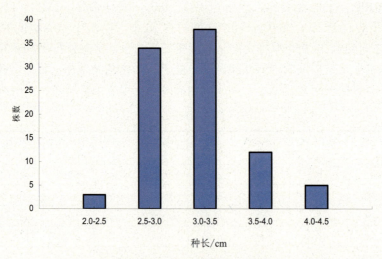

图 3-2　种长样本频率分布图

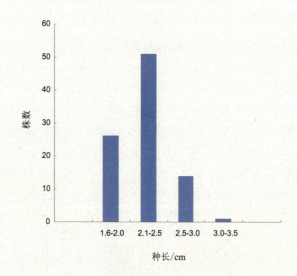

图 3-3　种径样本频率分布图

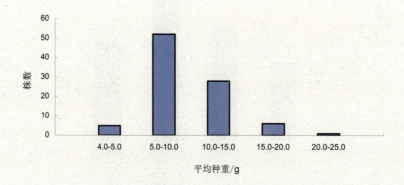

图 3-4　平均单粒种子重样本频率分布图

由图 3-2、3-3、3-4 可知，种子纵、横径在单株间的变异是连续的，其频率分布近似常态分布，而种子长短在中间类型居多，特别长的和短的较少，平均单粒种子重则偏向中小型，大粒种子类型较少。

3. 出核率变异

榧树食用部分为种核，因此出核率的高低也是榧树的主要经济性状之一，是衡量榧树产量高低的一项指标。出核率的高低主要取决于种子大小、假种皮厚薄和种核的饱满程度，种子大、皮薄、充分成熟的，出核率一般都高。据对 112 个单株种实分析（如表 3-1 所示），出核率变幅为 32.94%～57.63%，平均 46.09%，变异系数（CV）＝9.94%，说明榧树种子出核率的变异也较大，其频率分布近似常态分布。

4. 种核形状变异

在对 112 个榧树单株统计表明（如表 3-1 所示），核形指数变幅为 0.436～0.834，平均值为 0.628，变异系数（CV）＝15.47%，单株之间呈连续变异。榧树种核的基本形状为椭圆形或卵状椭圆形，一端较圆钝，一端渐尖。随着核形指数的趋小变化，种核形状演变为长椭圆形、蜂腹形、象牙形、丁香形、卵状圆锥形和橄榄形等形状（如图 3-5 所示）。核形指数在 0.4 以下的有 3 个，0.41～0.5 之间的有 9 个，在 0.51～0.6 之间的有 20 个，在 0.61～0.7 之间的有 53 个，在 0.71～0.80 之间的有 22 个，0.80 以上的只有 3 个，核形指数呈高峰偏右的近常态分布（如图 3-6 所示）。在会稽山区采集的种子由于受人工选择影响，不少核形指数大的、品质差的榧树改接香榧，所以核形指数偏向低的一端，保留下来的许多核形指数较低类型的种子品质达到或超过香榧的水平，事实上，产区的许多经营户把这些类似于香榧的类型当作香榧销售。

图 3-5　榧树种核形状图

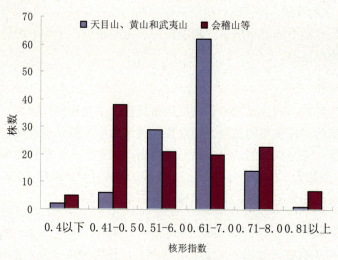

图 3-6　不同地区榧树种核核形指数频率图

5. 种核大小变异

榧树种核纵径变幅为 2.15～3.896cm，平均值为 2.75cm，变异系数（CV）＝14.5%；种核横径变幅为 1.31～2.25cm，平均 1.68cm，变异系数（CV）＝14.1%，种核纵径、横径的变异幅度较大；种核平均重最小的 1.19g，最大的为 8.30g，大小相差近 6 倍，平均 3.69cm，变异系数（CV）＝35.81%，说明种核的重量变异极大。由上可知，榧树种核性状变异也很大，其频率分布近似常态分布（如图 3-7 所示）。在会稽山香榧产区，品质差、种子大的榧树大多改接为香榧，保留下来的多为品质较好的中小粒类型的榧树，所以种核平均重量比前者为小（如表 3-2 所示）。

表 3-2　不同地区榧树单株种实性状变异情况

调查地点	调查年度	统计项目	种子性状						备注
			种子重/g	出核率/%	种核重/g	种核纵径/cm	种核横径/cm	核形指数（横径/纵径）	
天目山、黄山地区和福建武夷山山区	2004	平均数（x）	9.32	46.09	3.69	2.80	1.68	0.628	随机调查112株
		变幅（d）	4.63～18.49	32.94～57.63	1.19～8.30	2.15～3.90	1.31～2.25	0.436～0.834	
		变异系数 cv（%）	32.89	9.94	35.81	14.5	15.47	14.1	
浙江会稽山区及天目山区临安、淳安两市、县	2002～2003	平均数（x）			2.72	2.66	1.73	0.644	随机调查114株
		变幅（d）			1.08～7.87	1.60～3.89	1.02～3.47	0.376～0.892	
		变异系数 cv（%）			50.99	18.59	28.16	20.41	

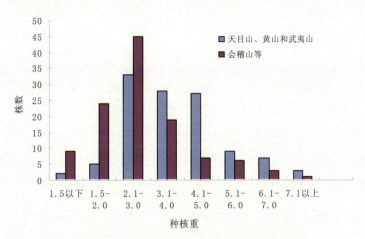

图 3-7　不同地区榧树单株种核重的频率图

从不同单株榧树种核大小和核形指数的频率分布看，在未受人为干扰的黄山、武夷山等榧树自然分布区，两者近乎常态分布；而在普遍进行香榧高接换种的会稽山区，榧树种核平均重和核形指数的频度分布偏向于小的一端（如图 3-6、3-7 所示）。

种核出仁率在 58.64%～78.63% 之间，内种皮（种衣）占种仁的含量在 2.76%～5.25% 之间。种核表面花纹有的粗糙为龟背形、有的呈细密弧形、有的纹理扭曲（旋纹榧）；种仁（胚乳）皱褶有深浅之别，胚乳有实心与空心之别。

6. 种子主要营养成分与风味变异

榧树种子营养成分十分丰富，所含成分复杂，但风味、品质的好坏主要取决于蛋白质、脂肪和淀粉含量的高低。在自然分布区内采用随机采样的方法，对 45 株实生榧树和 17 株香榧种仁的主要成分进行了分析测定。由表 3-3 中可知，实生榧中不同单株种仁的蛋白质、脂肪、淀粉的含量变幅分别为 9.47%～16.43%、39.44%～60.45%、4.86%～19.78%，变异系数为 12.37%、11.21%、36.59%；而香榧不同单株三者含量的变幅分别为 11.92%～15.19%、56.14%～61.47%、4.10%～7.12%，变异系数为 7.46%、2.71%、15.55%。由此可见，实生榧种仁的蛋白质、油脂含量比香榧低，但变异大；淀粉的含量比香榧的高得多，变幅也大。而从品尝、评价的结果看，淀粉含量高、油脂含量低的实生榧种仁风味品质差，不如香榧，一般不能直接食用。

表 3-3　榧树及香榧不同单株种仁主要成分含量变异情况

种 类	株数	统计项目	主要营养成分含量 /%			
			蛋白质	脂肪	总糖	淀粉
实生榧	45	平均数	12.06	50.17	3.09	12.52
		变幅	9.47～16.43	39.44～60.45	1.77～4.34	4.86～19.78
		cv /%	12.37	11.21	18.99	36.59
香 榧	17	平均数	14.02	57.82	2.84	5.32
		变幅	11.92～15.19	56.14～61.47	1.33～4.51	4.10～7.12
		cv/%	7.46	2.71	25.36	15.55

7. 其他性状变异

榧树种内性状除种子大小、形态和营养成分的变异之外，在营养器官上如叶片大小、厚薄，叶片在枝上的平展程度，发枝的多少与长势都有很多变异，但以物候期变异最为明显。如香榧的抽梢比实生榧早 10～15 天，种子成熟期集中在 9 月 10 日左右；而实生榧抽梢迟且分离大，种子成熟期从 9 月上旬到 11 月中旬都有，最早和最迟单株相差 70 天。

二、野生榧性状相关性

1. 榧树种内性状相关性

榧树种内性状之间，特别是种子形态特征与经济性状之间存在密切的相关性。作为干果栽培树种，首先是种子品质要好，要求种仁香脆、肉质细腻、胚乳皱褶浅、容易脱衣。从大量调查和分析看：种子品质随种子重量和核形指数增大而逐渐变差，种子小、种形细长和核形指数小的种子，胚乳实心、皱褶浅、肉质细腻、风味香脆。宋代《尔雅翼》记载：榧子以"小而实心者为佳"，说明古代就能从形态上区别榧子的好坏。大而圆的种子，胚乳中空、皱褶深、肉质粗硬、难脱衣、不香不脆。

此外种皮花纹粗，扭曲如龟背者其胚乳皱褶必深，脱衣必难；而种皮细密、平直和呈均匀弧形的，胚乳皱褶必浅而脱衣易。有一类小圆榧，种子小、胚乳表面平滑、脱衣极易，产区称为"花生榧"。

随机抽取 100 个单株的测定数据进行相关性分析，由表 3-4 可知，种子重与种子的纵、横径呈显著正相关。一般随子纵、横径的变化，种子重量与形状发生相应的变化；种子的大小与种核的大小呈正相关关系，核形指数随着种形指数的变化而变化，相关系数在 0.60～0.87 之间，说明种子的形态与种核形态相关性极大。

表 3-4　榧树种实主要经济性状相关系数

性　状	种子重 /g	种子横径 /cm	种子纵径 /cm	种形指数	出核率 /%	种核重 /g	种核纵径 /cm	种核横径 /cm
种子横径/cm	0.85	1.00						
种子纵径/cm	0.75	0.51	1.00					
种形指数	0.13	0.52	-0.46	1.00				
出核率/%	-0.22	-0.08	-0.13	0.04	1.00			
单核重/g	0.84	0.84	0.71	0.16	0.24	1.00		
种核纵径/cm	0.60	0.29	0.92	-0.61	-0.17	0.53	1.00	
种核横径/cm	0.70	0.89	0.41	0.50	0.32	0.88	0.18	1.00
核形指数	0.15	0.53	-0.33	0.87	0.36	0.34	-0.58	0.69

各性状方差分析结果表明，$F=11.23 > F_{0.01}(9,100)=2.59$，榧树种子的纵横径、种形指数、种核的纵横径、核形指数、种子重和种核重等主要经济性状在单株间差异均达 $F_{0.01}$

的显著性水平，说明性状表现出来的差异并不是随机性的，而是由不同基因型引起的。

2. 种子营养成分与风味相关性

种子风味与脂肪、蛋白质含量呈正相关，与淀粉含量呈反相关，说明榧树种子是否香脆与所含的淀粉、脂肪和蛋白质的量有关。蛋白质含量与脂肪含量成正相关，与淀粉含量成负相关；脂肪含量与淀粉含量成显著负相关。油脂植物种子发育过程中，先合成糖和淀粉，在种子成熟过程中淀粉和糖迅速转化为脂肪和蛋白质。充分成熟种子的脂肪、蛋白质含量高，淀粉含量低，因而品质好。在分析种子风味与主要营养成分含量平均水平的相互关系时，发现风味差的单株，淀粉平均含量高出好的单株 2～3 倍；相反，好的单株脂肪平均含量要显著高于差的单株；蛋白质总体水平是好的单株略高于差的单株，而总糖平均含量与种子风味之间关系不密切（如表 3-5、3-6 所示）。

表 3-5　榧树种子主要成分间相关系数

主要成分	蛋白质含量/%	脂肪含量/%	总 糖/%	淀 粉/%
脂肪含量/%	0.722	1.000	-0.273	-0.916
总糖/%	-0.347	-0.273	1.000	0.301
淀粉/%	-0.797	-0.916	0.301	1.000
风 味	0.660	0.806	-0.267	-0.797

表 3-6　榧树种子主要成分与风味关系

类 型	蛋白质含量/%		淀粉含量/%		脂肪含量/%		总糖产量/%	
	平均	变幅	平均	变幅	平均	变幅	平均	变幅
风味好	13.64	12.1～16.43	6.54	4.44～11.85	56.92	52.79～61.47	2.92	1.33～4.51
风味差	11.79	9.5～14.01	15.22	10.08～17.78	48.02	39.44～51.15	3.29	1.77～4.34

相关分析显示：种子风味与种子油脂含量呈正相关，相关系数 $r=0.806** > R_{0.01 (60)} = 0.325$；与淀粉含量呈反相关，相关系数 $r= -0.797** > R_{0.01 (60)} = 0.325$。种仁肉质细腻、香而脆的种子，其油脂含量必在 55.0% 以上，淀粉含量必在 7.0% 以下。研究表明，实生榧中有一些优株油脂含量达 58.0% 以上，淀粉含量在 5.0% 左右，风味、品质达到或超过香榧，所以在实生榧中选优潜力很大。

三、香榧品种内性状变异

香榧品种产生于 1200 年前的唐代，宋代扩大栽培，元、明、清时期得到规模发展，栽培遍及整个会稽山区。香榧是榧树中唯一的栽培品种，历史上的"玉山果"、"玉山榧"、"蜂儿榧"、"细榧"都是香榧的祖先。从诸暨、绍兴、嵊州、东阳、磐安等 5 个县、市重点产榧乡（镇）采得的，当地称为正宗香榧种子进行比较发现，种子纵径、横径和种形指数，种核纵径、横径、核形指数、营养成分及风味品质等主要经济性状都比较相近，这是由于香榧分布区范围狭小、起源比较单纯和遗传性状比较稳定造成的（如表 3-7 所示）。

表3-7 不同产地香榧种子的经济性状

产 地	种子形状（带假种皮）	种核形（去假种子皮）	种核平均重/g	核形指数（株平均）	胚乳皱褶情况	脱良难易	风味	蛋白质含量/%	油脂含量/%	淀粉含量/%	成熟期
诸暨赵家镇	长椭圆至橄榄形	蜂腹形至橄榄形	1.48～1.62	0.4～0.51	细浅	易	肉细香脆	13.61～15.78	54.13～58.66	5.66～7.01	9月上、中旬
绍兴稽东镇	长椭圆至橄榄形	蜂腹形至橄榄形	1.37～1.59	0.49～0.51	细浅	易	肉细香脆	14.20～15.37	55.73～60.39	5.01～6.34	9月上、中旬
嵊州谷来镇	长椭圆至橄榄形	蜂腹形至橄榄形	1.47～1.58	0.48～0.50	细浅	易	肉细香脆	12.97～15.31	52.98～60.34	4.44～6.81	9月上、中旬
东阳虎鹿镇	长椭圆至橄榄形	蜂腹形至橄榄形	1.42～1.50	0.48～0.50	细浅	易	肉细香脆	13.87～16.11	53.64～61.47	4.68～6.33	9月上、中旬
磐安玉山镇	长椭圆至橄榄形	蜂腹形至橄榄形	1.52～1.67	0.48～0.51	细浅	易	肉细香脆	12.94～15.94	54.11～58.24	4.23～6.80	9月上、中旬

香榧以其特有的形态特征、优良品质和原产地域而区别于榧树的其他自然变异类型。其最显著的特征为种子小而细长、蜂腹形（如图3-8所示），核壳薄、纹细、光滑、胚乳实心而皱褶细浅，容易脱衣，肉质细而香脆，种仁油脂、蛋白质含量显著高于实生榧，而淀粉含量显著低于实生榧。种子9月上、中旬成熟，比实生榧早10～60天，春季混合芽抽生结果枝比其他榧早10天以上。

图3-8 香榧种核形状

从主产区调查情况看，香榧群体单株间种子形态特征、风味和主要营养成分含量变异不大，但在1000多年的栽培过程中，由于受各种因子的影响，必然产生退化和分离。在众多变异中最大的是单株产量，在各个产区都普遍存在比例很大的低产单株。根据诸暨市林业局和绍兴市林业局孙蔡江等人调查，低产单株约占投产大树的 1/3～1/2，从几年到几十年不结果或少结果的单株都有；同时，各地又都存在一些高产、稳产的优株，它们生长发育好，花芽分化能力强，落花落果少，高产稳产，年均产量比相同立地条件下的其他单株高出 2 倍以上。此外，在种子成熟期上也出现个别早熟和晚熟单株及种子形态、品质明显不同的芽变类型。

产生香榧分离退化的主要原因是：

1）栽培历史悠久，经多代无性繁殖后生长势下降并导致产量下降。

2）无性繁殖材料来源不纯正或错接不良品种类型。

3）发生基因突变，特别是芽变普遍存在。

4）病虫危害或病毒侵染。

5）低产株穗条的繁殖与推广。

由于香榧高产单株结实多穗条少、价格贵，采穗又影响产量，所以目前群众用于培育嫁接苗的穗条多来自低产树，长此以往，必然导致品种退化。因此，为了提纯、复壮香榧品种，必须在香榧品种内进行再选择，由选出的优株建立采穗圃，建立良种繁殖基地，培育良种苗木。

四、榧树雄株的性状变异

香榧只有雌株，生产上均采用野生雄榧树的混合花粉进行授粉。由于雄榧树不结果，而干形通直，材质优良，为良好的工艺用材，以前产区群众皆砍伐制作家具或工艺品，雄株资源破坏很大。雄株资源减少，造成香榧授粉受精不良，是引起香榧产量不稳的重要原因之一。20 世纪 90 年代以来，产区群众纷纷通过采集野生雄榧树的花枝或花粉进行人工辅助授粉，香榧产量得到了迅速提高。但由于不科学地采用，野生雄榧树资源却遭到了更大程度的破坏。因此，选择和合理利用雄株，并有效繁殖，是关系到香榧可持续生产的重要问题之一。在香榧成林的人工授粉和新基地建设中，所配置的雄树开花习性好坏、花粉量的多少、花期适宜与否和品质良莠等，又将直接影响香榧的产量和质量。为了选择雄株和在栽培中科学配植雄株，近年来浙江林学院对榧树雄株资源分布相对集中的浙江淳安、临安等县、市和香榧主产区进行雄株调查与优株选择工作，通过对榧树分布区的雄株调查发现，雄株在花期、花粉量等方面有很大差异。

1. 榧树雄花性状变异

榧树雄株的开花习性与香榧授粉密切相关，雌花开放时必须有足量的优质花粉，才能正常授粉受精而结实。成片榧林必须合理配置雄株，才能有较稳定的产量，而雄球花的大小、花粉量的多少、出粉率的高低以及开放时间直接影响香榧的授粉。

（1）雄花蕾长度变异

调查 45 株雄株中，花蕾长集中在 0.5～0.9cm 范围之内的共有 34 个样株，占统计总量的 66.7%，特别长与特别短的相对较少，单株之间呈连续变异（如图 3-9 所示）。雄花蕾最长 1.323cm，最短 0.478cm，长短相差近 3 倍，平均 0.788cm，标准差 0.183，变异系数达 23.24%，说明雄株花蕾长度变异极大。

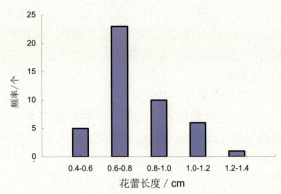

图 3-9 雄花蕾长度样本频率分布图

（2）雄花蕾横径变异

花蕾横径主要集中在 0.35～0.45cm 范围之内，共 37 个样株，占统计总量的 82.2%，其样本频率分布图基本呈常态分布。花蕾横径最大为 0.541cm，最小为 0.315cm，变异系数达 10.59%，单株之间同样存在较大差异（如图 3-10 所示）。

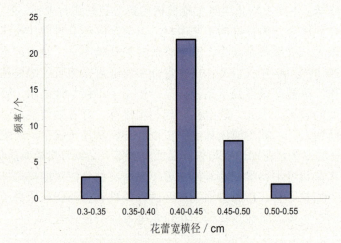

图 3-10 雄花蕾横径样本频率分布图

（3）雄花蕾、花粉重量变异

雄花蕾重量主要由花蕾器官和花粉重两部分构成，其中花粉重和出粉率最为重要。在未受人为干扰的雄株分布区随机抽取 45 株进行统计分析（如表 3-8 所示），单个花蕾最重达 2.659g，最轻 0.334g，轻重相差近 8 倍；花粉最重 0.54g，最轻 0.05g，相差近 10 倍，变异系数分别达到 35.53% 和 54.03%；出粉率最高为 27.55%，最少 4.8%，高低相差 7.5 倍多，变异系数达 28.54%。因此，雄球花中变异最显著、最直观的性状是花蕾的形态、大小和花粉的多少。从它们的频率分布图看，中间类型占大多数，两头较少，单株之间呈连续变异（如图 3-11、3-12 所示）。说明在同一立地条件下花蕾的大小在遗传上

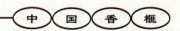

是稳定的，有很大的选择潜力。

表 3-8 雄株花蕾性状变异情况

性 状	花蕾长/cm	花蕾宽/cm	花蕾重/g	花粉重/g	出粉率/%
最大值	1.32	0.54	2.66	0.54	27.55
最小值	0.487	0.315	0.334	0.050	4.81
平均值	0.788	0.415	1.194	0.172	12.05
极差	0.836	0.226	2.325	0.490	22.74
标准差	0.183	0.044	0.424	0.093	0.034
CV	23.24	10.59	35.53	54.03	28.54

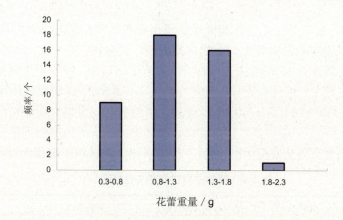

图 3-11 雄花蕾重量样本频率分布图

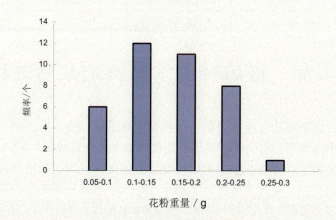

图 3-12 雄花粉重量样本频率分布图

（4）雄株花期变异

雌雄花期一致是生产中配置授粉树的主要条件之一。对雄株整个群体来说，花期较

长，一般 10～15 天；单株花期则短，一般 1～2 天即进入盛花期，再过 1～2 天散粉结束，花期仅 2～3 天，少数雄株甚至只有半天，但有个别单株雄花分次开放，单株花期可达 7～8 天。同一地点单株间始花时间有迟早之别，并且年度间前后次序保持不变，具有一定的稳定性。2002～2004 年对 60 个雄株的观测发现，最早开花在 4 月中旬，大多集中在 4 月 17、18 日两天，个别开花时间在 4 月下旬以后，如 1 号雄株开花时间在 4 月 22 日左右。对同一株雄株来说，中部的花序开得最早，顶部最晚。花期时间的长短与光照和温度等气象因子有关，花期天气晴朗，则开花集中；反之则花期延长。在浙江山区，早春气温变化幅度大，雨水多，花期如遇低温、多雨天气，往往不利于授粉，对产量影响颇大。

2. 雄株主要性状相关性

榧树雄株之间，花蕾的轻重与花粉量多少及出粉率之间存在密切的相关性（如表 3-9 所示）。作为异花授粉的果树栽培，需配置授粉树，授粉树的条件之一就是授粉树必须有大量的花粉。从调查的 45 株雄株看，随着花蕾重量的增加，花粉量逐渐增多，花蕾重与花粉重呈显著正相关，相关系数 $r=0.739^{**}>R_{0.01\ (45)}=0.372$；花粉重与出粉率也呈正相关，相关系数 $r=0.749^{**}>R_{0.01\ (45)}=0.372$。通过相关性分析还发现，花蕾长与宽呈显著正相关，相关系数 0.625，一般花蕾长，花蕾横径也就宽；花蕾的横径和重量与花粉重呈显著正相关，相关系数分别为 0.619 和 0.431。综上所述，在雄株中选优的潜力很大。

表 3-9　雄株主要性状相关性情况

性　状	花蕾长/cm	花蕾宽/cm	花蕾重/g	花粉重/g
花蕾宽	0.625	1.000		
花蕾重	0.201	0.619	1.000	
花粉重	−0.013	0.431	0.739	1.000
出粉率	−0.223	0.035	0.126	0.749

第二节　榧树种以下类群划分与选种

榧树分布于我国东部从北亚热带到中亚热带南缘的皖、浙、苏、赣、鄂、闽、湘、黔等省的丘陵至中山地带。由于榧树栽培利用历史悠久，分布地域广阔，加上雌雄异株，种内性状，特别是种子形态特征和利用价值变异十分复杂。为了栽培和选种需要，国内学者有多人对榧树种以下变异类群进行了划分。从 1927 年胡先骕先生根据榧树种子形态特征将榧树分为 2 个类型、4 个变种以来，到 2004 年先后有 10 多人，在数 10 种书刊文章中提出了榧树种以下类群划分意见，所划分的类群有"变种"、"栽培变种"、"品种"、"变型"、"自然变异类型"，划分类群数 2～11 个不等，分类的依据和对不同类群的评价也各不相同。在前人研究基础上，从榧树种内性状变异和性状相关的调查研究着手，以种用栽培为目标，提出榧树种以下类群划分意见，并对所划分类群的栽培利

用价值作出评价，以便为榧树的选种和扩大栽培提供科学依据。

一、榧树种以下类群划分

1. 榧树种以下类群划分历史

对榧树种子形状、品质变异情况，从 11 世纪中期起许多古籍上都有记载。但根据种子性状变异进行分类的，首开先河的是近代植物分类学家胡先骕。1927 年他根据从浙江诸暨和安徽休宁采来的种子标本在"中国榧属之研究"一文中将榧树分为 4 个变种和 2 个类型。4 个变种为：米榧（*T. grandis* var. *dielsii* Hu）、寸金榧（*T. grandis* var. *sargentii* Hu）、木榧（*T. grandis* var. *chingii* Hu）和香榧（*T. grandis* var. Fort）；2 个类型为：栾泡榧（*T. grandis* f. *majus* Hu）和芝麻榧（*T. grandis non-apiculata* Hu）。限于当时条件，文中未说明分类的依据，除注明寸金榧种仁可食和作药用外，对其他变种类型的品质均未作评价。

1935 年曾勉之教授通过在浙江诸暨的实际调查，在《园艺》1 期上发表了"浙江诸暨之榧"一文，把榧树分为 8 个品种：香榧、圆榧、炭盘榧、獠牙榧、旋头榧、茄榧、米榧、芝麻榧，认为香榧最好。20 世纪 70 年代以后，随着香榧价格和栽培积极性的提高，榧树分类更加受到重视，各种分类方法出现在植物分类学、园艺果树学、经济林栽培学和有关榧树的研究论文中（如表 3-10 所示）。

表 3-10　不同时期作者对榧树种以下类群的划分

年度	作者	刊物或书籍	所分类群		对类群描述与评价
			物种	种下类群名称	
1978	中国树木志编委会	《中国主要树种造林技术》	香榧	栽培品种：芝麻榧、寸金榧、米榧、圆榧	称种为香榧，种下 4 个品种无优劣评价
1978	郑万钧傅立国	《中国植物志》第七卷	榧树	栽培变种：香榧	认为榧树种子形状大小变异较大，并存在许多中间类型难以划分，仅保留香榧唯一变种
1979	俞德浚	《中国果树分类学》	香榧	栽培变种：羊角榧、圆榧、钝头榧、寸金榧	对不同变种种子形状有简述，没有品质评价，也无香榧品种的介绍
1985	任钦良	《浙江省名特优经济树种栽培技术》	香榧	分 9 个变异类型，长籽型：细榧、芝麻榧、米榧、茄榧、獠牙榧、旋纹榧；圆籽型：小圆榧、中圆榧、大圆榧	认为细榧是香榧中唯一具商品性品种，其他属自然类型
1987	陈其峰	《中国果树栽培学》	香榧	9 个栽培品种，嫁接繁殖的：香榧；实生的：有米榧、芝麻榧、茄榧、獠牙榧、旋纹榧、圆榧、大圆榧、小圆榧等榧品种	认为香榧是唯一商品品种，其余实生繁殖变异性大，有许多中间类型。米榧、芝麻榧、小圆榧等榧可食；茄榧、大圆榧、獠牙榧等品质差

年度	作　者	刊物或书籍	所分类群		对类群描述与评价
			物种	种下类群名称	
1992	李三玉	农业实用新技术丛书—《干果》	香榧	常见品种:香榧、芝麻榧、米榧、茄榧或獠牙榧、圆榧	香榧为栽培品种,其他为栽培类型,米榧、芝麻榧品质尚可,其余均差
1993	汤仲埮	《浙江森林》	榧树	栽培品种:香榧;7个变异类型:芝麻榧、米榧、茄榧、旋纹榧、炭鬏榧、小圆榧、寸金榧	香榧佳,芝麻榧次之,炭鬏榧低劣,其他类型中等
1993	王景祥	《浙江植物志》	榧树	1个品种,7个类型,同汤仲埮分法	同汤仲埮观点
1991	徽州地区香榧调查组	经济林研究	香榧	分7个品种,圆籽:大圆榧、小圆榧;长籽:米榧、长榧、羊角榧、转筋榧、木榧	认为米榧、小圆榧、羊角榧优良;长榧、大圆榧、转筋榧一般;木榧差。(仅徽州地区榧树资源的分类)
1995	康　宁汤仲埮	植物研究	榧树	11个栽培变种。嫁接的:香榧;实生的:长籽香榧、大圆榧、小圆榧、蛋榧、茄榧、芝麻榧、獠牙榧、米榧、尖榧、圆榧	认为香榧品质最佳,其他变种未做评价
1997	陈振德郑汉臣	中国野生植物资源	榧树	变种划分同上	评价同上
2001	任钦良	《中国经济林名优产品图志》	香榧	分9个品种类型:细榧、米榧、芝麻榧、獠牙榧、旋纹榧、茄榧、大圆榧、中圆榧、小圆榧	认为细榧为香榧中最好品种,其他品种类型未作评价
2004	沈　燕	《经济林栽培学》(第2版)	香榧	7个品种类型,长籽:细榧、茄榧、芝麻榧、米榧;圆籽:大圆榧、圆榧、小圆榧	认为细榧为最好品种,其他品种类型未作评价

2. 榧树种以下分类的评述

(1)不同作者分类的共同特点

他们都是以榧树种子、种核的形态和大小为分类标准,没有涉及榧树的其他性状;多数作者所分的品种类型中都有香榧、米榧、芝麻榧和圆榧等名称,这些名称都是产区群众的习惯叫法,从1935年曾勉之教授第一次记载后一直沿用至今。

(2)分类中存在的问题

1)物种与品种混淆不清。部分作者(以植物分类学者为主)以榧树为物种,其他品种类型包括香榧都是榧树种以下的类群;也有不少作者将香榧作为物种,香榧以下分为许多品种类型,其中也包括香榧。

2）类群命名不一。有"品种"、"栽培品种"、"变种"、"栽培变种"、"变异类型"等，这些名称的概念也未加说明。

3）所划分的类型多少不一。郑万钧、傅立国（1978）主张榧树以下只保留 1 个香榧栽培变种（*T. grandis* var. *merrillii*）；康宁、汤仲埙（1995）则划分为 11 个栽培变种，而 11 个变种中所描述的米榧、獠牙榧、芝麻榧的种核大小和核形指数完全相同。

4）对类群划分缺乏实用性。所划分的品种、类型，多数只有简单的种子和种核形态描述，而无种核品质的评价。

5）对类群的描述和评价存在混乱现象。如同是"寸金榧"，胡先骕描述为"种子小而可食，长圆筒形"；俞德浚的描述为"种子倒卵状椭圆形，特大"；而汤仲埙的描述则为"种子小而卵圆形，品质中"。獠牙榧、茄榧有认为品质低劣，有认为品质中等，而实际上这些类型品质却是比较好的。不同分类中有栾泡榧、炭毼榧和大圆榧之分，其实三者是同一类东西——大圆榧。

榧树种以下类群划分有近 80 年的历史，分类者与所分类群众多，众说纷纭，莫衷一是。为使类群划分更好地为选种和栽培服务，有必要在前人分类基础上进行修改、补充和完善，从而提出更加科学实用的分类方法。

3. 榧树种以下类群划分的意见

（1）类群划分的原则

1）物种命名的延续性。榧树是 1857 年定名，是我国榧属 4 个树种中定名最早的一种，其分布地域广阔，栽培利用历史悠久。而香榧是榧树种中优良的变异类型（优株）经嫁接培育起来的优良品种，发源地及主产地仅限于浙江的会稽山区。香榧性状稳定，以其特有的形态特征和优良品质而区别于榧树中其它变异类型。将香榧定为物种，其他变异类型作为香榧种下的"变种"、"品种"，从属关系颠倒，显然是不合适的。

2）变异类型的命名必须有科学性和适用性。现有分类对榧树种下的变异类群定名有变种、栽培变种、栽培品种、变异类型。从植物分类学观点看，"变种"必须有稳定的遗传性，其基本性状能在实生后代中重现，而榧树由于雌雄异株，异花授粉，不同变异类型的主要性状在实生后代中难以稳定遗传。"栽培变种"除具备稳定的遗传性外，还必须具备优良的经济性状而进行人工栽培，目前除香榧外，其他类群经济性状好坏相差悬殊，都未行人工栽培，所以定名为"栽培变种"也不适合。"品种"的定义包括：① 具备符合人类需要的经济性状；② 是人类按自身需要经长期选择培育获得的；③ 其群体数量必须达到一定规模。而目前能满足这 3 条的仅香榧 1 种。所以榧树以下变异类群中除香榧可作为栽培品种外，其余的均属自然变异类型。

3）类群划分标准要求形态特征与品质相结合。所划分的不同类群不仅要有形态特征的差异，更要有品质的差异。由于榧树种子性状变异的多样性和连续性，划分的类型不宜过多。除香榧、象牙榧外，其他类型基本上是混杂群体，类群内不同个体之间的形态特征和品质仍有差异，但在总体水平上不同类群间有显著差别。

（2）榧树种以下类群的划分

根据榧树种子性状变异与经济性状的相关性，确定以种核大小、核形指数、种仁风

味和食用价值为分类标准。种核大小、核形指数分为 3 级，风味和可食性分为好、较好、中等、差 4 级。根据这些标准，把榧树种以下类群分为 1 个栽培品种，6 个自然变异类型（如图 3-13 所示）。

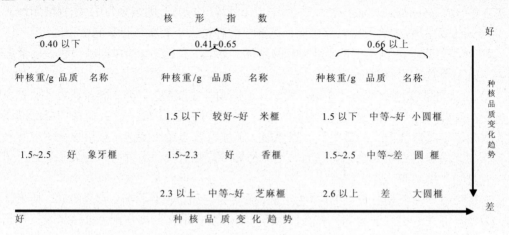

图 3-13　榧树种以下类群划分

从上图可以清楚地看出，榧树种子品质随种子重量和核形指数增大而变差。

（3）新划分的品种、类型介绍

1）栽培品种——香榧　榧树优良变异经无性繁殖培育而成，性状整齐稳定，种核蜂腹形（卵状椭圆形、一端渐尖），核形指数 0.4～0.50，多数在 0.45 左右；种核重 1.5～2.3g 之间（多数在 1.5～1.8 之间），种壳纹理细密、胚乳皱褶浅、实心，脱衣容易，肉质细腻，风味香脆；种仁油脂含量 56%以上，淀粉含量 7%以下。9 月中上旬成熟，春季抽梢早而齐。发源地与主产地均在浙江会稽山区。

2）自然变异类型

① 象牙榧　实生榧中的变异类型，种核象牙形、羊角形或长柱形，细长，尾部渐尖，核形指数在 0.4 以下；单核重 1.5～2.5g，种壳纹理细密，胚乳皱褶浅而实心，肉质细、风味香脆，品质达到或超过香榧；主要营养成分含量同香榧。在野生资源中出现机率很小，在皖、浙、闽、赣四省资源调查中只发现 8 个单株，性状稳定。诸暨赵家镇钟家岭村大树嫁接，表现高产优质。前人分类中的獠牙榧、羊角榧、长籽香榧的形态描述与本类型相近。

② 米榧　是香榧产区群众对野生榧中品质较好的一种变异类群的习惯称呼。种核形状类似香榧但比香榧小，单核重多在 1.5g 以下，种壳纹理细，胚乳皱褶浅、实心、脱衣良好，风味多数香脆或较香脆，品质较好到好，种仁主要成分含量接近香榧。在榧树野生资源分布区都有这种类型，如安徽黄山的"樵山榧"；诸暨、嵊州、东阳、磐安等地的小米榧；绍兴稽东镇的野香榧；浙江临安市的"桃源榧"等品质较好的野生榧，均属这种类型。这一类型中有不少品质接近或达到正宗香榧水平的优株。

③ 芝麻榧　是产区群众对形态特征和品质近似香榧的野生榧的称呼。种核形状似

香榧，但单核重多在 2.3g 以上，核形指数在 0.45～0.65 之间，种壳纹理较细，胚乳皱褶浅，容易脱衣或较易脱衣，肉质较细、香脆或较香脆。本类型中单株间种子风味和品质变异较大，但其中不乏有品质达到香榧水平的优株，如嵊州、磐安的茄榧、东阳的朱岩榧、临安的雪山 16 号等。

④ 小圆榧　　在自然界分布比较普遍，种核卵圆形或卵圆状椭圆形，单核重多在 1.5g 以下，种壳纹理较细，胚乳皱褶浅，少数胚乳表面光滑，脱衣极易，肉质细、风味香脆，品质由较好到好。类型中单株间变异较大，有的单株种子品质达到甚至超过香榧水平。安徽黄山市黄山区的"神仙榧"，黟县的"花生榧"、"和尚榧"，广德的小圆榧，诸暨、绍兴的小圆榧，嵊州市谷来镇的"珍珠榧"均属于这一类型，是野生榧中品质最好的类型之一。

⑤ 圆榧　　核形指数在 0.66 以上，单核重在 1.5～2.5g 的，都归入此类。此类型在实生榧中所占比例最大，单株间种壳纹理粗细、胚乳皱褶深浅和脱衣难易都变异很大，口感粗硬或较粗硬、少香味，少数有松脂味，部分胚乳空心，种仁油脂含量多在 50% 以下，淀粉含量 10% 以上，品质总体水平中等到差。

⑥ 大圆榧　　是榧树自然变异类型中种核最大、品质最差的一个类群。特点是种核大而圆，单核重 2.6g 以上，最大可达 8.3g，种壳纹理粗呈龟背形，少数纹理扭曲旋转；胚乳皱褶深、空心、脱衣难、肉质粗硬、少香味，种仁油脂含量 39%～45%，淀粉含量 14.8%～19.78%，品质差，不堪食用。前人分类中的炭虆榧、栾泡榧、旋纹榧均属这一类型。

在上述品种、类型中，香榧、象牙榧品质最好，米榧、芝麻榧次之，小圆榧中单株间变异较大，有不少品质好的优株，圆榧及大圆榧品质在中等以下。2002～2004 年浙江林学院在皖、浙、闽、赣野生榧中选出 70 多株优株，多数属米榧、芝麻榧和小圆榧等类型，圆榧和大圆榧中没有发现优株，而 8 株象牙榧全部品质优良。

4. 榧树雄株类型划分

榧树雄株只开花不结果，在生产上通过为香榧授粉而起间接作用。前面已经介绍了雄榧树的雄球花大小、形态、出粉率、产粉量及花期等性状变异很大，其中产粉量、花期与授粉效果关系密切。为了科学地利用雄株，在分析雄株性状变异基础上，主要根据雄树单株花期早晚差异，结合雄球花大小、花粉量及出粉率变异，把雄树划分为早花大蕾型、中花大蕾型、迟花大蕾型等 9 个类型。

1）早花大蕾型　　盛花期在最适授粉期前，即雌花期之前业已开放撒粉，在雌花传粉滴出现时已经末花或近末花的雄树。花蕾较大，成熟花蕾长 1～1.1cm，宽 0.5～0.65 以上。此类资源可以通过花粉收集、贮藏，并加以利用人工辅助授粉技术。

2）早花中蕾型　　花期同上，成熟花蕾长 0.6～1.0cm，宽 0.4～0.6cm。

3）早花小蕾型　　花期同上，成熟花蕾长 0.5～0.6cm，宽 0.35～0.4cm。

4）中花大蕾型　　盛花期与最适授粉期相吻合，即在雌花传粉滴出现起 5～7 天内已进入盛花的雄树。成熟花蕾长 1～1.1cm，宽 0.5～0.65cm 以上。

5）中花中蕾型　　花期同上，成熟花蕾长 0.6～1.0cm，宽 0.4～0.6cm。

6）中花小蕾型　　花期同上，成熟花蕾长 0.5～0.6cm，宽 0.35～0.4cm。

7）迟花大蕾型　　盛花期多在香榧最适授粉后期的 4 月下旬，成熟花蕾长 1～1.1cm，宽 0.5～0.65cm 以上。在浙江香榧开花时，往往遭遇花期气候不良，致使许多雌花不能及时授粉，而香榧雌球花有等待授粉习性，因此可以利用此类花粉为雌花补授。另外，此类资源可以与今后选出的晚花雌株相匹配。

8）迟花中蕾型　　花期同上，成熟花蕾长 0.6～1.0cm，宽 0.4～0.6cm。

9）迟花小蕾型　　花期同上，成熟花蕾长 0.5～0.6cm，宽 0.35－0.4cm。

二、良种选育与品种化

榧树和香榧的资源调查和性状变异研究证明，实生榧树种内性状变异极其复杂，而且存在一些性状优良、种子品质达到或超过香榧的优株，这些优株种子有的早已被产区群众混于香榧中出售，只是没有单独进行繁殖推广而不能形成品种；有的尚未被人们所发现。长期以来，从事香榧研究的多偏重于榧树品种类型的划分，但除香榧外其他变异类型多为混杂群体，在群体内个体之间性状差异仍然很大，所以类型不能成为性状稳定的品种，必须在类型的基础上再进行优株选择，由优株到优良无性系再到品种，只有这样才能将自然界中的优良个体变为品种，达到丰富品种资源，改变单一香榧打天下的局面。而在香榧品种内也同样存在一些变异，也应再选择，以求得品种的提纯与复壮。

1. 野生榧选优

（1）选优方法、目标与标准

作为种用林选种目标是高产优质的种子。榧树种子的形状、大小、出核率、出仁率、胚乳皱褶深浅、脱衣难易、主要营养成分含量高低和风味的好坏等性状都存在很大变异。它们既是重要的经济性状，同时变异最丰富、最直观。其中，种子、种核大小和品质好坏变异最大，平均单个种子大小相差近 4 倍；种核形状随着核形指数的改变由卵圆形逐步向椭圆形、蜂腹形、象牙形、丁香形、卵状圆锥形和橄榄形等形状演变；不同单株间主要成分含量变异很大，蛋白质含量 9.47%～16.43%，脂肪含量 39.44%～61.47%，总糖含量 1.33%～4.51%，淀粉含量 4.1%～19.78%，在未受人为干扰的野生资源中这些变异是连续的，不同类型单株出现的频率近于常态分布。因此，在野生榧树中进行优株选择，重在品质，要求品质达到或超过香榧水平，或品质接近香榧而具有早熟、晚熟、个大、脱衣容易等一种或几种特殊性状。

对产区采集的不同榧树类型种子进行室内考种、成分分析和产品品评后发现，榧树种子品质小粒优于大粒，长形优于圆形，如种形细长的象牙榧类，种仁饱满、空心小、肉质细、风味香脆，品质超过正宗香榧。相关性分析表明，种子的形态、大小与种子的风味、品质之间存在性状相关；种子品质随着种核重量和核形指数由大变小而逐步提高。进一步研究发现，种子肉质细腻、香脆程度与种子的油脂含量呈正相关，与淀粉含量呈反相关。所以，在综合考虑榧树种内性状变异和性状相关的基础上，确定种子重中到小、核形指数小、种子脂肪含量 56% 以上，淀粉含量 8.0% 以下，蛋白质 12% 以上，出籽率 35% 以上，干出仁率 65% 以上的，且种仁胚乳实心、肉质细腻、风味香脆、脱衣容易等指标作为选优标准。通过调查访问，选择符合上述条件的生长旺盛、无病虫害的壮年树（80 年生以上）作为优树。2001～2004 年浙江林学院根据这个选优标准在全国范围内初选出优株 300 多份，决选 3 株，已通过浙江省林木品种审定委员会的认定。

（2）野生榧优良品种介绍

1）珍珠榧　　实生榧中的变异类型，本品种的各个物候期与香榧基本一致，但成熟期稍迟于香榧，一般在 9 月中旬成熟；叶宽 0.410cm，叶长 2.280cm，叶厚 0.083cm；种形指数 0.826；籽形偏圆，核形指数 0.831，单核鲜重 2.30g，炒制商品单核重 1.53g（稍低于同年普通香榧 1.72g）。种壳薄，种仁饱满、表面白亮光滑，胚乳皱褶浅而实心，极易脱衣；种仁中粗脂肪含量 59.47%、蛋白质含量 12.98%、淀粉含量 6.45%、总糖含量 3.01%；肉质香脆，品质优良，达到香榧水平；母树稳产性能好，三年单株种子平均产量为 100kg（如图 3-14 所示）。

图 3-14　珍珠榧树与种核

2）象牙榧　　实生榧中的变异类型，在物候期上与普通香榧基本一致，叶宽 0.322cm，叶长 2.680cm，叶厚 0.082cm；种形指数 0.434；种核象牙形、羊角形或长柱形，细长，尾部渐尖，核形指数 0.342；单核鲜重 2.42g，炒制商品单核重 1.80g（稍高于同年普通香榧 1.72g）；壳薄、纹理细密，种仁饱满、表面白亮光洁，胚乳皱褶浅而实心，种衣易脱；种仁中脂肪含量 55.04%、蛋白质含量 16.43%、淀粉含量 4.86%、总糖含量 2.47%；肉质香酥、细脆，风味品质超过香榧。母树丰产、稳产性能好，三年单株种子平均产量为 50kg，一般成熟期 9 月下旬至 10 月初（如图 3-15 所示）。

3）大长榧　　实生榧中的变异类型，本品种的各个物候期均稍早于香榧，一般成熟期在 8 月下旬。叶宽 0.344cm，叶长 2.499cm，叶厚 0.086cm；种子单粒重 7.43g，单核鲜重 2.63g，出核率 35.4%，炒制商品单粒重 2.44g（高于同年普通香榧 1.72g）；籽形长，

种形指数 0.623，核形指数 0.478。种壳厚，种仁饱满、个大，胚乳皱褶较香榧深、实心，种衣较易脱，但较香榧稍难；种仁中粗脂肪含量 56.38%、蛋白质含量 23.29%、淀粉含量 7.64%、总糖含量 2.94%；肉质香酥，风味品质优良，达到香榧水平。母树稳产性能好，三年单株种子平均产量为 150kg（如图 3-16 所示）。

图 3-15　象牙榧树与种子

1. 正宗香榧；　2. 大长榧

图 3-16　大长榧种子

2. 香榧品种内选优

（1）选优方法、目标与标准

香榧是优良品种，经无性繁殖后扩大栽培，分布地域狭小，遗传基础窄，所以总体性状变异较小。从不同主产区香榧种子分析结果看，种形指数、核形指数和品质等都比较相近，所以正宗香榧起源比较单纯，遗传性比较稳定。但香榧的栽培历史在千年以上，由于生态环境、栽培技术及病毒等因素的影响，或经多代无性繁殖后，必然产生分离和退化，产生芽变，如物候期变异、种子形状变异等。诸暨榧农所说的"长杆榧"就是一种从正宗香榧上产生的芽变，种子纵径为 4.15cm，横径 1.80cm，种形细长，明显有别于正宗香榧。

从主产区的调查分析看，香榧单株间结实性状、产量高低和稳定性差异很大，多年不结实或结实很少的单株所占比例大（1/3～1/2），而同时各地都存在一些高产、稳产的单株，这些单株生长发育好，花芽分化能力强，落花落果少，高产稳产，年均产量比相同立地条件下的其他单株平均产量高出 2 倍以上，如浙江诸暨赵家镇西坑村的香榧王，年龄 1350 年，近年平均产鲜种子 600kg。

综上所述，正宗香榧种形、核形、大小、品质基本一致，选优的主要目标是高产、稳产、优质或具早熟、晚熟、粒大等特殊性状的单株。围绕香榧生产实际需要，选优的重点在于选出高产稳产的单株。用小标准地法，以目标株周围 5～6 株的 3～4 年平均单株产量为对照，选出相对产量高于对照 1 倍以上、单位树冠投影面积产量高于 1kg、年变异系数小于 30%、无病虫害的壮年树为优株。同时，考虑品质符合正宗香榧，高产稳产，或具有早熟、晚熟、大籽等一种或几种特殊性状的单株。2002～2005 年浙江林学院在主产香榧的县、市共选出 80 多个高产、稳产的优良单株。

（2）香榧优良单株介绍

1）诸暨香榧王　　属正宗香榧，位于浙江诸暨市赵家镇西坑村，树龄 1350 年，胸围 9.26m，树高 18m，树冠平均直径 26m，覆盖面积超过 530m^2。近三年单株种子平均产量 600kg，单位树冠投影面积产量 1.13kg。种子成熟期 9 月 5 日左右。风味品质优良。此树为香榧产区年龄最大，仍生长旺盛、高产稳产、优质，是宝贵资源，应重点保护并加以繁殖推广（如图 3-17 所示）。

图 3-17　诸暨香榧王

2）香榧皇后　　正宗香榧，位于浙江诸暨市赵家镇钟家岭村，树龄 1000 多年，基径 2.14m，树高 17m，树冠平均直径 20.5m。种核单粒平均重 1.61g，出仁率 67.86%。种仁粗脂肪含量 58.29%，蛋白质含量 14.64，淀粉 3.61%，总糖 3.32%。近三年单株平均产量 600kg，单位树冠投影面积产量 1.82kg。种子成熟期 9 月 5 日左右。风味品质优良（如图 3-18 所示）。

图 3-18 香榧皇后

3）长明 1 号　正宗香榧，位于浙江临安市三口镇长明村，树龄 31 年生，分枝处基径 51.9cm，树高 9.5m，树冠平均直径 11.4m。种核单粒平均重 1.84g，出仁率 68.91%，种仁中粗脂肪含量 57.77%，淀粉含量 6.01%，总糖 3.34%。近三年单株平均产量 150kg，单位树冠投影面积产量 1.47kg。种子成熟期 9 月 5 日左右。风味品质优良（如图 3-19 所示）。

图 3-19 长明 1 号香榧优株

4）早熟香榧　位于浙江磐安县尚湖乡黄岩前村，树龄 200 多年，基径 0.4m，树高 4.0m，树冠平均直径 4.7m，近三年单株平均产量 40kg，单位树冠投影面积产量 2.31kg。种子成熟期 8 月 25 日左右，比正常提早 10 天左右。风味品质优良，如正宗香榧（如图

3-20 所示）。

图 3-20 早熟香榧优株与种子

5）晚熟香榧 位于浙江绍兴县稽东镇陈村，1958 年嫁接，树龄 48 年生，基径 60.04cm，树高 7.0m，树冠平均直径 9.65m，近三年单株平均产量 80kg，单位树冠投影面积产量 1.094kg。种子成熟期 9 月 18 日左右，比正常延长近半个月。风味品质优良，如正宗香榧。

6）磐安香榧王 为正宗香榧，位于浙江磐安县东川村，树龄 1200 年以上，树高 30m，基径 2.9m，冠幅 20m，基部分 5 大枝，立体性强。气干状态下，种核平均单粒重 1.51g，出仁率 68.78%，种仁油脂含量 57.32%，淀粉 4.44%，蛋白质 12.97%，总糖 2.87%。近几年平均年产 750～800kg，单位树冠投影面积产量 2.38kg。风味品质优良（如图 3-21 所示）。

图 3-21 磐安香榧王

7）建德 15 号 正宗香榧，位于浙江建德市三都镇大库村，树龄 48 年，属大树嫁

接，树高 8.5m，基径 58cm，冠幅 10.60m。种核平均单粒重 1.67g，出仁率 68.13%，种仁含油率 58.78%，淀粉 5.19%，蛋白质 13.14%，总糖 3.10%。近三年平均产量 192.3kg，单位树冠投影面积产量 2.18kg。风味品质优良（如图 3-22 所示）。

图 3-22　建德 15 号香榧优株

3．雄株选优

选出与香榧授粉期相匹配、花多、花粉量大的优良雄株，并加以繁殖利用，是香榧基地科学配置雄株的前提，也是保证香榧高产、稳产和优质的有效措施。通过研究榧树雄株性状变异与性状相关发现：花蕾重与花粉重呈显著正相关，花粉重与出粉率呈正相关，花蕾宽与花蕾重和花粉重呈显著正相关。因此，表型上花蕾大而宽的雄株是选择目标。雄榧花期有早、中、晚之别；单株最早开花在 4 月上旬，最迟在 4 月下旬，全林花期 10～15 天；以 4 月中旬开花的中花期为雄株最多，大多数花期只有 2～3 天，早花、晚花单株极少。开花习性研究证明，香榧雌球花有等待授粉习性，雌花花期长达 20 天以上，如果雄树花期单一，特别是由于缺少早花和晚花雄株，不能满足香榧授粉需要。因此，雄株选择标准除花粉产量外，必须注意花期搭配，特别是早、晚花优株的选择。选优标准为：① 花枝多，花蕾着生密集，单株花枝比例 40% 以上；② 花蕾大，花粉量多，出粉率超过 14%；③ 树势强，生长良好，无病虫害；④ 以与香榧花期相配的中花类型为主，加选早晚花雄株，以延长香榧的授粉时间和授粉效果。浙江林学院在全省雄株分布区域内初选出中花期类优株 5 个（如表 3-11 所示）和早、晚花及长花期优株各 1 个。

早花类型（炎法 2 号）　2003～2006 年 4 月上旬末到中旬开花（9 日～14 日），雌球花大，花粉多。

晚花类型（元根 7 号）　2002～2005 年，始花期 4 月 21 日～23 日，盛花期 4 月 23 日～26 日，雌球花体积中等，但数量多，产粉量高。

长花期类型（贡明 1 号）　2002～2006 年，始花期 4 月 10 日～12 日，末花期 4 月 16 日～18 日，开花期雄球花成熟期不一致，分 3～4 批开放，单株花期长达 7～8 天，比一般单株花期长两倍以上。花蕾大，出粉率高。

表 3-11　初选中花期雄株优树情况

编号	花蕾长/cm	花蕾宽/cm	花蕾重/g	花粉重/g	开花时间/（日/月）
16	0.78	0.43	1.46	0.18	19/4
25	0.66	0.46	1.72	0.27	16/4
35	0.75	0.46	2.66	0.42	18/4
43	0.98	0.49	1.93	0.32	17/4
48	0.59	0.45	1.42	0.54	17/4

三、资源收集与芽变选种

1. 资源收集

种质资源收集、保存、研究、利用是品种改良和创新的物质基础。香榧是榧树中唯一的栽培品种，遗传基础窄，而且在长期无性繁殖过程中品种退化在所难免，因此，品种改良和创新势在必行，而品种改良和创新的任何途径都必须有丰富的种质资源作后盾。

（1）种质资源收集的意义

1）农业上现有品种都起源于野生植物，品种形成过程就是人类利用自然资源的过程。从资源调查看，在野生榧树资源中存在许多具有优良性状的类型和单株，这些类型和单株是今后选种的宝贵财富。

2）育种所需要的基因，广泛地蕴藏于自然资源之中。丰富的育种基因是创育新品种的遗传基础。目前在香榧选种中往往把注意力集中在种子的少数经济性状上，从而使群体和个体的遗传基础变窄。一个优良品种不仅要有优良的经济性状，同时也应具有较强的适应性、抗逆性及其他优良性状，这些优良性状的基因也广泛地存在于自然资源中，为了选育优良品种，必须不断地引进、补充新的基因资源。

3）随着市场变化和产品开发的深入，在品种选育中不仅要考虑当前需要，而且要加强对有潜在利用价值的资源保护、研究和利用。如香榧中特殊的营养成分、药用成分及副产利用价值，一旦发现具有这些特殊性状的类型和单株，就应及时繁殖利用。

4）林木育种资源是生物长期演化的产物，来之不易，却可能在一瞬间遭到破坏，特别是抢救一些濒危资源。

（2）榧树资源收集保护

1）**野生榧树资源收集**　野生榧树性状变异极其复杂，如种子大小、形态、风味及其有效成分含量差异极大。对一些综合性状好、品质达到或超过香榧的，收集与无性系测验相结合，边收集边繁殖推广；对一些综合性状并不是最好，但有一项或几项好的性状或有潜在利用价值的，如营养、药用成分含量高，脱衣特别容易，抗性强或成熟期特早、特迟等也应收集保存以作为育种材料。

2）**香榧资源收集**　香榧品种在 1000 多年的长期栽培中也产生一些变异，如物候期变异、风味品质变异等，特别是一些结果性状好、长期高产稳产、优质的单株应加以收集、保存和利用。

3）香榧古树和古树群的保护　　在浙江会稽山区有 6 万多株百年以上古树，其中 300～1300 年的古树超万株，多以单株或小片古树群存在。株产鲜种子 300～800kg，树龄达千年的古树有数十株，这些长寿高产的单株在经过千年以上的历史考验，依然生气勃勃，结果累累，其基因型一定是好的。一些成片的古树群，不仅形态优美，而且具有丰富的文化内涵和科学研究价值，都应加以保护。

4）雄株资源收集与保护　　榧树雄株性状变异复杂。雄株的花期早迟、花期延续时间、花粉产量都与香榧授粉效果有直接关系。对雄株中花期长、花粉量大、授粉效果好的雄株必须加以收集保存，而性状不同的雄株也是今后研究花粉直感效应的重要材料。

5）榧属其他物种的收集研究　　世界榧属植物有 7 个种一个变种，不同种的形态特征、生育特性和利用价值各异，但共同特点是材质优良，种子都有开发利用价值。不同物种收集、研究对榧树育种和榧属植物开发利用都有重要意义。

（3）资源收集与保存方法

资源收集要在资源普查的基础上进行。以种用栽培为目的的资源收集，要在榧树分布区内调查榧树种子形态、品质的变异情况，对一些具有综合优良性状、特殊性状和有潜在利用价值性状的单株都应收集；对香榧重点在收集高产、稳产、优质的优株和特殊性状优株（如特早熟、脱衣极易等）。中心分布区和垂直分布区的边缘地带种源，因经历了极端环境条件下的自然选择，能适应分布区中极端的生态条件，也应注意收集。

在资源保存中，主要有原地保存，如千年古树、古树群和具有综合经济性状或特殊性状的母株，应挂牌就地保存；异地保存，榧树、香榧属异花授粉、实生子代分离大的树种，以采穗嫁接的无性系保存，可以建立资源圃；收集各种无性系，集中种植，每个无性系收集 10 株左右。榧树也是重要的用材树种，在资源调查中如发现有生长快、干形好、材质优良的类型或单株，可以用无性系或家系进行收集保存。

2003～2006 年浙江林学院对浙江省诸暨、绍兴、嵊州、东阳、磐安交界的会稽山区，杭州的临安、建德、淳安、富阳等县（市）及邻近的安徽、江西、福建等省进行榧树和香榧资源调查与选优，共收集榧树和香榧各类种质资源 400 余份。其中，优良种质资源 278 份；雄株资源 52 份，每份种质采集 200 枝穗条以上，通过嫁接繁殖，在杭州天禾园艺有限公司的景村和横畈基地建立榧树和香榧种质资源圃 40 亩，采穗圃 20 亩，繁育嫁接苗 10 余万株、实生苗 60 余万株，已成为国内外种类最为齐全的榧树种质基因库和良种繁育基地。

（4）资源研究利用

资源研究是资源利用的前提和基础。在资源收集区对每号资源的植物学特性、生态习性、物候特性、抗性、生长结果情况都要进行观察测定，对种子的营养成分、药用成分进行分析，分资源号建立档案，对优良资源及时进行无性系测验，繁殖推广。

2. 芽变选种

（1）芽变选种的含义

芽变通常指 1 个芽产生的枝条所发生的变异（也有叫枝变）。这种变异是植物芽的分生组织体细胞所发生的突变。选择突变的芽，经无性繁殖，可以形成新的品种。果树、花卉、无性繁殖的作物，常易发生芽变。芽变选种是一些重要果树新品种选育的重要途径。如苹果中的元帅、红星、红冠中出现了不少浓红普遍性和矮型芽变。红星属元帅的芽变，此芽变系的新红星（starkrimson）具有抗性强、单位面积产量高、植株半矮化、易修剪等特点。元帅及其红色芽变品系为世界许多国家风行栽培的品种；金冠的芽变品种目前已达 40 多个。柑橘中温州蜜柑、脐橙都易发生芽变，目前栽培中的优良品种绝大多数选自芽变，如脐橙中的朋娜、纽荷尔、纳维里娜、森田、白柳、枸木、眉山 9 号；温州蜜柑中的桥本、宫川、文市、山川、大坪、上野、德森等品种以及伊予柑中的宫内、大谷、胜山等主栽品种都是通过芽变选出的，其中仅温州蜜柑芽变品种已达 20 多个。芽变选种机率高、周期短、成本低，是果树园艺中无性系育种的重要方法。

（2）榧树和香榧的芽变

榧树和香榧资源调查中发现两者都有芽变现象，特别是野生榧树中，芽变现象十分普遍。具体表现为：

1）雌雄性变异　　榧树为雌雄异株，但在自然界中较普遍地存在雌雄同株现象，有雌榧上出现雄花枝（大枝、小枝均有）及雄榧上出现结果枝；还有雌雄同枝现象，在一个枝条上同时开雄花和雌花（如图 3-23 所示）。

1. 榧树幼果；　　2. 榧树雄球花

图 3-23　同时开雄花和雌花的枝条

2）种子形状变异　　如圆榧树上产生丁香榧枝条，前者种子椭圆形，后者种子小而且呈丁香形（如图 3-24 所示）；圆榧树上产生小圆榧枝条，后者果小，品质显著高于前者；香榧上产生象牙榧枝条，种子形状显著不同。

3）结果性状和产量变异　　表现为在同株树上出现少数年年高产或年年低产的枝条，且高产枝均显示枝条发育健壮，花芽分化及结果能力强，而落花落果少。如袁家岭村何金祥户有一株年产 200kg 种子的香榧树，有 5 大分枝，其中 3 大枝年年高产稳产，产量占全树的 90%，另两大枝年年低产。

1. 丁香榧；　2. 圆榧

图 3-24　一棵树上结两种果

　　4）芽变原因　　从榧树、香榧芽变现象看，多数可能是芽的分生组织细胞发生突变，而雌雄同株也可能是返祖遗传，即榧树在系统发育的早期可能是同雌同株，在树种的胚胎中可能保留有雌雄性基因，在一定条件下得以表达。此外，香榧长期进行无性繁殖，在嫁接过程中的愈伤组织和风雪、雷电等机械损伤中的创伤组织也可能产生嵌合体现象。总之，芽变机理有待进一步研究。

　　5）芽变选种　　榧树和香榧中，芽变现象普遍，但所产生的芽变体并不都是好的，且芽变体不加保护容易自生自灭。因此，芽变选种首先要注意发现芽变体，其次要加以保护，如芽变体附近其他枝条的修剪，防止芽变体被压死亡。对芽变体的种子根据种子品质的性状相关估测其利用价值，并采种分析其有效成分含量和风味，如果性状优良就要及时繁殖和无性系测定，最后定为品种。至于丰产性、适应性、抗性芽变的发现和选育，也应按这个程序进行，但其直观性和可操作性不及种用选种。国内外芽变品种的发现和选育多数得力于园艺实践者，特别是园艺工人，就香榧而言芽变选种应紧紧依靠种植香榧的农民。

第四章　香榧栽培技术

第一节　砧苗培育

一、圃地选择

1）圃地环境　　香榧及榧树幼苗喜阴湿、怕高温干旱和强日照。苗圃地四周森林覆被率较高，阴湿凉爽的立地条件最适于香榧育苗。在浙江会稽山区香榧产区的诸暨、绍兴、嵊州等县、市，群众多选 300～600m 海拔的山区梯田育苗，因气候较凉爽，梯田排水好，育苗效果都较好。而在高温、强日照的低丘，幼苗常因高温、日灼造成死亡率较高、生长不良。2003～2004 年夏季高温干旱，不少低丘苗圃苗木成批死亡。如绍兴平水镇一育苗户，实生苗死亡 1/2 以上，遮阴的 2 年生嫁接苗，在台风吹倒阴棚后几天，就被晒死上万株。但在地形起伏较大、植被茂密和空气湿度大的临安市三口镇长明村，虽然海拔仅 100m 左右，历年育苗均生长良好，2003 年的大旱年苗木亦未受害。所以香榧育苗地海拔较高的高丘、低山比低丘好，在低丘地带育苗必须选择植被保存好、环境比较阴湿的地段，而且育苗期间必须遮阴。在海拔 600m 以上的低山，苗圃地应选阳坡、半阳坡，在有灌溉条件的地方苗木可以不遮阴。

2）排水　　苗圃地一定要排水良好。香榧的肉质细根一遇积水则烂根。圃地土壤以微酸性的砂壤土为好，pH 必须在 5 以上，酸黏而排水不良的土壤不适宜育苗。水稻土改作圃地必须开深沟排水，土壤经过 1 个以上冬季风化。

3）连作　　香榧苗圃地连作有利于菌根发育和苗木生长，但缺点是病虫害增多。所以连作地应用硫酸亚铁（300～400kg/hm²）土壤消毒，在苗木生长过程中经常洒石灰、茶籽饼于根际以防治根腐病。

二、圃地整理

圃地应在入冬时翻耕，以风化土壤和消灭土壤中病虫害，并用硫酸亚铁消毒。酸性土每公顷施 1500kg 石灰以校正土壤酸度，兼有预防病虫害作用。春季作畦前先用草甘膦、二甲四氯等除草剂消灭圃地杂草，然后将土壤耙平，作东西向畦，宽 1.2m，沟深 30cm。排水不良的圃地，中沟及边沟要加深到 40cm。土壤黏重或砂性很强的土壤，在作畦前用腐熟的栏肥，或鸡、鸭、兔粪等每亩 4000kg 施于地表，再平整土地作畦。

三、种子催芽

香榧种子有两年完成发芽的特性。秋播种子 11 月下旬开始陆续发芽至翌年 3 月底，3 月底尚未萌发的种子，当年不再萌芽，须湿沙贮藏，次年才能发芽。培育砧木可用香榧

或木榧种子。香榧的种子小，壳薄，发芽率高，用常规方法层积催芽，发芽率达80%左右；而木榧壳厚，大小不匀，常规层积催芽当年发芽率在40%以下，余下的次年才能发芽。由于香榧种子价格高于木榧种子数倍以上，所以为节省育苗成本，生产上多用木榧种子育苗。为此，如何提高木榧种子当年发芽率已成为生产上迫切需要解决的问题。榧树种子发育比较特殊，种子自然成熟时，种胚的子叶特别发达，下胚轴很短，根冠没有明显的组织分化，需经3个月以上贮藏，达到生理成熟后才能发芽，而发芽条件是温度、湿度和通气及三者之间的协调。据史忠礼等人对香榧种子休眠生理过程的研究得出，将外观成熟（9月中下旬）的香榧种子，用湿沙层积分别贮藏在0～5℃和10～20℃的条件中。贮藏前和贮藏2个月后，破种取胚，观察胚的分化情况表明：① 一般在白露到秋分后采收的香榧种子，虽然在外部形态上已表现成熟，经显微切片观察，证实胚尚未发育完全。这些香榧种子在10～20℃湿沙层积两个月后，胚已逐渐长大，由贮藏前的1.43mm长度增长到10.44mm，如表4-1所示，胚的器官分化已完成，具备明显的子叶、胚芽与胚根。播种后发芽率达95%，出苗整齐。在0～5℃湿沙中贮藏的种子变化不明显，取出播种后5个月，只有20%出苗且不整齐。② 贮藏前后胚乳中的全糖、还原糖、淀粉和蛋白质含量测定表明，休眠的香榧种子在10～20℃湿沙贮藏条件下，胚乳中碳水化合物显著减少，全糖减少9.04%，还原糖减少25.93%，淀粉减少17.73%，如表4-2所示，全氮量也有所减少，氨基酸的种类也有所改变，经贮藏后多了色氨酸与酪氨酸。由此可见，胚乳在后熟期间需要充足的水分和适宜的温度与氧气以促进有关的生理生化变化，使胚乳中的贮藏物质变为胚生长可利用的营养物质。在0～5℃的低温条件下，就不能进行这些变化。③ 后熟过程中种子内植物激素类物质分析表明：种子在采收时含有生长抑制物质，在后熟过程中这种物质逐渐减少，如表4-3所示。种子休眠是植物在复杂的自然环境中，经过长期的系统发育而形成的一种适应性。香榧种子的休眠在于胚的分化不完善，而种子贮藏催芽就是通过调节水、热、气条件促进种子的代谢过程和种胚的发育与分化。

表4-1　香榧种子在不同后熟条件下胚体增长和发芽情况

处理项目	含水量/%	发芽率/%	胚	
			长/mm	宽/mm
采收后当时	38.32	0	1.43	0.64
10～20℃湿砂中贮2个月	43.47	95	10.44	1.28
0～5℃湿砂中贮2个月	40.45	0	1.50	0.72

表4-2　香榧胚乳在后熟期间碳水化合物和蛋白质的变化情况

处理项目	蛋白质/（%干重）	碳水化合物/（%干重）		
		淀粉	全糖	还原糖
采收后当时	11.13	7.33	1.66	0.54
10～20℃湿砂中贮2个月	10.64	6.03	1.51	0.40
0～5℃湿砂中贮2个月	11.04	7.15	1.84	0.47

表 4-3　不同时期的香榧的激素物质对黄瓜种子萌发后平均根长的影响

处理项目	提取液用量		水
	10ml	20ml	
采收后当时	4.50mm（80%）	3.13mm（55%）	5.66mm（100%）
10~20℃湿砂中贮 2 个月	5.45mm（95%）	4.36mm（80%）	5.66mm（100%）

注：括号内数字为根长比较的分数。

木榧种子发芽慢、发芽率低，必须采取综合措施才能达到提高发芽率的目的。浙江林学院在 2000~2001 年在不同条件的小规模种子催芽试验，发现种子充分成熟，保持湿度，增加贮藏期温度和适当通气条件，可促进发芽。在小规模试验基础上，2001~2003 年先后在 6 个育苗地点，结合育苗实践，在圃地用湿砂层积，覆单层拱形塑料薄膜和双层塑料棚催芽，以直接播种上覆地膜作对照。每次催芽种子数 150~2250kg，发芽率分次抽查，再平均，如表 4-4 所示。从表中可见双层塑料棚发芽率高于单层，单层高于直播。双层塑料棚催芽好的处理，当年发芽率可达 80%以上。4 年来双层塑料棚共催芽 4050kg 种子，当年平均发芽率 66.81%，加上第 2 年部分发芽总发芽率达 82.40%，共出苗 50.2 万株，出苗率达 72.91%。

表 4-4　不同时间和地点木榧种子催芽效果

催芽时间/（年月）	催芽措施	不同年度、地点催芽种子发芽率/%							
		林学院上甘林场	玲珑林场	临安横路镇丁村	昌化镇林场	淳安夏林	桐庐绿化苗圃	绍兴县香榧研究所（筹）	平均
2001~2003 年 10 月下旬~11 月中旬	双层塑料棚	80.74	81.40	80.73		*60.80	△67.50		74.27
	单层塑料棚	59.40		58.04	64.00	60.66		60.00~65.00	60.92
2002~2003 年 10 月中旬	直播、薄膜覆盖	48.32		44.50~54.10	48.20	40~50		42.00~53.60	47.59

注：*催芽时以栏肥垫底、棚内温度太高，种子腐烂率20%左右。
△2003 年种子，当年夏季长期高温干旱种子发育不好。

影响催芽效果的主要条件：

（1）催芽前种子的预处理

选择中小粒型的榧树作为采种母树，于 10 月中下旬大部分假种皮开裂，少量种子开始脱落，即充分成熟时采种。采后立即脱皮，或堆放不超过 1 周、种皮开始腐烂时脱皮。去皮种子放阴凉地摊放，厚度不超过 30cm，上盖稻草保湿。种子最怕时干时湿和堆沤发酵。

（2）催芽时间

种子脱皮后最好立即催芽，否则会影响发芽率。生产上用的育苗种子来自千家万户，一时难以集中，加上榧树种子成熟期迟早相差 1 个多月，可按成熟期先后分批催芽，催

芽时间不要迟于 11 月中旬。2001 年昌化镇林场于 11 月 5 日单层塑料棚催芽，发芽率 64.00%，而 12 月 25 日催芽，发芽率为 0；2003 年桐庐绿化苗圃 11 月 13 日用双层塑料棚催芽，发芽率 67.5%，而同样种子用同样方法在杭州天禾园艺有限公司苗圃于 12 月 15 日催芽，当年发芽率为 0，如表 4-5 所示。

表 4-5　木榧种子不同时间催芽效果

地　　点	催芽时间 /（年月日）	种子重/kg	发芽率/%	备　　注
临安玲珑林场	2003.11.05	500	80.90	双层塑料棚
桐庐绿化苗圃	2003.11.13	2250	67.50	双层塑料棚，03 年夏季高温干旱，种子发育不好
杭州天禾公司	2003.12.15	600	0	双层塑料棚
昌化镇林场	2001.11.05	900	64.00	单层塑料棚
昌化镇林场	2002.12.25	250	0	单层塑料棚
临安上甘林场	2003.12.06	300	48.60	层积堆土覆地膜

（3）温度、湿度和通气条件的调控

榧子在 10℃以上才可发芽，20～30℃时胚生长和苗端分化很快。用双层塑料棚的目的是增温，使催芽期间温度保持在 15℃以上。2003～2004 年冬春催芽期间大棚内早晨 6 时及下午 2 时温度变幅：11 月份 14～34℃；12 月份 8～31℃；1 月份 7～24℃；2 月份 14～43℃（只出现一次）。小棚内温度比大棚内相应高 1.8～4.2℃。3 月份温度继续升高，可撤去小塑料棚，中午大棚内温度达 38℃以上时，可打开大棚两端以通气降温。

催芽时期要保持沙和种子湿润，每月洒 3～4 次水。保持沙的含水量在 7%～9% 之间，以手握沙有湿润感，切忌有明水出现，以防烂籽。

催芽时还应保持种子通气状况，层积层数 1～2 层，盖沙以不见种子为度，上覆稻草，有利于洒水和通气。多层层积，发芽率由上层向下逐渐递减，如 2003 年单层塑料棚 4 层层积催芽，各层发芽率为：第 1 层 58.64%；第 2 层 42.36%，第 3、4 层因调查时混淆平均发芽率 28.40%，催芽用沙宜用清水沙，颗粒不要太细，以利通气。

经催芽的木榧种子，12 月底～次年 1 月开始发芽，春节后 2 月上中旬挑发芽种子第 1 次播种，未发芽种子继续催芽，3 月上旬及 4 月上旬各播种一次。当胚根长 0.5～1.5cm 时拣出播种为宜。4 月不发芽的种子，当年不会再发芽，集中用湿沙层积于露地或室内阴凉处，上覆稻草和尼龙布，不需洒水和翻动，当年 10～11 月取出播种。种子当年催芽期间，因种子染病或发育不全，要腐烂去 5%～10%，不腐烂的种子次年有 90% 可发芽，但发芽种子只有 70% 左右可成苗，其余不出苗或生长极差。

（4）催芽种子于 2、3、4 月上旬分 3 次播种

第一批种子出苗率 95% 以上，第二批 90% 左右，第三批只有 70%～80%，以第一批发芽势最强，所以出苗率最高，3 批发芽种子数占整个当年发芽种子数的比例为：第一批占 40%，第 2 批占 40%～50%，第三批占 10%～20%。在种子充分成熟，采种后及时处理、保湿、适时用双层塑料棚催芽，保证催芽期间的温度、湿度和通气条件，木榧种

子当年发芽率可达 80%左右，比直播和常规催芽方法发芽率提高 50%～100%。中小粒种子播种量 80～100kg/亩，大粒种子 150kg/亩。采用浅播、焦泥灰或圃地细土覆盖，上覆切碎稻草或谷壳。播种后 15～30 天出苗，每亩出苗 15000～20000 株。

综上所述，榧子催芽必须掌握以下几个环节：

1）种子必须充分成熟，应在假种皮大量开裂、部分种子脱落时采种。

2）采下的种子堆放阴凉室内，待大多数种皮开裂时，脱去假种皮，用水洗净，浮去空籽，堆放阴凉处，上覆湿稻草保湿，堆厚 20～30cm。在种子催芽前一定要防止种子干燥或一干一湿。

3）催芽时间以 10 月下旬～11 月中旬之间，12 月以后催芽效果很差。

4）用双层塑料棚下湿沙层积催芽，在催芽期保持沙的湿度 9%左右，棚内最高温度不低于 20℃，通气良好，层积层数不超过 2 层。

5）种子胚根露出到 1.5cm 长以内播种为好，所以要分期播种。4 月中旬不发芽的种子集中沙藏，下半年播种。

通过以上措施，木榧种子当年发芽率可达 80%左右。

四、苗木管理

根据榧树幼苗怕高温、干旱和强日照的特点，必须抓好以下管理措施。

1. 及时遮阴

种子出苗后及时用透光率 40%～50%的黑阳纱遮阴，9 月中旬以后可撤去阴棚。2 年生苗梅季结束到"处暑"仍需遮阴。300m 海拔以上圃地透光率可适当加大，遮阴时间可适当缩短。

2. 施肥

幼苗长高 10cm 以上时，每月浇腐熟人粪尿一次或 0.5%～1%可溶性复合肥液一次，也可用少量复合肥直接洒于根际，再轻轻松土使肥土混和，但要防止肥料粘枝叶，产生烧苗，施肥量控制在 3～5kg/亩。

3. 雨季注意苗圃排水

在清沟时清出的泥土不能覆在苗床上，否则引起根系通气不良，将严重影响苗木生长。8～9 月高温干旱季节要注意灌溉，时间放在早晚。在丘陵地带，遮阴苗木如 8～9 月遇到台风吹去阴棚，要及时补救，否则雨后几个晴天就可使苗木大批死亡。

4. 除草

香榧育苗，除草工作是花工最多且又最易损伤苗木的工作。据调查，1 年生苗木的圃地管理投资中除草支出将占 70%～80%，除草损伤苗木达 10%～25%，特别是小苗和初嫁接的嫁接苗。除抓好整地前的除草剂灭草工作外，苗期的除草工作要坚持除早、除小，用手拔或小锄除草。

5. 防治病虫害

苗期常见地下害虫有地老虎、蛴螬和蝼蛄等，在使用未腐熟的栏肥时最易发生，出现虫情时用 1000 倍敌百虫液浇地杀灭。雨季和高温、高湿天气容易发生根腐病，除注意排水外，用 800～1000 倍多菌灵连喷 2～3 次；8～9 月高温干旱季节，在灌溉、遮阴的基础上用 800～1000 倍多菌灵或甲基托布津喷苗防治立枯病效果良好。在雨季开始前每亩洒施熟石灰 25kg，对防治多种苗木病害都有效。

在正常管理下，1 年生苗高可达 15～20cm，基径 0.4cm；2 年生苗高可达 30～40cm，基径 0.5cm 以上（如图 4-1 所示）。

图 4-1 露地苗圃遮阴育苗 3 年生苗

在高温、强日照的丘陵地带，林下育苗效果良好，诸暨枫桥镇全堂村立勤香榧科技示范基地，海拔不足 100m，夏季气温高达 40℃以上。为解决高温、强光照和干旱对幼苗的影响，采用种植果树、移植绿化大苗，再于其下育苗和造林，已先后培育榧树实生苗 70 万株，香榧嫁接苗 2 万余株，造林 500 亩，凡林下造林成活率均达 90% 以上，生长良好；林下育苗成苗率及生长情况明显好于裸地育苗（如图 4-2 所示）。2006 年春季实测在郁闭度 0.5 左右的绿化大苗及果树林下育苗，与同地点的裸地育苗加以遮阳纱遮阴和喷灌的 2 年生实生苗生长情况如表 4-6 所示。林下育苗，苗木生长情况略优于裸地遮阴喷灌育苗，方差分析两者虽无显著差异，但前者的育苗投资要大大少于后者。

绿化大苗下育苗（苗床端光强处苗木受日灼危害）

桃树林下育苗

裸地育苗第 1～2 年遮阴，第 3 年未遮阴，照常灌溉

图 4-2　林下育苗

表 4-6　低丘地区香榧林下育苗效果调查　　　　　　　单位：cm

育苗措施	调查项目	调查样地			平均值
		Ⅰ	Ⅱ	Ⅲ	
苗木遮阴加喷灌	苗　高	29.33	30.45	29.33	29.70
	地　径	0.48	0.52	0.49	0.50
林　下套　种	苗　高	34.15	31.75	27.40	31.10
	地　径	0.61	0.49	0.52	0.54

注：2005 年 11 月调查每样地 30 株。

　　在低丘平原地区，由于高温、强光照的影响，育苗效果不佳，可以选择交通方便，有灌溉水源的地方。采用钢架大棚，建立永久性的育苗基地。大棚育苗，灌溉、施肥、病虫防治方便，可以采用机械化，光照条件容易调节。不论播种苗或嫁接苗，都表现成苗率高，生长整齐。通过土壤消毒，基质配制可以减少病虫害和人工除草用工，苗木调拨运输也方便。大棚育苗要注意生长季节的光照调控、遮光度不能太大，遮光时间不能太长，特别是在出圃前的生长季节里，要增加光照和减少土壤湿度，给苗木一段锻炼时间，否则出圃后造林成活率和早期生长都将受到影响，如图 4-3 所示。

图 4-3　现代温室大棚容器苗

五、容器育苗

容器育苗，由于人工配制的营养土疏松肥沃，采用催芽后发芽种子播种，出苗率高，苗木生长整齐良好；容器苗造林，不损伤根系，造林时间长，成活率与保存率均显著高于圃地苗，同时施肥、灌溉、除草等抚育管理工作效率可以大大提高。香榧容器苗不论实生苗还是嫁接苗造林成活率均在 95% 以上，且缓苗期短，保存率高。

1. 容器选择

播种苗常用高 15cm，直径 12～15cm 的圆筒状塑料容器，播种 1 粒发芽种子，培养 2 年后于次年秋季或第 3 年春季嫁接，再培养 1 年成为 2+1 嫁接苗，可以上山造林。如培养大苗，则于秋季或早春将 2+1 苗移植于较大的容器中，2+2 嫁接苗容器高 25～30cm，直径 25cm 以上，苗木越大，容器也随之加大，一般 2+4 的大苗多数可以挂果。移苗时间应在阴天或雨后空气湿度大的晴天进行。播种或移植的容器苗可直接置于圃地平整的畦面上，排列紧密，容器间的空隙处填以细土，以利保湿，上搭阴棚以遮阳纱遮阴。

在立地条件较差的苗圃地，可以作 3m 宽以上宽畦，在畦面挖穴或撩壕（深沟），在底部先放些谷糠或草屑后填入营养土，将苗木移入其中，每年施 4～5 次营养液肥于穴中，由于穴或撩壕中土壤比穴外肥沃、通气，因花盆效应，香榧根系多集中于穴内，形成带土根团，可随手拔起，加以包扎，上山造林，根系损伤少，造林效果好于带土球苗。此法要特别注意移苗时浅植，雨季注意排水和旱季遮阴。

2. 营养土配制

香榧喜肥沃通气土壤，营养土应多放有机肥，pH 保持微酸性至中性，生产上有以下几种配法：

1）黄泥土 50%，鸡粪（干）35%，饼肥 15%，钙镁磷肥 1%，分层堆积，经一个夏季腐熟。播种前充分混和打碎，加入少量硫酸亚铁消毒。

2）肥土（菜园土、火烧土等）每立方米加入人粪尿 2 担，牛粪 2 担或鸡粪 1 担，钙镁磷肥 2.5～3.0kg，饼肥 4～5kg，石灰 1～2kg，充分混合拌匀堆好，外盖尼龙薄膜密封，

半月翻 1 次，堆沤 30～45 天。

3）兰花土（腐殖质土、阔叶林下的表土）50%，黄泥土或火烧土 50%，按 100kg 土加入过磷酸钙 5kg，草木灰 10kg，充分拌匀。

4）兰花土 50%（体积），砳石 50%，按土重加入 1%复合肥，1%～2%石灰，3%钙镁磷肥，充分混和拌匀。

在营养土配制中要十分重视有机肥特别是饼肥的充分腐熟，在绍兴、临安等地均有因营养土中饼肥未腐熟而发生烧苗事例；其次香榧苗期根腐病严重，必须注意营养土消毒。消毒方法：50%多菌灵可湿性粉剂 1kg，加土 200kg 拌匀，再与 1m³营养土混和；按 1000kg 营养土加上 200ml 福尔马林于 200kg 水中的混合液混和堆起来，上盖塑料薄膜闷土 2～3 天，然后揭去薄膜倒堆 10～15 天，使药味挥发后装钵。

3. 播种与移苗

经催芽的种子，待种壳开裂，胚根伸出至长 2cm 以内时最适播种。一般现装土现播种，覆土厚 2cm，为防容器内土壤下沉，装土略高出容器口，呈馒头形。移苗时，先将根系完整的苗木置于容器内，一面填土一面摇动容器，再上提苗木至根颈处略低于容器土表 1cm 左右，使根土密接，浇水后土壤下沉再适当补充营养土。移植深度宜浅，根上覆土厚 2～3cm 即可。容器苗因营养土预先腐熟和消毒，病、虫、草都较少。施肥以配制的营养液浇施，施用化肥后必须用水冲洗苗木以防肥害，如图 4-4 所示。

图 4-4　容器苗（露地遮阴）

第二节　扦插育苗

香榧扦插育苗不仅能保持母树的优良性状，矮化树冠，提早结果，而且能缩短苗木留圃时间，节省成本，是有推广前景的育苗方法。

一、插穗的选择与处理

选取 20～30 年生，发育健壮，生长旺盛，无病虫害的优株上剪取当年生枝，插穗长

度以 15～20cm，粗度 0.3cm 以上为好，除去下部 1/2 的小叶。

二、扦插时间

扦插时间在 7 月上、中旬，此时，新梢发育已基本完成，顶芽已形成，茎部半木质化。插后 35 天开始出现根突。扦插时间太早，枝条木质化程度不高，容易腐烂。扦插时间太迟，不易生根。

三、作床与扦插

扦插苗床选择在土壤深厚，排水良好，背阴湿润的红壤，pH 在 6.0 左右。深挖，细致整地，并用敌克松进行土壤消毒。苗床高 20～25cm，宽 1m，扦插的株行距为 4cm×4cm。扦插时先用圆棒打孔，然后再插，插好后浇透水，搭塑料小拱棚，再搭 1.5m 高的遮阴棚，前期湿度控制在 95%～100%。

四、影响扦插成活的内外因子

1. 激素对生根、成活的影响

据诸暨林科所的郭维华试验：取长 15～20cm、粗 0.3cm 以上的插穗，抹去下部 1/2 的小叶，设 5 个处理：(a)浸于 10%的蔗糖溶液中 24 小时；(b)6 号 ABT 生根粉 1000mg/kg 速醮；(c)6 号生根粉 50mg/kg 浸泡 2 小时；(d)6 号生根粉 300mg/kg 浸泡 20 分钟；(e)对照。每处理 150 株 3 次重复。结果如表 4-7 所示。

表 4-7　6 号 ABT 生根粉对成苗的影响

项　目	处理号					平均
	a	b	c	d	e	
当年调查成活率/%	53	92	62	81	52	68.0
次年保存率/%	50	83	43	71	47	58.8
调查生长量/cm	7～12	8～11	7～11	8～11	8～10	

由上表中可知，各处理的成活率与保存率 b＞d＞c＞a＞e，而 b 处理和 d 处理的成活率大大高于平均数，可见用 6 号 ABT 生根粉处理能提高香榧扦插的成活率。而处理方法以 1000mg/kg 速醮或 300mg/kg 浸 20 分钟后再扦插为佳。从表中还可看出 6 号生根粉对苗木的生长量没有影响。

2. 插穗质量对成活率和生长量的影响

不同插穗抹去下部 1/2 小叶后用 ABT 生根粉 1000mg/kg 速醮，设 3 个处理：(a)插穗长 15cm 以下，粗 0.3cm 以下；(b)插穗长 15～20cm，粗 0.3cm 以上；(c)插穗长 20cm 以上，粗 0.3cm 以上。每处理 150 株，重复 3 次，如表 4-8 所示。由表可见，(b)处理的成活率与保存率均大大高于平均数，因此，插穗长度以 15～20cm、粗度 0.3cm 以上为佳，插穗太短、太细不利成活与成苗，生长量亦差。插穗太长，成活率与保存率都

不高，但成活后生长量最大。

试验中还发现不同年龄的插穗对成活率影响很大：当年生新梢扦插成活率为 92%，2 年生枝条扦插成活率仅 10%。次年调查保存率，当年生新梢的扦插保存率为 83%，2 年生枝条扦插的全部死亡。因此香榧扦插育苗的扦插只能用当年生新梢。

表 4-8　插穗的长度和粗度对成苗的影响

项　目	处理号			平均
	a	b	c	
当年调查成活率/%	63	92	50	68.3
次年调查保存率/%	33	83	37	51.0
次年调查生长量/cm	3～5	8～11	8～20	

磐安县玉山镇农民培育的香榧扦插苗，前期生长慢，后期生长很快，5～6 年生苗已开始挂果。

扦插苗成活后，次年秋季选晴天或小雨天移植于大田苗圃按株行距 40cm×15cm，培育 2～3 年出圃。

第三节　香榧嫁接

香榧大树嫁接已有 1000 多年历史，而小苗嫁接则是 20 世纪 60 年代的事。大树嫁接习惯用春季劈接、插皮接；小苗圃地嫁接是用 2～3 年榧树实生苗作砧木，选良种壮年树主、侧枝的延长枝作接穗，春季 2～4 月初切接，接后覆土没接穗 1/2～2/3 保湿，再遮阴，成活率可达 80% 左右。此法的缺点是嫁接时间短、接穗利用率低，接后覆土花工。浙江林学院在 1998～2005 年期间，针对上述问题开展了许多试验，成功地解决了多种嫁接方法及常年嫁接和提高接穗利用率等一系列问题，形成了配套的香榧快速繁殖技术。

一、嫁接方法

香榧枝条细软，一般 1 年生枝粗仅 0.9～4.0mm，根据在其他树种上试验，对细软的接穗以贴枝接为好。2000 年用贴枝接与劈接、切接等其他嫁接方法与接后堆土与不堆土的对比，结果如表 4-9 所示：

表 4-9　不同嫁接方法对嫁接成活率和生长影响

砧　木	接穗来源	嫁接方法	嫁接株数/株	成活株数/株	成活率/%	一年生苗高/cm
1 年生砧，就地嫁接，不堆土	诸暨斯宅乡香榧大树延长枝	贴枝接	761	728	95.66	24.76
1 年生砧木，就地接，接后堆土		劈接	105	87	85.85	23.65
1 年生砧木，就地接，接后堆土		切接	215	184	85.58	22.01
1 年生砧木，就地接，接后不堆土		贴枝接	47	45	95.74	22.93

三种嫁接方法的成活率，以贴枝接成活率最高。一年生苗生长量三者差异不大。

贴枝接方法是：接穗基部去叶后，削去带木质部的皮层 3～4cm 长，背面反削一刀；选砧木的光滑部位，削去与接穗同样长短深度较大的切口，插上接穗用尼龙带绑紧即可。贴枝接优点：① 接口长，加上穗条细软，绑后砧穗容易密接，愈合好；② 当年生砧苗秋季嫁接可以不断砧，光合面积增大；③ 少数不成活的可随时补接。

贴枝接以 1～2 年生砧为宜，3 年生以上砧木以切接或劈接为好。接后堆土是香榧的传统嫁接方法，目的在于保湿，但实际效果并不理想。由表 4-9 可知，切接后堆土成活率为 85.58%，明显低于不堆土的贴枝接成活率 95.74%。2004 年 8 月，调查绍兴县香榧研究所（筹）2 年生容器苗，圃地嫁接，黑阳纱大棚遮阴，切接后 3 种处理方法的成活率与苗木生长情况为：

1）接后不堆土，用笋壳罩住接穗遮阴，成活率 93.24%，苗高 57.80cm，苗径 0.89cm。

2）接后堆土，成活率 90.26%，苗高 54.75cm，苗径 0.91cm。

3）对照（不加任何处理）成活率 94.08%，苗高 60.85cm，苗径 1.15cm。堆土效果最差，可能是由于堆土影响香榧根系通气，进而影响生长；加笋壳罩可能是双层遮阴光照太弱，但影响不大。

二、嫁接时间

传统的嫁接时间是春季 2 月下旬至 4 月初，此时地温升高，根系活动旺盛，树液开始流动，但尚未萌芽，采用切接与劈接成活率高。香榧嫁接愈合能力强，速度快，采用贴枝接方法，接后不立即断砧，除 4 月中旬至 6 月初的新梢生长期间外，其他月份均可嫁接，浙江林学院于 2002～2004 年在除去 5 月份和 11 月～次年 1 月（低温季节）外的各月嫁接试验中发现，只要接穗新鲜，接后遮阴，成活率均可达 80% 以上，大多数可达 90% 以上（如表 4-10 所示）。

表 4-10　2002～2004 年不同时期嫁接成活率

嫁接时间 /（年月日）	嫁接方法	砧木 年龄	接穗处理	嫁接株数 /株	成活率 /%	备　注
2002.03.24～27	切接	1 年生	嵊州尼龙袋包扎	721	74.85	部分施肥烧死
2002.03.24～27	贴枝接	1 年生	嵊州尼龙袋包扎	26	100	
2002.08.05	贴枝接	当年播种苗	随采随接	135	94.00	未断砧
2002.08.05	贴枝接	当年播种苗	随采随接	100	52.00	1 月后断砧
2002.08.18	贴枝接	当年播种苗	随采随接	121	91.73	
2002.08.29	贴枝接	当年播种苗	随采随接	281	95.52	嫁接雄株
2002.09.05	贴枝接	当年播种苗	随采随接	227	95.59	
2002.09.17	贴枝接	当年播种苗	随采随接	160	92.50	嫁接雄株

嫁接时间 /（年月日）	嫁接方法	砧木 年龄	接穗处理	嫁接株数 /株	成活率 /%	备　注
2002.09.27	贴枝接	当年播 种苗	随采随接	130	95.38	
2002.09.27～28	贴枝接	当年播 种苗	安徽黟县、太平县 4 个单株接穗	239	58.00	接穗干燥，成活率 0～83.81%
2002.10.07～12	贴枝接	当年播 种苗	临安接穗，次日接	67	95.52	
2002.10.07～12	贴枝接	当年播 种苗	昌化 3 个优株接穗，3 天后接	81	48.15	接穗干燥，成活率 2.80%～64.80%
2002.10.23	贴枝接	当年播 种苗	安徽黟县 3 个单株接 穗，3 天后接	149	28.85	接穗干燥，成活率 3.53%～63.63%
2002.10.23	贴枝接	当年播 种苗	随采随接	49	95.92	
2003.02.10～20	贴枝接	1 年生	嵊州接穗室内贮藏 3～5 天	1560	99.23	
2003.03.10～20	贴枝接	1 年生	绍兴稽东接穗室内贮 藏 3 天	840	98.92	
2003.04.01～10	贴枝接	1 年生	临安接穗，次日接	320	97.19	芽未萌动
2003.06.18	贴枝接	1 年生	当年生枝，次日接	72	59.72	接穗太嫩，成活率低
2003.06.30	贴枝接	1 年生	当年生枝，次日接	52	92.31	
2003.07.15	贴枝接	1 年生	次日接	76	97.37	
2003.08.15～18	贴枝接	1 年生	磐安接穗 28 个无性系	778	95.51	接穗冰箱冷藏
2003.09.26	贴枝接	1 年生	嵊州、绍兴 15 个优株 无性系	570	83.82	接穗保存好坏不一， 成活率 55.10%～100%
2003.10.29	贴枝接	1 年生	随采随接、塑料棚保温	71	92.95	
2004.02.02	贴枝接	1 年生	嵊州香榧接穗，3～4 天接	1868	98.01	
2004.03.15～18	贴枝接	2 年生移 植砧	诸暨、嵊州、绍兴、 东阳、磐安 30 个优株	9634	96.55	7 月调查
2004.04.05～08	贴枝接	2 年生移 植砧	部分穗条接穗萌芽的 去顶芽嫁接，地点同上	8486	49.34	部分优株接穗已萌芽 成活率 15%～91.60%

由表 4-10 可见，每年嫁接时间长达 8 个月，各月嫁接只要接穗新鲜，成活率可达 91%～99%。其中 2～3 月及 7～10 月中旬成活率最高。10 月下旬嫁接需覆塑料薄膜保温，且接后不能断砧，次春抽梢一个月后再断砧。当年生砧木，夏、秋季嫁接均不断砧，次春抽梢后再断砧。2002 年 8 月 5 日当年生砧木嫁接，一个月后断砧，成活率仅 52.00%，而次春断砧的成活率达 91.73%。

2005 年 10 月 16 日至次年 1 月 26 日分 4 次在圃地嫁接，接后用塑料拱棚保暖，4 次共接苗 960 株，抽梢后断砧，成活率 97%～100%，平均成活率达 98.75%。说明在保温措施下，香榧冬季也可嫁接。

三、接穗

接穗的粗细和生长势，对嫁接成活和嫁接苗生长都有很大影响。2001 年 3 月下旬用

不同长势的接穗接于 1 年生砧木上，各 80 株，成活与生长情况如表 4-11 所示。生长旺盛的主枝延长枝、顶侧枝及枝节上较粗壮的萌生枝，成活率高、生长好；粗壮侧枝延长枝及顶生侧枝成活率有所下降，而且接后生长量下降，苗木易于偏斜生长。一般接穗粗度应在 0.2cm 以上，长度不短于 8cm 为好。

表 4-11　接穗长势对嫁接成活和生长的影响

砧木年龄	接穗保存	接穗类型	嫁接株数/株	成活株数/株	成活率/%	当年主梢抽稍长度/cm
1 年砧就地接	随采随接	主枝延长枝	80	77	96.25	24.76
1 年砧就地接	随采随接	主枝顶侧枝	80	75	93.75	20.38
1 年砧就地接	随采随接	粗壮侧枝延长枝	80	74	92.50	16.44
1 年砧就地接	随采随接	粗壮侧枝顶生侧枝	80	72	90.00	14.11
1 年砧就地接	随采随接	主侧枝枝节上萌生枝	80	78	97.50	24:03

生长季节，特别是在 8～9 月高温季节，接穗保鲜是嫁接成败的关键。长途运输要用湿苔藓或湿报纸包裹接穗基部防干燥；到嫁接地点后，以束插于室内阴凉处湿砂中；一周内接完或贮藏于 5℃冰箱中冷藏，保持湿润与低温，10 天内嫁接对成活无影响。2003 年 8～9 月，从诸暨、绍兴、嵊州、东阳、磐安五县、市采集 124 个优株接穗，4～6 天后带回淳安嫁接，由于所采接穗质量和保鲜处理不同，嫁接成活率相差很大（如表 4-12 所示）。

表 4-12　高温季节接穗保鲜处理对嫁接成活影响

接穗来源	嫁接时间/(年月日)	接穗处理	品种类型	优株数/株	嫁接株数/株	平均成活率/%	不同优株成活率变幅/%	优株间成活率变异系数/%
磐安县 4 个乡镇	2003.08.15	接穗基部湿报纸保湿，尼龙袋密封冰箱冷藏	香榧	21	446	95.50	85.00～100	4.99
			实生榧	7	124	95.52	87.50～100	5.14
嵊州市谷来镇 7 个村	2003.08.15	接穗基部湿报纸保湿放阴凉处	香榧	16	650	88.39	64.70～100	10.88
			实生榧	6	155	82.29	62.06～93.55	14.57
诸暨市赵家镇斯宅乡 6 个村	2003.08.15	接穗基部湿报纸保湿、放阴凉处	香榧	7	128	91.10	82.35～100	8.59
			实生榧	12	182	63.99	25.00～88.89	26.94
东阳市虎鹿西恒村	2003.08.15	接穗基部保湿、放阴凉处	香榧	5	158	94.00	85.12～100	6.63
			实生榧	6	157	87.73	82.35～96.43	7.28
诸暨赵家钟家岭村	2003.08.15	接穗基部湿报纸保湿，密封尼龙袋，放冷水中降温	香榧	13	524	77.64	21.74～94.44	26.16
			实生榧	13	302	49.97	5.26～100	54.12
嵊州谷来袁家岭村	2003.08.15	接穗保湿，采后次日嫁接	香榧	1	23	100	95.00～95.45	
			实生榧	2	42	95.23		
绍兴县稽东 6 个村	2003.09.26	接穗基部包湿报纸，放阴凉处	香榧	8	181	91.25	75.00～100	8.48
			实生榧	7	159	81.17	55.10～100	19.03
合计（平均）			香榧	71	2110	91.13		
			实生榧	53	1121	79.42		

注：2004 年 5 月 17 日调查。

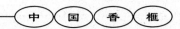

由表 4-12 可见，高温季节接穗保湿，降温处理，可以有效地提高成活率。如磐安县 28 个优株接穗保湿，冰箱贮藏，不论香榧和实生榧成活率均在 95%以上，而诸暨钟家岭 26 个优株接穗采用尼龙袋密封再置水中保存，成活率最低。

除磐安县外，各地接穗成活率都是香榧高于实生榧，由于实生榧处于野生状态，未加管理，枝条细弱，容易失水，营养不足，相对来说成活率较低。嫁接成活率香榧平均达 91.13%，而实生榧仅 79.42%。

香榧枝条的叶腋间有隐芽存在，在受刺激后可以萌发抽梢。一年生枝条越粗壮，发芽机会越多，因此不带顶芽的枝段也可嫁接。2001~2003 年春季，用香榧一年生延长枝截成 6cm 长的枝段分 3 次小规模嫁接试验，结果成活率达 96%以上，当年抽梢率 64%以上，次年抽梢率 96%~100%，当年抽梢的生长量与带顶芽接穗没有差异（如表 4-13 所示）。

表 4-13　枝段嫁接成活抽梢情况

嫁接时间 /（年月日）	嫁接株数/株	成活率/%	当年抽梢率/%	次年抽梢率/%	备　注
2001.03.06	52	100	67.30	100	
2002.02.26	36	100	66.67	97.22	
2003.03.18	160	98.75	64.38	96.25	

四、砧木

砧木类型和年龄对嫁接成活和嫁接苗生长都有重要影响。表 4-14 资料说明，1~3 年生砧木对嫁接成活影响不大。但随着砧木年龄增长，嫁接苗生长量越大，长势越旺，接穗倾斜、倒伏越少。1 年生砧木当年秋季不断砧贴枝接比次春贴枝接和切接生长量大、发枝多且较少倾斜。

表 4-14　砧木类型和年龄对嫁接苗成活、生长的影响

砧木类型和年龄	嫁接方法	嫁接株数/株	成活率/%	嫁接苗年龄	平均苗高 /cm	平均基径 /cm
播种当年秋季嫁接	贴枝接	3364	96.76	1 年生	28.6	0.54
1 年生苗春季嫁接	贴枝接	1567	95.88	1 年生	28.15	0.49
1 年生移植苗春季嫁接	切接	18477	85.89	1 年生	17.79	0.40
2 年生容器苗	切接	1500	94.08	1 年生	42.31	0.63
2 年生容器苗	切接	9640	93.24	2 年生	60.85	1.15
3 年生容器苗	切接	334	93.71	1 年生	58.55	0.81
1 年生苗春季嫁接	切接	1548	92.48	1 年生	23.95	0.47

注：嫁接苗接后经过生长季节数为嫁接苗龄。当年播种苗秋季嫁接，次春萌发抽枝，次年为 1 年生苗。

　　圃地就地嫁接和容器苗，不论贴枝接还是切接，成活率和苗木生长情况均优于移植苗。造林实践证明，2 年生砧木接后培养 2 年的"2+2"嫁接苗成活率和保存率都较高；容器苗造林成活率、保存率和苗木生长情况均显著优于裸根苗。

　　香榧嫁接方法除贴枝接、切接、劈接外，尚有根砧接和种砧接等。根砧接是在树冠投影外围挖取粗 1.0～3.6cm 带有须根的侧根，截取长 15cm 的根段作砧木，1 年生枝为接穗，用劈接、挖骨皮接和挑皮接法嫁接。一般在 2 月下旬至 3 月上旬嫁接，有利成活。有丰富榧树资源处可以应用。

　　种砧接是将接穗直接插入子叶缝合线内的嫁接，用经催芽后胚根长 1.5cm 左右的种子为砧，粗度 0.25～0.30cm 的 1 年生枝作接穗。12 月中旬至次 3 月中旬均可嫁接，以冬接春移为好，成活率可达 81.6%～97.1%。嫁接在室内分三步进行：第一步种砧处理：先在胚轴周围剥去薄壳区的种壳，然后用事先备用的长 10～12cm、宽 0.5～0.6cm，基部宽 0.4cm 的平滑楔形竹签，顺子叶缝线与缝平行缓缓插入缝内，深约 1cm，不宜当即拔出，以免闭合。第二步削穗：先抹去接穗下部 1/2 叶片，再用单面刀片将基部削成楔形，削面长 1.2cm 左右。第三步插穗：轻微摇动种砧上的竹签后拔出，迅速插入削好的接穗，利用种子的自然夹力夹住接穗，不需绑扎。接后立即用湿沙在通风透光的室内假植，促进愈合，经常适量洒水，防止胚根失水影响成活。到 3 月中旬至 4 月上旬选择晴天，按株行距 10cm×40cm 移栽，栽植深度 3～4cm，然后根据圃地干湿程度酌情洒清水 1 次，随后用细碎黄心土在苗木基部培成馒头状，覆及接穗的 2/3。5 月初以后，苗木快速生长。在接后促进愈合和移植圃地的全程中都必须用遮阳纱阴棚遮阳。

　　生产实践证明，砧木年龄、粗细对嫁接苗生长的影响明显大于对成活率的影响，砧木越粗大，长势越旺，嫁接苗生长越好；种砧嫁接技术复杂，管理麻烦，而且苗木生长不良，抽梢后常呈头重脚轻倾斜甚至螺旋生长，造林成活率低且生长不良，现已不多采用；当年育苗秋季嫁接，苗木太小，成活率虽高但生长不良，而且越到后期表现越明显，所以嫁接用砧木年龄应在 2 年生以上。基径应不小于 0.5cm。

　　综上所述，为保证嫁接成活和嫁接苗的良好生长，必须注意：

　　1）香榧小苗嫁接以秋季贴枝接为最好，嫁接切口接触面大，接后不断砧光合面积大，不损伤砧木便于补接，嫁接时间长，成活率、生长量均大于其他嫁接方法。3 年生以上大苗以切接和劈接为好。

　　2）每年除 4～5 月发梢期、11 月～次年 1 月的冬季外，其余时间均可露地嫁接。2 月下旬至 3 月下旬、7 月至 10 月嫁接，只要接穗保存良好，成活率可达 95% 左右。高温季节接穗要注意保湿、降温，接穗贮藏于 5～10℃的冰箱、冷库或阴凉室内，并于 1 周内接完。冬季接后立即用塑料拱棚保温，春梢抽梢后断砧，成活率可达 95% 以上。

　　3）接穗以生长势旺盛的 1 年生主枝延长枝、顶侧枝，粗壮侧枝的延长枝、顶侧枝及多年生枝节上萌发的新枝为好；香榧叶腋间有不定芽，不带顶芽的粗壮枝段嫁接成活率高，当年抽梢 64% 以上；细弱枝条嫁接抽梢细弱，易倾斜，成活率也有所下降。嫁接苗生长量随砧木年龄、砧苗粗壮度增加而加大，砧木太细，接后生长差，易倾斜和倒伏。留床砧和容器苗砧嫁接成活率和苗木生长量均显著优于移植苗砧。

　　4）香榧幼苗怕高温、强日照，不论实生苗或嫁接苗均须用遮阳纱遮阴，透光度控制在 40%～50%。高温、干旱和强日照的丘陵地苗圃，不如阴凉、湿度大的山地苗圃苗木生长好，如图 4-5 所示。

图 4-5　香榧嫁接苗

第四节　香榧造林与提高造林成活率的关键技术

香榧幼苗喜阴湿环境，怕高温、干旱和强日照，且 3 年生以前幼苗生长缓慢，抗逆性很差，所以一般情况下香榧幼苗造林成活率和保存率都很低。20 世纪 90 年代以前各地造林保存率不到 30%，有的甚至全部死亡，保存下来的由于管理跟不上，生长差，也难以成林。因此，发展香榧首先必须解决造林技术问题。根据香榧生物学特性和近年来香榧造林经验，需要抓好以下几个问题：

一、造林地选择

香榧理想的造林地要求阴凉，空气湿度较大，光照不太强，且排水良好的低山丘陵。森林植被保存好的小环境，即使 100m 海拔以下的平原，香榧生长发育也良好。微酸至中性的黏壤土、砂壤土、紫色土、石灰土等土壤均适宜种香榧，pH 5 以下的酸黏红壤不经改良，不适宜发展香榧。

因为香榧结果以后要求有充足的阳光，所以 400m 海拔以上造林地应选阳坡、半阳坡，阴坡和狭谷造林，密度要小，保持树体有充足的上方光和侧方光；在低海拔的低丘造林，高温、干旱和强日照是影响造林成活、成长的主要矛盾，阴坡、半阳坡和沟谷造林好于阳坡，成林后产量和质量也很少受影响。

二、造林地整理

香榧幼苗耐阴，保留林地植被，造成侧方庇阴，对造林成活和生长均有利。一般坡

度 15℃以下可全垦，林粮套种；15°～30°坡地带状整地，带宽 2m，带距 3m，保留梯坎植被，带上可以套种；30℃以上坡地以鱼鳞坑块状整地，挖 80cm×80cm×40cm 的种植穴，避开石块、土薄处，保留穴周植被；造林成活后逐步扩穴，用石块在树下方砌梯坎，建树盘，每年夏季到来前劈林间杂草覆于树盘上。

三、良种壮苗

以正宗香榧和从实生榧中选出的、经无性系测验的优良无性系可以作为造林材料。苗木规格以 2 年生砧木接后培育 2 年的"2+2"嫁接苗或 2 年生以上砧木嫁接培养 1 年的"2+1"嫁接苗，苗高≥45cm，基径≥0.8cm。也有以 2～3 年生实生苗造林，成活 2～3 年后再嫁接。实生苗规格：苗高≥60cm，根径≥0.8cm。不论实生苗或嫁接苗都要尽量多保留侧须根，并防止苗木风吹日晒。在周围无雄榧树资源的地区造林应配植 5%的雄株。雄株可均匀配植，也可较多的配植于来风方向的山脊、山坡上，应多选用花期长、花粉量大的雄株。

四、影响香榧造林成活率的内、外在因子

1. 苗木质量

苗木质量影响苗木抗性。苗龄越小，抗性越弱，成活率越低，生长越差。一般实生苗造林，必须 2 年生以上，苗高 50cm 以上，基径 0.6cm 以上，造后 4 年，苗高可达 1.5m 以上，基径 3cm 左右，就地嫁接 3～4 年可挂果；如果 3～4 年生实生苗，种后次年嫁接，3～4 年也可挂果。由于苗圃立地条件和管理好于山地，圃地 4 年生苗，苗高可达 1.0m 以上，基径可达 1～2cm；而 2 年生实生苗造林 2 年后，同样 4 年生，其生长量不足苗圃的 1/2。据赵文刚、朱永淡等人在浦江县、杭坪镇程家香榧基地试验，不同苗龄嫁接苗造林后 2 年，保存率和苗木生长情况如表 4-15 所示。"2+2"嫁接苗造林效果明显好于 1+1、1+2 苗。

表 4-15　不同苗龄苗木造林效果

苗木类型	保存率/%	主梢生长情况	
		主梢数/枝	最长主梢平均长/cm
1+1	75.2	11.7	24.0
1+2	82.5	18.3	25.0
2+2	84.2	24.0	32.0

同样苗龄的苗木造林成活率和生长量依次为：容器苗>带土球苗>裸根苗。在同样管理情况下，容器苗造林成活率在 95%以上，带土球苗成活率 90%以上，而裸根苗造林，因苗木保护好坏和造林技术是否得当而差别很大。2004 年 11 月，在浙江康大实业公司东阳香榧基地调查历年实生苗不同规格、不同处理和造林后管理对造林成活和生长的影响，其结果如表 4-16 所示。

表 4-16　浙江康大实业公司东阳香榧基地历年造林效果调查

造林时间（年·月）	苗木来源与规格	造林面积/hm²	造林后管理	坡位	成活率/%	苗高/cm	梢数/枝	新梢平均长/cm
2002.2	2 年生裸根苗，打泥浆、磷肥醮根	1.5	造林后遮阴	上坡地	83.20	66.9	46.85	17.95
				下坡地	86.37	80.83	56.40	27.53
2003.2 ～	2 年生自育实生苗，裸根，尼龙布包根	1.3	遮阴	上坡地	80.00	46.10	15.4	20.70
			带边植被庇阴	下坡地	85.19	45.25	15.3	18.85
2003.3	苗同上，带土球	1.0	造林后遮阴		90.40	51.67	25.22	25.61
2004.3	诸暨裸根苗（2 年生）	16.0	造林后遮阴		82.06	40.23	6.80	6.61
	诸暨容器苗（2 年生）	16.7			96.00	45.76	10.32	10.66

　　榧树实生苗造林效果，容器苗最好，带土球苗次之；裸根苗只要注意苗木保护和造林后遮阴，成活率可达 80%以上；在植被茂密处，借植被侧方庇阴也可保证成活。同时，在高温干旱和强日照的低丘地带，立地条件较差的上坡地造林成活率和生长均比下坡地差。

　　近年来的生产实践证明，以带土球的嫁接大苗造林，成活率高，生长快，结果快，林相整齐。浙江浦江县赵文刚香榧基地 1998 年大苗造林，3～4 年开始挂果，8 年生亩产干果超过 20kg，亩产值 1600 余元；新昌县康益琪农业发展有限公司于 2005～2006 年在该县大雷、溪口两地发展 1000 余亩香榧基地，共种香榧 6.5 万株，其中 1.2 万株 4～5 年生带土球大苗，种后成活率 98%以上，当年和次年新梢长 8～30cm，部分已开始挂果，而且林相整齐，很少有僵苗出现（小苗造林早期僵苗较多）。因此，培养大苗造林，应是快速发展香榧产业的重要途径之一。

2. 造林地立地条件对造林成活率的影响

　　榧树和香榧幼龄阶段喜阴湿的环境条件，怕高温和强光照。在中亚热带 800m 以下山地，造林成活率随海拔上升而提高；在 300m 以下低丘，如果阳光直射，土壤干燥瘠薄，造林成活率很低，即使人工遮阴成活后生长也不理想。2003 年 8 月浙江林学院 46 名师生深入会稽山区的诸暨、嵊州、绍兴、东阳、磐安等五个县、市，对 10 个乡镇、35 个村、外加 55 个农户在 2000～2003 年期间造林的香榧（80%为实生苗）成活情况进行了调查，调查成片造林面积 8642 亩及分散造林 36000 株，发现海拔 300m 以下造林成活率变幅在 18.6%～70.4%，平均成活率 59.23%；300～500m，成活率变幅 40.46%～95.30%，平均成活率 70.60%，600m 以上成活率在 80%～97.89%以上，平均成活率 87.78%。东阳市森太公司 600～700m 的东白山基地，实生苗和嫁接苗造林成活率均在 90%以上；浦江县杭坪镇程家村位于 400～500m 海拔的赵文刚香榧基地于 1998～2005 年营造的 1600 多亩香榧林，当年成活率 80.95%～95.00%，保存率达 82.00%以上；浙江临安市三口镇海

拔 60～150m 低丘，2001～2004 年造林 4 万多株，保存率不到 40%，而植被茂密，气候阴湿的太湖源镇素云村（海拔 250～300m 处），2000～2004 年营造的 15000 多株苗木，成活率 69.56%～97.14%，平均达 85% 以上。

在丘陵地带，林地小环境条件对造林成活、成长都有显著影响。一般地形有一定起伏，植被保存好，空气湿度大，土壤深厚肥沃地段，造林成活率高，生长好，且阴坡好于阳坡，下坡沟谷好于上坡、山岗。在疏林下或有侧方庇阴地方，造林成活和生长均好于裸地。2003 年大旱年份调查嵊州市谷来镇袁家岭村不同立地条件榧树造林成活率情况，如表 4-17 所示。苗木成活率和苗木黄化情况（日灼所致），以香榧林下造林最好，套种玉米次之，裸地最差。临安市三口镇裸地造林（未遮阴）成活率、保存率不到 40%，而在间伐的杉木下实生苗造林成活率达 95%，嫁接苗造林达 100%。2004 年调查临安太湖源镇素云村嫁接苗造林地，竹林下造林成活率 97.14%，种后套种玉米成活率 82.56%，裸地造林成活率 69.56%。此外，在诸暨赵家镇、东白湖镇、建德市乾潭镇在板栗林下套种香榧成活率和生长情况都显著好于裸地，其中钟家岭村板栗林下套种的香榧第 4 年挂果，第 11 年亩产值达 3427.5 元。建德市三都镇黄皮坞村香榧与梨树同时种植，借用速生的梨树为香榧遮阴，香榧生长良好，5 年生树高 1.5m 以上，冠幅 1～2m，已普遍挂果，梨树第 4 年开始投产（如图 4-6 所示）。

图 4-6　"2+1" 香榧与梨同时套种 5 年挂果

表 4-17　袁家岭村不同立地条件香榧造林成活率

立地条件	调查株数/株	死亡株数/株	叶片黄化株数/株	成活率/%	黄化苗率/%	正常苗率/%	备　注
茶叶地（茶高 0.8～1.2m）	78	1	5	98.72	6.41	92.31	造林后 1～3 年
陡坡蔬菜地	260	30	70	88.46	26.92	61.54	2003 年 8 月中旬调查
玉米地	108	4	9	96.30	8.33	89.81	当年夏季长期高温干旱
黄豆地	208	17	36	91.82	17.30	74.51	海拔 450m
裸地	330	66	39	80.00	11.82	68.18	
香榧疏林下	61	1	2	98.36	3.28	95.08	

香榧比较耐旱，只是在高温、强日照和干旱综合作用下对幼苗幼林危害很大，但林地积水则可使造林全部失败，因此在林地平缓有季节性积水地方必须做好排水工作，以

防止烂根死苗。

3. 造林季节与天气对造林成活率的影响

每年的11月至次年4月上旬萌芽前均可造林。在500m以下的低海拔地区以秋冬季造林为好，造林后根系仍能活动，有利于根系生长，次年进入生长季节后恢复快，对当年生长影响小，成活率也高；500m以上山地，冬季易产生冻举或寒潮危害，应选在春季造林。春季造林宜早不宜迟，以2～3月为好，太迟进入高温季节根系尚未恢复就开始抽梢长叶，对成活生长都有影响。

造林天气以阴天、小雨天、雨后晴天为好；长时间高温、干旱和刮风、空气湿度小的天气不宜造林。造林当年夏、秋季长期高温干旱和强日照对成活率影响极大。2003年夏季，浙江遭到50年来未遇的高温干旱天气的影响，连续60多天无雨，7～9月平均气温比常年高1.5℃～2℃，最高气温达41℃以上。当年香榧造林成活率显著下降，而且危及前几年的造林保存率，如表4-18所示。

由表4-18中可见，2003年造林成活率比前几年正常年份大幅度降低，同时可见造林成活后1～2年的苗木抗性显著提高，但立地条件差的地方保存率仍大受影响。

表4-18　夏秋高温干旱对香榧造林的影响

调查地点	海拔高度/m	造林时间/年	调查面积或株数/（亩、株）	成活率/%	备注
嵊州市谷来镇白马岭村	200～300	2000～2002 2003	300亩 250亩	65.7～81.0 28.70	1. 各地均用2年生实生苗，随起苗随造林，造林后未遮阴
绍兴县稽东镇吕岙村	350	2000～2002 2003	350亩 200亩	71.0～90.4 24.6	
诸暨市赵家镇韩家湾村	300～400	2001～2002 2003	130亩 27000株	70.7～81.0 33.3	
磐安县大磐乡长坑村	350～450	2001 2003	30亩 50亩	91.0 30.8～51.0	2. 部分嫁接苗造林，成活率比实生苗高，调查数据未列入本表
磐安县尚湖镇岭干村	350～450	2000～2002 2003	200亩 250亩	70.2～90.8 46.4	
嵊州市谷来镇高脚峰村	300～350	2003	20000余株	40.4～51.5	

4. 苗木保护与造林成活率关系

苗木保护是指从起苗、运输到造林的整个过程中，保护苗木不受风吹日晒，防止吸收根凋萎和苗木过多蒸腾使水分失去平衡。香榧苗木吸收根很容易受风吹日晒而凋萎，而风吹日晒加大蒸腾作用又会加速根系凋萎。据试验在露地风吹日晒1个小时后，苗木部分吸收根就出现永久性凋萎，即使放入水中也不会重新吸水恢复生机。1998年我们在榧树实生苗起苗时，苗木随意散放圃地上，每隔1～2小时打泥浆包根，发现苗木曝晒时间越长成活率越低，如表4-19所示。

表 4-19　起苗时苗木曝晒时间对造林成活的影响

起苗时间/（时 分钟）	起苗后苗木放置方式	曝晒时间/小时	造林成活率/%	种后叶发黄或脱落/%
7.00～7.20	苗木散放	0	98.0	9.0
		2	89.0	17.0
		4	86.0	33.0
		6	64.0	21
		7	36.0	28
	苗木堆放	7	74.0	24

　　注：上午 7 时～7 时 20 分统一起苗，隔 1～2 小时将苗木打泥浆后用尼龙袋包根，于下午 15 时同时种植。集中堆放的苗木，直接受曝晒的苗木少，成活率下降少。

　　目前生产上一般习惯将起出的苗随意摊放地上，等全部苗起好后，再数苗包扎，这个过程时间越长，对造林成活率影响越大。

　　起苗后及时打泥浆，并用尼龙袋包扎根系，对苗木保护效果很好。2004 年从嵊州运来"2+3"香榧裸根苗，未打泥浆，只用尼龙袋包根，种于淳安千岛湖林区，成活率不到40%；2005 年用打泥浆的同规格苗木，种于同一地方，成活率达 95%以上。同年从嵊州运来未打泥浆的 2 年生实生苗种于临安，成活率 70.19%，而打泥浆的临安产 2 年生实生苗种于开化县成活率达 92.32%，且苗木生长情况显著优于前者。近年来利用打泥浆苗造林，计四批 6 万余株，成活率达 92%～97.79%。

　　此外在苗木运输和造林过程中都要注意苗木保护，一个环节失误就可能造成整批造林失败。

五、造林技术

　　香榧造林要注意浅栽、踏实和不反山。香榧根系好气，栽植太深，根系通气不良，容易烂根。2005 年观察浦江程家村香榧基地，发现种植 4 年后的香榧大小不匀，从挖掘出的根系看，生长不良的多数种植太深，或种后淤土，下层根系腐烂，少数出现"二重根"现象。因此香榧造林种植穴要提前准备，最好先挖好穴，放 5～10kg 基肥，回覆穴土至穴深的 4/5，等下雨穴土下沉后再造林。造林时用表土覆盖根系踏实，种植深度以苗木根颈处与穴口平，上面再覆 3～5cm 松土成馒头形，或种后穴表覆草，以疏松土壤和保湿。大穴造林要尽量使穴土归穴，防止土壤下沉呈坑穴状，遇雨积水造成苗木死亡。浦江林业局对程家村基地调查，种植 2 年后的香榧，种植深度超过嫁接切口（距根颈 5cm处）5cm 的苗木保存率为 55.0%，0～5cm 的 67.5%，切口与地表平的 85.0%。种植越深保存率越低。

　　在自然情况下，香榧羽状枝的叶表面都向着阳光，如人为将叶背面对着阳光，它会慢慢自动转向使叶表向着阳光，在转向过程中生长受影响，因此在坡地造林时要使绝大多数枝叶表面向着阳光，如原来苗木有阴阳面的，不要反山造林，少数下垂枝条叶背向阳光的，要立支柱给予纠正。

　　在坡地水平带上造林，苗木要种于外侧带的 1/3 处，因作水平带时肥土多移向外侧，土壤也较疏松、通气；在局部因坡陡水平带上土薄或砂石含量很高时，要挖大穴并从坡坎上移客土造林，否则这些地方苗木很难成活成长。

六、造林后管理

在低山丘陵地区特别是低丘地带，常因高温干旱和强日照造成苗木大量死亡。因此，造林后管理最主要、最有效的措施是遮阴。遮阴可以防止高温、强光照对苗木的危害，同时可以减少苗木蒸腾，起"无水灌溉"作用。考查香榧造林以后苗木死亡过程：① 造林以后10～30天内苗木凋萎、落叶以至死亡，主要原因是起苗到种植过程中苗木保护不好，根系受损，苗木失水过多以至枯死；② 雨季结束后的7月下旬至9月下旬，主要是高温干旱和强日照，导致苗木日灼、立枯死亡，往往是苗木已发根，活而复死。造林后及时遮阴可以大大降低死亡率，特别是在高温干旱年份。朱永淡等人在浦江程家村香榧基地调查，2003年夏秋高温干旱年份，"2+1"嫁接苗春季造林后立即遮阴，成活率92.5%，不遮阴的成活率14.0%。同年在苗圃的嫁接苗，嫁接后及时遮阴的成活率90.5%，不遮阴成活率仅1.6%。秋冬造林可于次年4月中上旬遮阴；春季造林，特别是晚春造林，要立即遮阴，否则在根系吸收机能尚未恢复时，如遇到高温干旱天气，几天时间就会导致苗木成批死亡。10月份以后可以除去阴棚。一般遮阴2～3年，500m以上低山如植被保存好，空气湿度较大，可以不遮阴，但如遇高温、干旱年份在8～9月的高温干旱季节仍需遮阴。遮阴方法是在苗木四周围插竹片，高于苗木30cm，上覆遮阳纱，用铅丝固定，也可以用竹片、遮阳纱做成瓜皮帽形的纱罩，再用木桩撑于苗上遮阴，主要是遮上方直射光，四周不遮以保证一定的侧方光。

香榧造林后1～2年内根际不要频繁动土，夏、秋季削草覆于根际可降低地表温度，减少地表蒸发，可有效地提高苗木成活率和保存率。

七、提高造林成活率的关键技术

通过上述对影响香榧造林成活率内外因子的具体分析，采用综合措施，消除影响造林成活率的不利因素，可以有效地保证造林成活、成长，这些技术措施归纳为：

1. 保证苗木质量

要求造林苗木粗壮，根系发育良好。苗龄要求嫁接苗"2+2"以上，实生苗2～3年生。容器苗和带土球苗造林最安全。

2. 做好裸根苗木保护

香榧为常绿树种，在起苗造林过程中吸收器官（根系）受损，而蒸腾器官（枝叶）完整无损，使水分吸收与蒸腾之间失去平衡，苗木干枯而死。因此，凡是能保护吸收器官，适当减少蒸腾器官的一切措施都能提高造林成活率。选择阴湿天起苗，每起一捆苗及时打泥浆，用尼龙布包扎根系，集中放阴凉地方，最好早晚起苗，连夜运输，苗到后立即造林。造林时临时从尼龙袋中拿一株栽一株，不宜将苗散放林地任风吹日晒，可以

保证根系不受损害；对苗木地上部分适当修剪，特别是实生苗可以重剪以减少蒸腾器官。香榧适宜随起苗随造林，如苗木运到后一时来不及造林，可以连包扎袋排放阴凉湿润房间，上盖尼龙布，每天洒水一次，3～5天内影响不大。

裸根苗的保护措施可以提高成活率，仅是对一定苗龄的苗木而言，"2+3"以上嫁接苗必须用容器苗或土球苗上山，3年生以上实生苗也需带土球并对地上枝叶进行重修剪。

3. 掌握造林季节与天气

低丘地带以秋冬造林为好。500m海拔以上低山采用春季造林，则宜早不宜迟。造林天气宜选阴湿天气，避开高温、大风和干燥天气。

4. 掌握造林技术

香榧造林树要浅栽、踏实、上覆松土，不"反山"，保证苗木成活和正常生长。

5. 做好及时遮阴

低海拔地带造林后及时用遮阳纱遮阴（透光度50%左右），高温干旱年份即使高海拔地带，干旱季节也要遮阴和根际覆草降温、防旱。

上述每一项措施都关系到造林成败，如果都能做到，成活率可保证85%以上。近年来，浙江各地都已开始重视香榧造林技术，香榧造林成活率也得到大幅度提高。2005年秋季，浙江林学院程晓建等人调查浙西香榧引种区造林成活率，抽查建德市三都乡南华村20户香榧种植户，共种香榧9160株（2003～2005年造），成活率以户计40%～90%，平均成活率（保存率）达82.7%；松阳县玉岩镇余叶等村，34户共种香榧9892株，户均成活率30.8%～100%，平均成活率（保存率）达82.44%，凡是重视香榧造林技术的户，成活率均在85%以上，说明香榧造林难的问题已基本得到解决。

香榧造林以就地育苗就地造林为好。引种外地苗，最好以"2+1"或"2+2"小苗在造林地附近苗圃中培育或移植于容器内培养1～2年再上山造林。小苗便于保护和运输，圃地移植成活率高，在造林地附近苗圃培养1～2年后再上山造林，苗木运输距离短，便于选择阴天、小雨天或雨后阴天造林，成活率可以得到保证。同时，购买小苗自己培养比购买大苗可大大减少投入。浙江浦江县赵文刚香榧基地2003年从诸暨等地引来香榧小苗于基地圃中培育（部分苗木为自己培育），2005～2006年上山造林，成活率均在95%以上，而且缓苗期短，枝梢生长良好；新昌县康益琪农业发展有限公司在该县溪口村利用山地梯地从外地引来35000株香榧嫁接苗培育，成活率达96%以上；安徽黄山市利用这种方法前后从浙江引去三批苗木，造林成活率均达90%以上，大部分已开始结果。

第五节　榧树野生资源高接换种

野生榧树用香榧高接换种，已有1000多年历史。目前在浙江会稽山区近10万多株50年以上香榧大树，全部是高接换种来的。大部分产区看，高接换种所利用的砧木大小、

嫁接部位、嫁接方法和一个砧木上嫁接接穗数都十分相近。因此，现在保留百年以上以至千年的香榧大树，形态十分相似，性状也十分稳定（如图 4-7 所示）。

图 4-7　诸暨赵家镇钟家岭村 500 年以上古香榧树群

一、大砧嫁接的效果

香榧嫁接愈合能力强，成活率高，野生砧木就地嫁接成活率一般在 80%以上。接后生长速度随砧木粗度增加而增加，一般 5～10cm 胸径的榧树，嫁接后 4 年开始结实，6 年左右株产鲜果 1～2kg，10 年生株产 10～15kg，15 年生进入盛产期，株产 30kg 以上。砧木越大，长势越旺，嫁接后生长和投产也越快。嵊州市谷来镇袁家岭村何金祥 1984 年用基径 4cm 粗的 6 年生砧木嫁接，4 年开始挂果，12 年后株产果 25～30kg。临安市三口镇长明村，20 世纪 50 年代中期利用当地榧树为砧木，从诸暨引来香榧嫁接，40 年后最大单株年产果 250kg，株产植 6000 余元，该村农民袁荣和 1975 年利用当地 6～8cm 胸径的榧树嫁接香榧 2 株，4 年生挂果，1990 年株产 30kg 鲜果，2000～2005 年年平均产果 236kg，年均产值 9400 元，合单株产值 4700 元/年（产值为自己加工出售实际收入），如图 4-8 所示。2005 年实测两株树生长情况如表 4-20 所示。

表 4-20　两株大树嫁接后 30 年生长情况

树　号	树高/m	冠幅/m	基径（分枝以下）/cm	大枝号	大枝基径/cm
1	9.5	12.2×11.1	51.88	1	10.76
				2	30.94
				3	15.59
				4	26.99
				5	21.96
				6	33.42
2	9.0	11.8×10.6	53.79	1	24.51
				2	9.86
				3	30.55
				4	25.62
				5	29.92
				6	25.94

由上述数据可见，香榧大砧嫁接在细致管理的情况下，30 年生嫁接树年均高生长量

达 30cm，冠幅年生长约 40cm，最大枝直径年生长量达 1cm 以上。说明大砧嫁接生长迅速，结实期和盛产期均可大大提前。浙江有胸径 6cm 以上野生榧树资源 60 万株以上，安徽黄山、宣城两市约 30 万株，江西、福建、湖南野生榧资源也有 10 万株以上。这些资源的高接换种，是快速发展香榧产业的重要途径。

图 4-8　小树嫁接后 30 年生，2 株年均产果 236kg

二、嫁接时间与方法

大砧嫁接时间主要在 2～4 月上旬，嫁接方法：

1）插皮接　在树干 1m 处锯断，在断面上等距离接 2～4 个接穗，断面上堆土埋没接穗 1/2，周围用竹片固定围成竹篓状，并包以稻草和塑料薄膜保湿，上覆遮阳纱遮阴；在海拔较高、环境较阴湿的林地，嫁接后不堆土和覆盖遮阳纱，而绑以笋壳罩遮阴效果也很好。临安市太湖源镇横渡村（海拔 200m 左右）2003～2004 年用此法在林下就地嫁接 800 多株，成活率达 80% 以上。

2）高枝接　在砧木 3m 处断干，在断面上用插皮接方法嫁接 2～3 个接穗，3m 以下留 2～3 个主枝截断，根据断面大小选用插皮接、切接或劈接，接后不堆土，只用笋壳遮阴。这种嫁接方法，砧木损伤少，树冠恢复快，缺点是需要接穗多，嫁接和除萌花工多，而且只能在海拔较高、较阴凉地方应用。大砧嫁接忌用一根接穗接于一边，常导致另一边断面不能愈合而半边枯死（如图 4-9 所示）。

榧树野生资源往往大小不一，分布不匀，为了便于管理和早日成林，也有将榧树集中移植嫁接。为保证移植成活率，必须注意移植前留 1.5m 高断砧后进行树桩移栽，并事先做好造林地整理及挖穴工作，砧木运到后立即种植。在砧木运输过程中注意根系保湿和遮阴，移植后一次灌足水，干旱季节注意遮阴和灌溉，成活率可达 90% 以上。春季移植后可以立即嫁接，也可等发枝后选 3～5 个粗壮枝切接。

大砧移植以就近移植较好，高温干旱的丘陵地区从山区移植大砧风险较大，在移植过程中稍有不慎就可造成全部死亡。20 世纪 90 年代末诸暨枫桥镇全堂片一企业家从安徽移来大砧 6000 余株，造林 200 亩，投资 100 余万，结果全部死光。2003 年浙江林学院从淳安移来大砧300株种于临安也基本失败，而海拔400m以上的临安湍口镇洪岭片、玲珑镇高山村和富阳市洞桥镇豆坞村等地就地移植大砧数千株，成活率达80%以上，部分已挂果。在丘陵地带大砧移植除移砧过程中需加强对砧木保护外，还需注意种植时要浅栽踏实，夏秋干旱季节要经常浇水抗旱。

多头嫁接愈合好

单枝嫁接砧木半边枯死

图4-9　大砧嫁接愈合状

三、接后管理

1. 及时遮阴与调节光照

嫁接后及时遮阴、保湿，是丘陵地带大砧嫁接成活的关键。遮阴只遮上方直射光，在阴湿地方可以不堆土只用笋壳遮蔽接穗向阳面。在湿度小、光照强的地方遮阴两年，第三年除去遮阳网，在林下嫁接的2～3年后要除去周围及植株上部其他树种枝条，以增加光照，否则生长不良。

2．除萌、立支柱

榧树萌芽力极强，在断砧嫁接后砧木受刺激会萌生许多枝条，必须及时除萌，第一年可选留1～2根萌生枝作辅养枝，其他全部清除；第2年接穗生长转旺，可全部除去萌条。大砧嫁接，接穗生长很旺，年抽梢长可达40cm以上，平展或下垂，易受风吹雪压，要及时立支柱绑缚。

四、除草、施肥和砌树盘

野生榧分布地多坡陡、土薄，杂草丛生，接后要在树的下方垒石坎，移动周围肥土作一水平树盘，并将树下杂草灌木清除，铺于树盘上以保持水土；从第2年开始每株于树盘上方施复合肥 150～200g，以后随树体增长逐年增加。冬季在树干及断面切口处用碳水加石硫合剂涂白，防治病虫害。

第五章　香榧的抚育管理

　　抚育管理系指造林后至衰老更新前，为使幼年香榧树体生长迅速，缩短进入盛果期所需时间，促进成年树丰产、稳产、优质所进行的林地管理、树体管理和更新等一系列抚育管理措施的总称。主要包括有林地的水土保持和水、肥管理，林分群体结构调节和树体管理及衰老树更新、复壮等相关措施，按树体生长发育阶段不同，一般将其分为幼林抚育和成林抚育。

第一节　幼林抚育

　　香榧造林后至开花结实以前这段时间为香榧的幼林期。幼林期是香榧营养生长、丰产树体结构形成的重要时期，后期随着树体和叶面积增大，营养物质积累到一定程度逐渐过渡到开花结实阶段。香榧栽植后一般有 1～2 年的恢复期，生长缓慢，过了恢复期后在水肥管理适当的情况下，生长速度较快。香榧幼林期内抗性弱、喜阴怕旱，幼林期管理好坏是幼林能否速生、较早地进入结实期及形成合理的树体结构和林分环境的关键。

一、保证造林后苗木成活生长

　　香榧幼苗喜阴、怕高温干旱和日灼，特别是在栽植后的恢复期内，有的根系受损，吸收水分机能下降，极易受高温、干旱和日灼的影响而造成苗木大量死亡；即使苗木存活，其当年生长量和以后的生长速度也会受到很大的影响。因此，裸地造林 1～2 年内，必须对林地内幼苗进行遮阴，以减少阳光直射，起到降温、保湿、降低水分蒸腾的作用，以利于幼苗成活。遮阴一般用 50%～75% 遮光度的黑阳纱，四周用支杆撑起固定（如图 5-1 所示）。遮阴宜早不宜迟，冬季造林的应在 4 月中上旬前进行，春季造林则在造林后立即进行，10 月中旬去除遮阴网。在高温、干旱和强日照的低丘，遮阴时间 2～3 年；海拔 400～500m 地方，遮阴时间 1 年，500m 海拔以上的山地，如果四周林地植被保存较好，可以不遮阴。根据香榧幼年期耐阴的特点，在对幼林抚育时尽量保留种植带侧或种植穴周围的杂草灌木，造成侧方庇荫；部分全垦造林的香榧幼林中，可选择玉米、大豆、芝麻和荞麦等高杆作物套种，既可获得早期效益，又人为造成侧方庇荫。套种的作物离香榧种植穴要有一定的距离，以避免套种作物与香榧争夺水肥，影响香榧生长。

　　从浙江各地调查发现，香榧造林成活后至投产前，幼树还会不断死亡，成活后的保存率仅为 80% 左右。死亡原因主要有：化肥施用过多引起烧苗；林地积水或大穴造林根系随土壤沉降，因不透气而烂根；酸性土壤上根腐病严重；部分造林地鼠害严重，咬伤根颈或根系。造林后要根据不同的情况，对症下药加以防治，同时造林后要及时补植，以保持林相整齐。

图 5-1　香榧新造林遮阴

二、做好林地水土保持

香榧适生在土层深厚、土壤疏松的环境，成片的人工造林如不注意水土保持，在幼林期极易造成水土流失，导致土壤肥力下降，不利于香榧的成活及生长。造林后应特别注意水土保持措施的落实，造林时尽量避免采用全垦整地，在坡度、坡长较大的坡地，切忌从坡顶到坡脚全坡开垦，应在山顶、山腹和山麓分别保留一些块、带状植被，群众称之"山顶戴帽子，山腰扎带子，山脚穿裙子"。阶梯整地带状造林的林分每年要清沟固坎，保留带间的植被，带外一侧可因地制宜套种茶叶、黄花菜等作物以保持水土和增加收益；在坡度大的地块采用鱼鳞坑造林的，可从造林的次年开始逐步清除植株周围植被，在植穴下方垒石坎、移客土做成水平树盘以保持水土。在有低价值林分存在的地方可在林下套种香榧，再逐步改造，形成香榧纯林或混交林。

三、构建合理的树体骨架和林分结构

以小苗嫁接形成的香榧树，分枝点低，无中心主干，主枝多少不定，分枝角度大，斜向甚至匍匐生长，生长势弱。为此，对主枝应加以扶持以增强树势，有目的地扶正一个生长势较强的主枝作为中央主枝培养，其余枝条使其向周围生长。扶持主枝时必须让枝条的正面朝向阳光，不可以让枝条背面向着阳光，否则会生长不良。

香榧多为顶芽抽枝，一般一年一轮。主枝延长枝顶芽发枝力强，多为 3～7 个簇生，生长旺，斜生；侧枝顶芽一般 3 个，多抽生 2 侧枝 1 延长枝，生长弱，多平展或下垂。由于枝条长度多在 5～10cm 之间，主枝延长枝也多在 20cm 以内，加上枝条节上及其附近不断有新枝萌生，所以枝条密度大。香榧结实能力强，细弱的枝条也能结果，特别是幼林期，下部枝条先结实，上部枝条斜向生长担负增加枝条数量和扩大树冠体积的任务（如图 5-2 所示）。一般侧枝在结实 1～2 次后自然脱落，下部下垂枝条，处于光照不良处的结实 1 次后一般无力再次结实；如果密度太大，可以适当疏删，以减少营养消耗，改善光照条件，但幼年树修剪量不宜过大。

图 5-2 香榧幼树内膛枝结果状

香榧分枝的另一特点是主枝的延长枝不结实，一直往前伸长，而侧枝生长变弱后，顶侧枝和延长枝均能结实，形成结实枝丛。所以主枝上的副主枝难以形成，主枝常呈细长的竹竿形，树冠结构不尽合理。为此，可在适当部位对主枝的延长枝进行短截，发枝后，留养中间一枝作延长枝，培养一个强壮侧枝使之成为副主枝，留养的延长枝向前生长 2～3 年后采用同样的方法培养另一侧的副主枝。副主枝的位置应有利于填补树冠空档，一般一个主枝培养 2～3 个副主枝即可。

香榧树冠扩展不快。"2+2"或"2+1"的嫁接苗造林，如果每公顷造林 600 株，15 年内树冠不会相接。此后，随着树体的快速增长，就要通过修剪控制树形，减少相邻树枝交叉重叠，保持林分的郁闭度在 0.7 以内。早期密植的应隔行或隔株移去一半，带土移植成活率高，树势恢复快，投产早。

采用林下套种造林的香榧，如上层林冠郁闭度在 0.7 以上时，因光照不足而枝条细弱，匍匐生长，采用 3 年生以上枝条多自动脱落（如图 5-3 所示）。为给幼年香榧遮阴而套种速生树种的混交林，随着香榧树体的生长和需光性的增加，必须及时调整林分结构，逐步疏去混交树，调节光照条件，保证香榧上方光照。

图 5-3 竹林庇阴香榧生长状

四、幼林施肥及除草松土管理

香榧幼林施肥以促进树体营养生长为目的，应多用复合肥，并结合有机肥进行。每年施肥 2 次，时间分别在每年的 3 月中下旬、9 月中旬～10 月下旬。第一次施入肥料可选用复合肥，施入量按树体大小、立地条件等每次控制量在 0.05～0.20kg；第二次施入的肥料可选择栏肥 10～20kg 或者腐熟饼肥 1kg 施入，方法可采用在树冠滴水线区域挖环状沟，沟深 20～30cm，将肥料均匀撒入沟内后，再覆土掩埋，逐年外移。施肥过多或方法不当是引起香榧造林保存率低的重要原因之一。为防止肥料伤苗，必须注意施肥时多次少施；有机肥必须腐熟后施用；化肥不能直接触接根系或沾黏叶片。

香榧幼林每年雨季结束后，应及时进行除草松土。将削除的杂草掩埋或覆盖在根际部位，既可减少旱季杂草对水分的竞争，又能降低地表温度，减轻地表高温对香榧根颈处的灼害，保持土壤湿度。杂草腐烂后也是很好的有机肥料，可改善土壤结构，增加地力。幼林松土可结合施肥进行，每年向外扩穴 30～40cm，营造疏松的土壤环境，适应根系向外扩展的要求。生长季节进行的松土深度应浅，以不超过 10cm 为宜；冬季松土可适当加深；树冠内松土宜浅，树冠外加深。

第二节　成林抚育

香榧的成林抚育是指香榧进入结实期后，在保证营养生长的基础上，促进结实树高产、稳产和优质的一系列管理措施。由于香榧分布于地少人多、粮食紧张的山区，在"以粮为纲"的年代，长期未得到系统的管理，而且榧林还屡遭破坏。以主产区浙江绍兴市为例，从 20 世纪 50 年代初到 90 年代中期，香榧年均产量一直徘徊在 250～300 t 之间，而且大、小年变幅悬殊。90 年代中期以后，随着香榧价格大幅度上升和榧树承包到户，管理得到前所未有的重视，产量大幅提高。1997 年到 2004 年年均香榧产量上升到 800～1200 t，比粗放管理前提高 3 倍以上。成林管理主要针对香榧现有林雄株少，授粉不良；病虫为害，落花落果严重；土壤瘠薄；结果树衰老；生殖和营养生长失调等低产原因而采取的施肥、人工辅助授粉、防治病虫和保花保果等措施。

一、施肥

1. 香榧施肥的历史和现状

矿质营养是香榧生长发育的物质基础，施肥是促进香榧生长发育、维持树体养分平衡、保证香榧种实高产、稳产和优质的根本措施之一。香榧在 20 世纪 80 年代中期以前属集体经营，基本处于不加管理的状态；80 年代中期后分散为农户个体经营，管理有所加强，但施肥仍然很少；90 年代中期，香榧价格由 60～80 元/kg 上升到 150～200 元/kg，因利益驱动，施肥受到普遍重视。由于香榧林多处于坡地，土壤瘠薄，加上多数大树树龄在 100 年以上，生长衰退，在长期不加管理的情况下，一旦施肥效果十分显著。

诸暨、绍兴、嵊州、东阳等县市在推广施肥、结合授粉和病虫害防治等措施以后，近年产量均增长 3 倍以上。重点产区诸暨市赵家镇钟家岭村，1996 年施肥前后香榧产量，如表 5-1 所示。

表 5-1   钟家岭村香榧历年产量

统计年度/年	年平均产量/kg	产量变幅/kg	产量年变异系数/（cv%）
1956~1964	20103	2560~39103	51.94
1965~1974	24675	905~49299	67.60
1975~1984	27052	14190~35950	30.84
1985~1996	23359	3000~44375	67.71
1997~2004	75718.5	40000~100710	30.92

1996 年以前，未施肥的 40 年间平均年产量 23797.25kg 施肥后的 1997~2004 年的 8 年间的年均产量达 75718.5kg，后者为前者的 3.182 倍；产量的年变异系数（每 10 年统计）由 30.84%~67.71%下降到 30.92%，说明施肥以后基本上达到丰产、稳产目的。

由于施肥取得了显著的增产效果，导致许多农民片面地认为，施肥越多产量越高。因此在施肥过程中不看树体营养、土壤肥力和前几年施肥情况，片面增加施肥量，盲目施肥已经给香榧生产带来严重后果。主要表现为：

1）施肥量过大   产区农户早期通过施肥，发现香榧施肥能够消除或减轻大小年程度，香榧产量持续增长，部分农户就有了施肥量与香榧产量成正比的错觉，逐年加大对肥料的投入。在 2003 年浙江林学院对香榧产区 5 县市 10 个重点乡镇调查中发现，农户对株产 50kg 香榧果蒲的香榧树，年施肥量一般达到了 20~50kg（分两次施入）复合肥或尿素。施肥量过多不仅增加了产区农民投入，同时过量施肥会对树体产生严重危害，并造成环境污染。如嵊州袁家岭某农户 2001 年香榧采收后，一次性地在自己家的 1 棵年产 150kg 果蒲的香榧树下施入尿素 30kg，并翻松了表土，不久就产生了肥害：香榧树叶枯黄后全部脱落，2002 年颗粒无收，2003 年收 5kg 蒲，2004 年收蒲 15kg，到 2005 年树体仍未恢复正常生长结果；绍兴县稽东镇陈村一农户，2001 年对 1 株年产香榧果蒲 200kg 的香榧树，一次性施入尿素 20kg 和饼肥 250kg 后，同样出现树叶落光，2002~2004 年颗粒无收。

2）施入的肥料中，氮肥比重过高   香榧林地都在山区，施有机肥投工大，而且受到来源的限制，使用的化肥多为复合肥和尿素两种混合施，氮肥比重过大。据浙江林学院对香榧主要产区香榧林地土壤进行采样肥力分析，其结果如表 5-2 所示。

在调查分析的 19 个土样中，按南方红壤肥力分级和农业部有关绿色食品产地土壤肥力分级标准衡量，全氮、水解氮含量丰富和极丰富的有 14 个，缺氮的无；全磷含量丰富、中等和缺乏的分别是 8 个、7 个和 4 个；全钾含量丰富、中等和缺乏的分别占 2、9、8 个；速效磷含量仅两个样品缺乏，而速效钾 17 个土样在中等水平以下。氮、磷、钾三要素在现有林分土壤中的比例处于极不合理状态，氮含量极丰富及丰富的土样比例达到 73.7%，速效钾低于中等水平的样地比例达到近 90%。同时选择诸暨市钟家岭村和绍兴县陈村，在同一地点、同样的地质土壤类型，对管理精细的香榧和管理粗放的实生榧树

的土样进行了采样分析，结果如表 5-3 所示。

从表 5-3 中可以看出，除土壤全钾外，其他矿物元素的含量香榧林均显著高于实生榧树的土壤，其中香榧林土壤的全氮和水解氮的含量分别高于实生榧树林的 76.8%～190.20%和 45.09%～218.18%，进一步说明农民现阶段所进行的施肥管理对香榧林土壤产生的影响。过量的氮肥施入还引起香榧生长过旺、生理失调、病虫害和落花落果加重，以及成熟期推迟，种实品质下降等弊病。

香榧施肥是成林抚育中最重要的内容之一，要使目前的盲目施肥上升到经济、有效和安全的科学施肥水平，必须让农户了解营养元素的生理效应及其吸收、运转、利用的机理，以及不同矿质元素之间的关系，因此，有必要对施肥的基本知识加以简略介绍。

表 5-2　香榧林地土壤主要化学性质

土壤剖面号	采样地点	pH	有机质/%	全氮/%	全磷/%	全钾/%	水解氮/(mg/kg)	速效磷/(mg/kg)	速效钾/(mg/kg)
1	诸暨1	6.8	0.205	0.178	0.204	0.615	105.0	3.9	49.8
2	磐安1	5.3	2.130	0.144	0.037	0.713	248.5	57.5	72.5
3	磐安2	5.6	1.850	0.153	0.076	0.468	210.0	44.2	73.8
4	磐安3	5.3	0.550	0.083	0.071	0.258	122.5	38.9	125.0
5	磐安4	6.8	1.370	0.109	0.035	0.344	192.5	2.7	41.3
6	绍兴1	4.5	0.880	0.112	0.107	0.945	154.0	67.0	65.0
7	嵊州1	5.3	0.715	0.087	0.055	0.375	105.0	16.8	122.5
8	东阳1	6.7	1.620	0.137	0.053	0.576	168.0	89.0	102.2
9	绍兴2	4.5	2.970	0.325	0.334	0.543	490.0	418.6	166.3
10	嵊州2	5.4	0.840	0.099	0.087	0.160	133.0	55.5	130.0
11	嵊州3	5.0	1.900	0.129	0.050	0.845	156.5	75.95	55.0
12	诸暨2	5.7	2.650	0.221	0.131	0.431	259.0	39.8	107.5
13	东阳2	5.3	2.200	0.157	0.059	0.755	220.5	14.35	112.5
14	诸暨3	5.3	1.380	.0125	0.055	0.485	178.5	13.05	97.5
15	东阳3	5.1	0.780	0.120	0.108	1.108	308.0	255.8	243.8
16	嵊州4	5.7	1.930	0.156	0.133	0.415	171.5	73.5	147.5
17	诸暨4	5.7	0.880	0.114	0.057	0.974	171.5	125.1	126.3
18	绍兴3	5.5	1.765	0.098	0.032	0.623	136.0	45.8	36.25
19	绍兴4	5.5	0.490	0.085	0.080	1.388	108.5	16.8	67.5

表 5-3　香榧不同类型林地土壤养分调查

林地类型	pH	有机质/%	全氮/%	全磷/%	全钾/%	水解氮/%	速效磷/(mg/kg)	速效钾/(mg/kg)
诸暨香榧林	5.75	2.65	0.221	0.131	0.431	259.0	107.5	39.8
诸暨实生榧林	5.25	1.38	0.125	0.055	0.485	178.5	97.5	13.05
绍兴香榧林	4.5	2.97	0.325	0.334	0.543	490.0	166.3	418.6
绍兴实生榧林	4.5	0.88	0.112	0.107	0.945	154.0	65.0	67.0

2. 营养元素的生理效应

现代分析证明，地壳中的所有元素几乎都能在植物体中找到，但这些元素对于植物的生命活动并不都是必不可少的。用溶液培养法研究，确定植物生命活动所必需营养元

素约 20 种左右。其中需要量较多的常量营养元素有氮、磷、钾、钙、镁、硫、碳、氢和氧；需要量较少的微量元素有铁、锰、硼、铜、锌、钼和氯；还有一些元素不是所有植物所必需，但对某些植物的生长发育有效，如钠、硅、硒、钴等，一般称为有利元素。上述元素除碳、氢、氧主要由空气和土壤水分供应外，其他元素主要来自土壤（固氮植物可利用空气中的氮）。不同的营养元素都有其特定的生理功能，而且不能相互代替。对经济树种和果树的生长发育和产品的量与质影响最大，在栽培中需要不断补充的营养元素主要是氮、磷、钾、钙、硼、铁、锌、锰、铜等 10 多种元素，其中最主要的是氮、磷、钾三要素。

（1）氮

1）氮的生理作用　　氮在植物体中的含量一般只有 1%～3%，但对生命活动有重大作用：① 氮是蛋白质和核酸的主要组成元素（蛋白质中含 16%～18%的氮），而蛋白质和核酸是细胞原生质的最基本成分，没有氮就没有原生质，也就没有生命；② 植物体内所有代谢活动的催化剂——酶是由蛋白质组成的；③ 是叶绿素的组成元素之一，氮充足则叶面积增加，叶绿体发育好，叶色深绿，能提高光合作用强度。

氮是促进植物营养生长的最重要元素。氮素丰富，在有充足的碳水化合物供应下，蛋白质合成加快，从而促进细胞分裂，体积扩大，对植物的根、茎、叶生长都有促进作用；氮不足则蛋白质、核酸、叶绿素合成受阻，植株矮小，叶片发黄，分枝分蘖能力下降。氮素过多，由于光合作用的产物多用于合成蛋白质，而用于合成纤维素、半纤维素和加固细胞壁部分的碳水化合物减少，容易产生徒长、倒伏、落果和果实种子发育不良。

2）土壤中氮素存在状态与吸收　　我国南方低山丘陵土壤中全氮含量一般在 0.05%～0.2%之间，无机态氮只占全氮量的 1%～3%，常以硝态氮（NO_3^--N）和铵态氮（NH_4^+-N）的形态存在于土壤溶液中或被土壤胶体所吸附。它们容易被植物所吸收利用，属于有效氮。有机氮存在于动植物的残体（含有机肥）中，它们必须经过微生物分解后，变成无机氮才能被利用。游离氮除固氮植物外不能直接利用。

土壤有机质在适合的水热条件下经微生物分解后释放氨，溶于水变成铵离子，可供植物利用或被土壤胶体吸附；在土壤通气好时，氨被硝化细菌利用形成硝酸根离子，可供植物利用但不被土壤胶体吸附，容易流失；通气不良时硝酸根易被反硝化细菌还原为亚硝酸，再转化为分子态氮而逸失。豆科植物中 2/3 的氮是靠固定空气中的游离氮得来的。

3）氮在植物体中的运转与利用　　植物根系吸收氮以后是以氨的形态进行有机合成的，所以硝态氮在有机合成前必须在细胞质中经硝酸还原酶作用还原为亚硝酸，再在叶绿体中经亚硝酸还原酶催化还原为氨（NH_3）。根系中的氨与从叶子运来的光合产物立即合成氨基酸，主要是天冬氨酸和谷氨酸，并以氨基酸的形态向地上部分运输，再合成蛋白质和核酸等高分子化合物。植物对氮的利用好坏，首先取决于土壤条件。土壤通气条件好，水分条件适合，根系发育好就能吸收更多的氮素；其次依赖于地上部分的光合作用。光合作用强可以提供更多的氨基酸合成的碳源、能源。如果生理发生障碍，使铵不能迅速合成氨基酸向上运输而积累于根中就会发生毒害，并进而影响根系对铵离子和其他阳离子的吸收。同时铵的积累又会抑制硝酸还原酶活性，停止硝态氮向亚硝态氮和氨的转化，此时土壤中有再多的硝酸盐，树体也不能吸收。

氮在植物体中可再利用。氮多时可以合成更多蛋白质加以贮藏；氮少时蛋白质可以分解成氨基酸供树体利用；氮不足时老叶的氮素可流向新叶，使老叶发黄。果树休眠期前，叶中的氮可以转入贮藏器官，如根系和树皮中；休眠结束时，这些氮又重新流入生长发育器官加以利用。香榧11月中旬开始花芽分化，9月份采果后施肥能提高叶片光合能力，冬季覆草保护根系增加根系吸收能力，都能为花芽分化提供更多的氮素供应。

（2）磷

1）磷的生理功能　　磷是细胞原生质内核酸和磷脂的组成成分。核酸与蛋白质结合成核蛋白，是原生质和细胞核的主要成分。缺磷时，核酸的合成受阻，就影响细胞分裂和原生质增殖，植株生长受抑制；特别是根系，由于分枝多、生长点多，生长受抑制更为严重。磷还是树体内含有高能磷酸键的化合物，如三磷酸腺苷（ATP）以及某些辅酶如辅酶Ⅰ（NAD）和辅酶Ⅱ（NADP）的必要成分。每分子ATP水解时可释放7600卡（1卡=4.12J）能量：

$$ATP \quad \rightarrow \quad ADP \quad + \quad Pi \quad + \quad 7600 卡$$

三磷腺苷　　　　　　二磷酸腺苷　　　　Pi 为无机磷

ATP可以用来贮存叶绿素等色素所吸收的光能，以及呼吸作用所产生的化学能，为根系吸收离子和树体进行新陈代谢过程中进一步合成各种有机物提供能量。因此，磷充足则碳水化合物合成多，氮素水平也高。磷还参与体内糖分运输，叶片合成的糖分经常以糖磷酸酯的形式在树体内运输。磷充足，光合作用强，合成的碳水化合物多，运输快，贮藏到种子中使籽粒饱满。磷还可与一个亲酯化合物连结成磷酸酯，是构成生物膜的主要成分，所以磷可以增加植物的抗性。

2）土壤中磷存在状态与吸收　　我国土壤中含磷一般在0.04%～0.25%之间，南方山地红、黄壤含磷较低，多在0.04%～0.08%之间。土壤中磷分有机磷与无机磷两类，前者约占土壤全磷量的10%～30%，一般处于稳定状态，需分解释放后才能利用；无机磷中大部分是难溶性的，只有极少部分是水溶性和吸附性的有效磷。因此，南方土壤多数有效磷缺乏，在衡量土壤是否缺磷时，应以有效磷多少为准。土壤中有机磷细菌可以将有机磷转化为无机磷，施用有机磷细菌肥可以促进这种转化；难溶的无机磷也可以通过无机磷细菌转化为可溶性的。

3）磷在植物体内运转与利用　　土壤的磷是以正磷酸盐的形式被根系主动吸收的，即使土壤溶液中磷的浓度很低，也能被根系逆浓度梯度加以吸收利用。根还可以通过根系分泌物的溶解作用，利用柠檬酸溶性磷和部分难溶性磷。

磷被根系吸收后即迅速参与新陈代谢作用转化为有机磷化合物，在植物体内向各个方向运转，上$\rightleftharpoons$下，老叶$\rightleftharpoons$新叶。磷在树体内的无机态是正磷酸盐和部分焦磷酸盐；其有机态一般是正磷酸盐与糖或醇的羟基发生酯化，或者以1个焦磷酸盐连结在另一个焦磷酸盐的基团上，这些有机磷化合物都是新陈代谢过程中的中间产物，对各种生化过程中的氢的传递和能量转化起着重要作用。

磷对提高植物抗性和根的吸收能力，改善果实、种子品质和促进花芽分化都有显著作用；缺磷时，叶子稀，小而薄，呈暗绿色，叶脉或叶柄呈紫红色。

（3）钾

1）钾的生理作用　　在植物的碳水化合物、脂肪和蛋白质中均不存在钾，但在植物的生命活动中却少不了钾。现代研究证明，钾可以影响包括合成酶、氧化还原酶、脱氢酶、转运酶、淀粉合成酶和激酶等60多种酶的活性。所以钾的营养水平可以影响氮循环、蛋白质合成、碳素同化和产物运转，刺激ATP的产生，提高种子的淀粉和油脂含量。钾能提高光合作用强度，尤其是弱光下的光合强度。钾能提高原生质胶体的亲水性，增强细胞保水力，有利于抗旱、抗寒；钾可以降低叶片蒸腾势，减少水分蒸腾以及降低木质部的渗透势，提高根压，增加根系的吸收作用。

2）钾在土壤中存在状态与吸收　　在我国南方红壤中全钾含量大多在0.5%以下，速效钾在19～208 mg/kg之间，多数在50mg/kg以下，属于缺钾土壤。但土壤母岩、母质对含钾量影响很大。土壤中，钾存在三种状态：① 原生和次生矿物中的钾属难溶的，约占全钾量的95%以上，植物一般不能利用；② 缓效钾可以逐步转化为有效钾，约占全钾的2%；③ 速效钾以代换性（K^+）为主及一部分有机质吸附的钾。

土壤有机质中与微生物细胞中的钾素，易转化为水溶性钾。矿物中的钾在强烈风化作用和硅酸盐细菌分解下也能转化为有效钾，其中黑云母、伊利石等矿物转化较易，是代换性钾的贮源。土壤中的钾在干湿交替下，可以进入粘土矿物晶格中而被固定，也可经化学或生物作用而固定，但它的固定与释放常处于动态平衡中。多施有机肥可以加强微生物活动，分解钾矿物，深施钾肥可以减少钾离子的固定。

3）钾在植物体内运转与利用　　钾是以离子（K^+）状态被吸收和在体内运转的，是唯一可以逆电化学梯度进入细胞的阳离子。在植物的幼嫩部分或旺盛生长部分，如芽、幼叶、根尖都含有大量钾，这些部分的灰分中钾占50%左右，而老熟组织中较少，与氮、磷颇相似。钾可使可溶性糖转化为淀粉，并加速碳物质向产品器官运输，所以贮藏碳水化合物的器官中，钾含量丰富。钾可以在木质部中积累，在韧皮部的汁液中也含有高浓度的钾离子，可以向上向下运输，幼叶和果实都是从形成层中摄取钾。

缺钾时碳水化合物合成、运转受阻，机械组织不发达，还会引起叶中蛋白质分解、有毒胺类物质积累和细胞死亡，常见叶片黄化、焦枯碎裂、叶脉间出现坏死斑点。

（4）钙

钙是植物细胞壁的组成成分之一，对保持适当的细胞原生质胶体结构有重要作用，能促进幼根、根毛生长和消除土壤溶液中其他离子对植物的危害，增加植物抗病虫害能力。缺钙首先引起果实受危害，苹果的水心病、苦痘病、痘斑病和红玉斑病都与缺钙有关。

钙是通过离子交换和水分运输而进入木质部的，土壤干旱、蒸腾作用弱和根系发育不良以及施铵态氮过多，根系受害都会影响钙的吸收。南方红壤钙被淋洗往往缺钙。钙在植物体内，不能再利用，往往幼嫩组织首先缺钙。土壤施钾肥过多会减少钙的吸收，而施镁可促进钙的吸收。

钙不足时，顶芽、幼根、幼果容易受害，油料作物和油料树种普遍要求丰富的钙素供应。

（5）镁

镁是叶绿素的组成元素之一，也是多种酶的活化剂，可以影响光合作用、呼吸作用

和氮代谢过程以及激素的活性。镁在植物体内一部分形成有机化合物，一部分以离子状态存在，它随着蒸腾流向上运动，在植物体内可以再分配，所以缺镁症多在基叶和老叶中出现。在钙不足时部分可以以镁代替，但功能不完全相同。镁常与其他阳离子产生拮抗作用，而导致缺镁。

缺镁时，基叶出现失绿后，渐变成浅绿或灰白色，以后坏死，全叶凋萎以至脱落。

（6）硼

硼的生理功能似磷。硼酸离子作用于糖、醇和有机酸上的—OH 基，形成硼酸多羟基化合物，能增加细胞壁的稳定和促进细胞壁细微结构的发育；硼能加速中柱组织生长、花粉发芽和花粉管发育；硼是一种膜的成分，缺硼则膜功能受损，阻隔了糖的运输；缺硼时核酸和激动素合成受损，进而导致生长点坏死。

土壤溶液中或土壤吸收性复合体上硼是呈硼酸或硼砂形态存在的，以硼酸形态被根吸收后，在木质部随蒸腾流向上运输。在植物体内活动性差，在树体中从基部向顶部硼的浓度渐增，与钙相同在韧皮部汁液中无硼。

缺硼时影响花粉发芽和受精过程，使花而不实，生长点坏死，枝条由顶部向下枯死。

（7）锌

锌在植物体内存在于维生素 B 碳酐酸酶中，与光合作用中的 CO_2 吸收有关，缺锌时会引起细胞中核糖核酸（RNA）和核糖体含量锐减，蛋白质合成受阻，同时影响色氨酸形成，进而影响吲哚乙酸合成。近年研究证明，锌与多种脱氢酶如谷氨酸脱氢酶、乳酸脱氢酶、醇脱氢酶、蛋白酶、肽酶起作用，参与氧化还原过程。

锌是根系主动吸收的元素，主要积累于根中，在树体中及新老叶中流动性都不大。

缺锌时枝条节间缩短，叶形变小，叶色变黄，俗称"小叶病"。

（8）铁

铁是叶绿素合成中一系列酶的辅基或活化剂，缺铁时叶绿素不能形成。铁的供应与一系列酶的生理功能有关，参与氧化还原作用，又是某些氧化酶的成分。铁供应不足则降低光合作用效率和呼吸作用强度，失绿叶子蛋白质合成受阻，而可溶性有机氮化物则增多。

土壤中可溶性铁的形态有 Fe^{3+}、$Fe(OH)_2^+$、$Fe(OH)^{2+}$等几种，只占土壤含铁量的很少一部分。土壤越酸，铁的有效性越高，所以强酸性土壤常产生铁、铝过多的危害；随着土壤 pH 值的升高有效性下降，在 pH 值 6.5～8.0 范围内有效性最低。铁与锰、铜、锌、钾、钙、镁等阳离子发生拮抗作用，其中铜与锌还可置换螯合物中的铁，所以土壤中有较多阳离子时容易缺铁。铁与磷可形成磷酸盐而降低铁的有效性。铁在植物体内活动性差，缺铁时幼叶先失绿。

缺铁时，新梢生长点生长受阻，节间短，叶子小，叶肉先失绿，而叶脉仍保持绿色，严重时全叶发黄。

（9）锰

植物体内锰可把三磷腺苷与酶体系联系起来，在光合作用中氧化还原过程的电子传递体系中起作用，参与光系统Ⅱ中的光解，也可加强吲哚乙酸氧化酶活性，使吲哚乙酸氧化。

在土壤中的锰有锰离子、易还原态锰和锰的氧化物等 3 种形式，植物可以利用的为

锰离子和易还原态锰。二价锰离子为植物吸收，但速度比其他阳离子慢，土壤中施石灰和氨态氮可减少锰吸收，树体中铁多则锰少，反之则否。在酸性土中锰含量高而钙、硼不足，易产生多锰症，树皮出现泡疹，枝枯死。

锰在植物体内以离子态运输，不活跃，一般趋向中柱组织，幼叶含量多于老叶。缺锰时叶绿素结构受损，叶脉间失绿，叶上有斑点，但幼叶仍保持绿色。

（10）铜

铜在叶绿体中含量高，是叶绿体蛋白质塑性花青素的组成元素，在合成和稳定叶绿素和其他色素上起作用。它参与光合作用中两个光化学系统中的电子传递。在一些氧化酶中对氧原子和分子还原过程中起接触作用。铜还参与蛋白质和碳水化合物的合成以及影响 RNA、DNA 的合成。缺铜蛋白质合成受阻，只能形成一些可溶性氨基酸。

铜的吸收量很小，它的吸收与土壤含铜量以及与其他元素之间的拮抗作用有关，如铜与锌有拮抗作用。铜在根中含量较其他器官为高，在植物体内可从老叶流向新叶，但活动性不大。

（11）钼

钼是微生物固氮作用的促酶剂，能影响体内的氮代谢。缺钼根瘤菌难活动，根瘤难形成。

3．科学施肥

从前面的介绍中我们可以看出：① 在农业上的所谓施肥主要是根据栽培需要向土壤施入上述矿质元素（包括根外施肥），而收获的产品如粮、油、干水果等是有机物，在有机物中蛋白质含氮 16%～18%，折成氮只占 1%～3%，在脂肪和淀粉中不含矿物元素。有机物中矿物元素一般只占有机物总量的 3%～5%。所以肥料并不能直接变为产品，它们只是在促进作物生长发育、保证体内生理生化过程的顺利进行，从而达到产品高产优质的目的。所以认为施肥越多产量越高是不对的。② 不同的矿质元素各有其特有的生理功能，相互之间不可取代。③ 矿质元素的吸收利用与土壤性质（水、气、热、pH），根系发育，树体、群体结构，光照条件以及不同元素之间关系（拮抗作用、互促作用）密切相关，在施肥中不仅要注意矿物元素之间的平衡，而且要与土壤管理、树体管理等其他栽培技术相配合。

施肥原则：

1）有机肥与无机肥配合施用　　有机肥可以改良土壤结构，调节土壤水、气、热条件，增加土壤中矿质元素的有效性和树木根系发育，可以显著地提高土壤肥力。但有机肥的利用率较小，营养元素释放较慢，有时不能满足树木对某些营养元素的急需。以有机肥与速效化肥结合施用，达到缓急相济，以满足不同时期的营养需求。

2）平衡施肥与按需施肥　　根据树木生长发育对营养元素需要的多样性和不可代替性原理，在施肥中必须注意营养元素的平衡，既要注意氮、磷、钾三要素之间的平衡，也要注意大量元素与微量元素的合理施用。氮肥过量，磷、钾不足，会引起营养生长过旺，生殖生长受抑制，果实种子产量低、质量差，此时增施磷、钾肥则效果良好；反之氮肥不足，生长受抑制，光合产物不足，则影响对磷钾元素的吸收利用，此时施磷、钾

肥则效果很差。有些情况下大量元素并不缺乏，却因某些微量元素不足而生长发育不良，出现缺素症状。

按需施肥就是根据需要来决定是否施肥、施什么肥。具体来说，就是要看树、看地和看时施肥。不同树种对肥料有不同需要，利用营养器官为栽培目的，如茶叶、桑和竹笋等要多施氮肥和有机肥；利用果实种子的要增施磷、钾肥。树木、作物的枝、叶细弱、颜色发黄，应多施氮肥，反之枝叶茂密徒长、结实不良要增施磷、钾肥。禾本科植物补充硅肥，豆科植物要补充钼肥。看地施肥，就是土壤中缺什么肥施什么肥。有时候土壤矿质元素并不缺乏，但因土壤的物理性质（质地、结构、容重、水、热、气状况）和 pH 而影响矿质元素的有效性，如土壤过黏或过湿，则通气不良，影响根系发育和呼吸作用、吸收能力下降；同时一些好气细菌难以生存，对矿质元素分解转化不利，土壤硝态氮易被反硝化细菌转化为亚硝态氮进而还原为氨逸失；土壤沙性过重，保水、保肥力差，矿物元素容易流失。土壤酸碱度（pH）对土壤肥力影响很大，土壤越酸，钙、镁和钾含量越少，硼易流失，磷易被铁、铝元素所固定，有效性差，并易产生铁、铝离子的毒害，同时越酸有益细菌活动越弱，而真菌活动越强；土壤越碱（pH8 以上），氮、铁和钼有效性越低，而磷容易与钙结合，在盐碱土上磷与钠结合都能降低磷的有效性。一般 pH 在 6～7.5 之间的微酸性至中性土，土壤结构最好，有利于有益细菌活动，多数矿质元素有效性高，所以在施肥之前或同时，酸性土应多施石灰或生理碱性化肥，在碱性土或盐碱土上应多施石膏、硫酸铵、氯化铵、过磷酸钙等生理酸性肥，而多施有机肥可以改良土壤结构，增加土壤的缓冲能力。因时施肥就是根据作物、树木的生育时期（物候期）不同确定施肥种类、数量和配比。如经济树种的营养生长期要多施氮肥，果实发育期要多施磷、钾肥，生长发育旺盛期多施速效肥，休眠期多施有机肥，冬季可以提高土温，促进根系发育。

3）控制施肥量，减少营养流失，达到经济、安全施肥　　控制化肥和农药的使用量是现代农业的发展方向，也是绿色食品生产的前提和基本要求。我国是世界上第一大化肥生产国、进口国和使用国，单位面积化肥使用量在 400 kg/hm^2 以上，远远高于世界发达国家化肥使用量的上限每公顷 225kg（14.7 kg/亩）的水平。过量使用化肥不仅造成经济损失，而且带来的农产品和环境污染的损失远远大于经济损失。由于化肥农药的过量使用所造成的农业面源污染已成为我国环境污染三大源头之一。全国近一半湖泊处于严重富营养化，不少地方饮水污染。

控制施肥是指根据土壤肥力状况和树木、作物生长发育需要，能不施肥的不施，能少施的不多施，而且要尽量减少施肥后的流失和提高肥效。大多数矿质元素的有效态都可以溶于土壤溶液中，随水流失，特别是山地坡陡、土薄，流失更多。而且山区是江河的源头，城乡居民饮用水的主要来源，化肥流失造成的江河湖泊富营养化和水质污染，对人民生产、生活都会带来巨大影响。要提高肥效，减少损失，必须了解不同的营养元素特点和损失的途径。例如氮肥可以流失或挥发，利用率很低。据研究，氮肥当季利用率在农业上不到30%，在山地林业上仅占10%左右。因此，碳酸氢铵、氨水和尿素（转化后）等容易挥发的化肥，应深施覆土，硝酸铵同过磷酸钙混合可产生 N_2O_5 而损失，铵态氮与碱性肥料混合易产生 NH_3 而挥发，应该单施；易流失而不被土壤吸附的尿素、硝

态氮不能在雨期或大雨前使用。可溶性和弱酸溶性磷易和土壤的铁、铝和钙结合变成难溶性，应在施肥前降低土壤酸度，提倡与有机肥混合施用或集中施肥、分层施肥，尽量减少磷肥与土壤的接触面。钾肥易溶于水，在土壤中流动性大，要防止淋失，同时在干湿变异大的表土层，钾肥易被黏土晶格固定，应该深施，在保水保肥力弱的砂土上应多施有机肥，化肥应多次少量施用。

控制施肥量也适用于有机肥。过多施用有机肥特别是未经充分腐熟的有机肥，在发酵分解过程中会发热，微生物活动会消耗氧和氮素，造成根系短期性供氧、供氮不足和产生有毒气体，导致根系发育受损，吸收机能下降。同时，未经处理的有机肥往往富含有毒重金属元素，造成环境和产品污染。

4. 香榧施肥中需要注意的几个问题

（1）施肥量与肥料配比

香榧是喜肥树种，而且结实量大，种子发育期长，需要矿质营养较多，而香榧分布区多处于丘陵低山的红、黄壤上，土层较薄，肥力低下。据浙江林学院调查，浙江山地红壤全氮含量多在 0.01%～0.15%；有效磷 0～27.15 mg/kg，多数在 5 mg/kg 以下；有效钾在 19～208 mg/kg 之间，多数在 50 mg/kg 以下。有机质多在 1.5% 以下，水解氮多数在 60 mg/kg 以下。对照国家绿色食品土壤肥力分级参数指标，氮、磷、钾均在中等水平以下。具体标准如表 5-4 所示。

表 5-4　国家绿色食品产地土壤肥力分级参数指标

项　目	级　别	旱　地	水　田	菜　地	园　地
有机质 /（g/kg）	I	>15	>25	>30	>30
	II	10～15	20～25	20～30	15～20
	III	<10	<20	<20	<15
全氮 /（g/kg）	I	>1.0	>1.2	>1.2	>1.0
	II	0.8～1.0	1.0～1.2	1.0～1.2	0.8～1.0
	III	<0.8	<1.0	<1.0	<0.8
水解氮 /（mg/kg）	I	>90			
	II	60～90			
	III	<60			
有效磷 /（mg/kg）	I	>10	>15	>40	>10
	II	5～10	10～15	20～40	5～10
	III	<5	<10	<20	<5
有效钾 /（mg/kg）	I	>120	>100	>150	>100
	II	80～120	50～100	100～150	50～100
	III	<80	<50	<100	<50

注：水解氮参照南方红壤肥力分级指标。

　　所以在新建的香榧基地或长期不施肥的香榧林，必须把合理施肥作为栽培管理的重要措施之一。但对绝大多数香榧成林来说，由于前几年盲目施肥结果，70%以上林地氮肥超标，47%以上林地钾肥严重不足，磷80%左右处于中等水平以上，今后的施肥应适当增加有机肥，在化肥施用上注意"控氮、稳磷、增钾"。香榧的施肥量应以香榧每年从土壤中消耗多少营养作为估算依据。从营养循环看，树体从土壤吸收水分、矿质元素，从空气中吸收二氧化碳在阳光参与下进行光合作用，合成碳水化合物，在其他矿质元素参与下转化为核酸、蛋白质、脂肪，并构建枝叶、根系、果实种子等器官，这些器官除种子外，最后都回到土壤中或贮藏在树体中。所以每年从土壤中消耗的营养元素主要是种子中所含的营养元素及流失（氮、钾等）、挥发（氮素）的损失。通过对香榧种子分析得到香榧种仁和种皮的氮、磷、钾的含量，如表5-5所示。

表5-5　香榧种仁、皮中氮、磷、钾的含量

	氮	磷	钾
种子仁/%	1.92	0.118	1.00
种皮/%	1.34	0.29	0.77

　　每产100kg种蒲，约有37kg干皮，22kg干籽，带出去的纯氮约0.9kg，纯磷0.132kg，纯钾0.507kg。折成化肥相当于2.0kg尿素的氮，1.01kg硫酸钾的钾或0.73kg过磷酸钙的磷，即每年株施氮、磷、钾肥约4kg即可。折成含氮13%、磷10%、钾9%的复合肥，则只要补充7kg就能满足氮、钾的需要，而1.32kg的复合肥就能满足磷的需要。考虑到氮肥的流失和挥发，磷、钾肥的流失和固定，以及土壤中的潜在肥力和有机肥的使用，所以每产100kg果蒲的大树，年施复合肥不必超过8kg，以每亩平均6株大树计，亩施复合肥48kg即可。即使如此也大大超过发达国家施肥的安全上限。

　　根据香榧种子中所含N、P、K三要素的比例，约2:0.2:1，考虑到香榧是干果中含钾量最高的树种以及酸性红壤上磷的有效性差的实际情况，N、P、K的配比2:0.5:1.5较好。同时注意酸性土上的钙、镁、硼和石灰土、紫砂土（富钙）上的铁、铜、钼等常量元素和微量元素补充。

（2）施肥时间

　　香榧在一年的物候期中有3个时期很重要：①4～5月份的开花授粉和新梢发育期；②6～9月中旬的种子生长发育期；③采种以后的营养贮备期和花芽分化期。

　　因此香榧需要每年施肥2～3次：春肥用速效肥于3～4月施入，可以促进新梢和雌球花发育；秋肥以9月中下旬采果后结合施用化肥和有机肥，以利树势恢复，提高光合作用效率，积累更多的养分，为即将开始的雌球花分化和来年的新梢、花器官发育创造条件。结合施有机肥可以疏松土壤、保湿保温、促进根系发育和根系细胞分裂素合成，后者是促进雌球花芽分化的重要条件。在丰产年份还可于7～8月份增施一次夏肥，以磷、钾肥为主，以促进香榧种子发育。施肥量春夏肥施入的化肥应占年施化肥总量的2/3以上，有机肥（基肥）以秋施为主；如施绿肥应在7月中旬旱季到来之前压青或铺于根际。

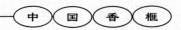

（3）施肥方法

为了防止肥料挥发和流失，必须改变目前产区普遍采用撒施的施肥方法而应采用为沟施。沟施有环沟和放射沟之分，前者是在距主干到树冠滴水线之间开环形沟，宽 30 cm，深 25 cm 左右；后者是在冠幅范围内由主干向外开 4～5 条放射沟，规格同环形沟。沟开好后削除树冠下及周围地表杂草填于沟底，将肥料撒于杂草上，再覆回沟土。此法可以防止化肥直接与根系接触，防止烧根。同时有机物与化肥混施，可以提高肥效，减少流失。坡地环形施肥沟应设于树干上坡树冠滴水线以外，以免肥料过分集中流入树冠下，造成肥害。

栏肥、绿肥等有机肥沟施或铺于树冠下地表，但量不能太多，厚度不能太大，同时肥料上加盖细土以促进分解。

在土壤干燥时，土施效果不好或某些生长关键时期急需营养时，也可以辅之以根外追肥。种类有 0.2%～0.3% 的尿素、0.3%～0.5% 的磷酸二氢钾、2%～3% 的过磷酸钙、0.3% 的硫酸钾、0.2% 的硼砂以及其他叶面肥料。根外施肥应在无风的早晚和阴天进行，以免高温产生药害。

二、保花保果

在香榧生产中，异常的落花、落果是影响香榧产量的重要因子。香榧的落花、落果原因有生理性的和非生理性的两种。在良好营养保证的前提下，香榧雌花发育数量较多，结果树通过自身的生理调控，造成部分的花、果脱落以保证营养生长和生殖生长平衡，这种由于树体自身调节引起的落花、落果是一种正常的生理调节手段。但在香榧开花结果期内由于其他非生理性的原因而造成大量的落花、落果，导致香榧减产，为非生理性落花、落果。以下的落花、落果专指非生理性的落花落果。

1. 落花原因与防治

（1）落花的原因

落花是指雌花开放后一个月以内，开放的雌花逐渐发黄脱落，严重的情况下落花率可达到 90% 以上，远远高于 25% 左右的正常落花，可极大的影响来年的产量。落花的原因：

1）产区雄株少　　香榧主产区农户由于对雄株的作用缺乏认识，多把雄株改接成香榧，或把雄榧树当作木材砍伐，使产区的雄株数量锐减，授粉不足。

2）雌雄株花期不一致　　雄花开放时间前后相差 10 天左右，在适宜的气候条件下，单株花粉一般 1～2 天就全部散尽，很大一部分的雄花开放时间与雌花不遇。

3）花期多雨　　香榧的传粉滴不伸出，传粉滴即使伸出也易被雨水淋洗、振落，同时雨水多，空气湿度大，影响了雄花粉的扩散。

三种原因最后都引起授粉不良的结果，未经授粉的雌花，在花后 20 天左右全部落光。香榧发育研究证明：4 月中下旬开花授粉，7 月下旬雌配子体形成，8 月中旬卵细胞形成，下旬受精，受精的胚珠可能通过花粉带入的营养物质和某些激素刺激雌配子体和卵细胞形成，而防止胚珠脱落，具体的机理还需进一步研究。

（2）落花的防治

人工辅助授粉是弥补香榧林雄榧树不足、分布不均、花期不遇、花期多雨等原因引起的授粉不良，最后大量落花的重要手段。该项技术由诸暨市林科所汤仲勋从 20 世纪 60 年代开始试验运用，效果良好。人工辅助授粉可将自然授粉情况下香榧胚珠的 7.5% 受孕率提高至 64.8%，产量（同一区域里运用人工授粉技术前后十年平均产量对比）增加 47.17%。

香榧为风媒花，实生繁殖后代中雄株比例较高，据对天目山自然保护区榧树自然群落（人为影响很少）调查，雄榧树的比例为 18% 左右，资源较丰富。雄花花期有迟早之别，在同一立地条件下，不同单株花期迟早可达 10 天以上，随着海拔升高，花期推迟。大约每升高 100m，花期推迟一天。香榧雌花有等待授粉的习性，在雌花性成熟标志——传粉滴出现后 9 天内授粉仍有效。这些都为香榧人工辅助授粉创造了有利条件，同时榧树花粉量多、易采集、耐运输贮藏、授粉方法简单易行。香榧人工辅助授粉方法有喷粉、撒粉、高接雄花枝、挂花枝等。

1）喷粉法　　通过收集花粉，用清水配制成花粉液对香榧喷施花粉的一种方法。具体步骤如下：① 花粉的采集：由于榧树花粉贮藏期较长，采集花粉可选择榧树早花类型的雄株，当榧树雄株上的雄花蕾颜色由青红色转为淡黄色，有少量微开，轻弹花枝有少量花粉散出时，采集带雄花蕾的小枝。放置在室内的白纸或干净的报纸上阴干 1 天左右，轻抖雄花枝让花粉散出后集中，即可用来授粉。此时如还不到授粉时间，可将收集的花粉放置在干燥器中，置于阴凉处保存。简易的保存方法：可在干燥的空坛中放生石灰后，将花粉包好后平放在生石灰上，坛口密封即可。花粉贮藏时，每包花粉的量不宜过大，以免导致花粉发热腐烂，影响授粉效果。② 花粉液配制：选择香榧多数雌花开放时配制花粉液，每 1g 花粉加 500kg 左右水后混合均匀即可，花粉液配制好后应马上使用。③ 喷粉：将配制好的花粉均匀喷布在待授香榧树的树冠各处，喷粉的时间必须选择在晴天露水干后。

榧树花粉收集，必须在有少数花序自然散粉时采集花序，早采 1 天的花序很难烘、晒出花粉。但在散粉前 3～4 天花粉已成熟，可采集花序在水中揉搓，待水成淡黄色时，稀释喷用，效果良好，近年已在产区多采用。

2）撒粉法　　撒粉法花粉收集的步骤与喷粉法相同。将收集的花粉置于一个特制的授粉器（在一长竹竿的稍部插上带一个竹节的毛竹筒，毛竹筒可双面空，也可单面空，毛竹筒用来放置花粉）内，在毛竹筒空心的一端蒙上 5～7 层洁净的干燥纱布，选择晴天露水干后，用授粉器在待授的香榧树树冠各处抖动，将花粉均匀撒在树冠各处。一般撒粉两次，两次间隔 3～4 天。撒粉法忌撒粉数量过多，可以将采集的榧树花粉与松花粉 1:10 混合后施用，撒粉法现广泛应用在诸暨市的多个香榧主产区。

3）高接雄花枝　　在香榧分布相对集中的区域，可以通过高接雄花枝的方法解决花粉量不足的问题，高接雄花枝具体方法如下：① 接穗选择：接穗应该从花蕾大而密集、花粉量多、花期较长且与香榧雌花花期相吻合或稍迟于香榧雌花开放的雄株上选取接穗，要求是发育健壮的带 1 年生三叉枝的 2 年生枝，采回的接穗用薄膜包裹或插入湿沙中保湿贮藏。② 砧木树选择：在香榧群落中，选取迎风面（一般为东南向）的 50～100 年的

壮年香榧树作为砧木。③ 嫁接部位：嫁接的位置应该在砧木树冠迎风面的中上部骨干枝的延长枝上，香榧有自然整枝的特性，侧枝经过 6～9 年生长便会自动脱落。因此，雄花枝忌接在这些侧枝上以免随自然整枝脱落。④ 嫁接时间：一般在清明节前几天，树液开始流动而芽尚未萌发前进行。一般采用切接法：选择骨干枝的延长枝离分叉处 5～7cm 处截断，通过切砧削穗后，插入接穗（接穗在上部留约 1/3 的叶片，其余的抹除），对齐一面的形成层，接穗基部不用露白，用塑料薄膜严密绑扎，然后用竹篾弯曲成带尾巴的漏斗状，套住接穗后绑扎严实，防止阳光直射；嫁接后要及时抹去砧枝周围新抽的不定芽和侧枝；选择合适的时间（一般春季嫁接应在秋季，秋季嫁接在翌年春季）用刀片划开绑扎的薄膜带松绑。高接雄花枝对技术要求较高，嫁接和接后管理费时、费工，但嫁接后可保证花粉的长期供应，一劳永逸。而且通过嫁接雄花枝可以减少因为采花粉对榧树雄株资源造成的破坏。

4）挂花枝　　在香榧大部分雌花胚珠吐露传粉滴时，采集即将开放的雄花枝，将之挂在香榧树、迎风面的中上部，通过风媒自然授粉。挂花枝法如遇到花期连绵阴雨，雄花未开放即腐烂的，必须通过其他辅助授粉手段，补授花粉。挂花枝法操作简便，但采集的雄花枝上的雄花必须即将开放，且易受天气影响，导致效果不佳。同时挂花枝法受产地雄株资源少的限制不易推广。

人工辅助授粉中撒粉法和喷粉法在目前生产中应用最为广泛，两个方法的应用都需收集相当数量雄花。由于榧树雄株树体高大，雄花枝多生长在树体外部，采集榧树雄花小枝实际上很难进行，常用砍大枝后再收集雄花的方法，对雄株资源破坏很大。因此在今后发展香榧时，必须合理配置花蕾大、花粉量多、花期持续时间长且与香榧花期一致的雄株，以保证花粉量的供应。

2. 落果原因与防治

（1）落果的原因

落果主要指受精的幼果，在第二年的 5～6 月份开始膨大时脱落，严重的落果率约占幼果总数的 80%～90%，对产量影响极大。落果的原因包括：① 病害：细菌性褐腐病等病害通过危害叶片和果实会引起大量的落果。② 阴雨：5～6 月份南方进入雨季，长期的阴雨影响叶片的光合作用，营养供应不足；在逆境条件下，乙烯、脱落酸等合成加速，而生长素合成受阻，乙烯可提高果胶酶、纤维素酶活性，使离层细胞的细胞壁和中胶层离解，引起幼果脱落；连续的阴雨还使土壤中水分长期处于饱和状态，根系呼吸缺氧影响根系的吸收机能和细胞分裂素的合成，也会引起幼果脱落。③ 树体营养失调：营养生长过旺或营养不良都会引起落花落果。

（2）落果的防治

香榧的异常落果一直是香榧产量不稳的一个重要原因，已引起产区群众和林业科研部门的重视。从 20 世纪 90 年代以来开展了一系列保花保果研究，并取得良好的效果。绍兴市林业局陈秀龙等人在 1998～1999 年间针对细菌性褐腐病为主引起的非生理性落果，在香榧的幼果期采用菌毒清、爱多收、万果宝等农药和营养激素物质喷施的方法进行防治，以清水为对照，结果如表 5-6 所示。

表 5-6　菌毒清等药剂防治落花落果的效果

药剂种类	质量浓度/%	处理数量/个	采收数/个	保果率/%
菌毒清	1.50	605	47	7.77
爱多收	0.02	457	8	1.75
万果宝	0.02	370	7	1.89
清水		4.4	0	0

从试验数据分析，三种药剂在防治因细菌性褐腐病为主引起落花落果，提高座果率方面都有一定的作用，但效果以幼果期喷施 1.5%的菌毒清最佳。

诸暨市林科所郭维华利用氨基酸、酸类物质、爱多收、万果宝等药剂对香榧非病理性落果进行了防治研究。利用这 4 种药剂配制合适的浓度，在花期（4 月中下旬）与落果期（5 月中下旬）进行叶面喷施，试验数据如表 5-7 所示。

表 5-7　不同药剂防治落花落果效果统计表

处　理	每百果枝着果数/个			Ti	$\bar{x}$
	重复 I	重复 II	重复 III		
氨基酸	27	35	30	92	30.67
酸类	28	31	37	96	32
爱多收	47	69	54	170	56.67
万果宝	103	105	110	318	106.00
清水	21	23	33	77	25.67

从表 5-7 可以看出万果宝和爱多收两种药剂均可明显提高香榧着果数，减少落果数量。在此基础上对两种保花保果效果较好的药剂万果宝、爱多收进行了不同浓度对比试验，试验数据如表 5-8 所示。

表 5-8　不同剂量的万果宝和爱多收处理每百果枝着果数

处理	着果数/个			Ti	$\bar{x}$
	重复 I 重复 II	重复 II	重复 III		
A（8ml 万果宝兑水 25kg）	84	75	77	236	78.67
B（10ml 万果宝兑水 25kg）	103	105	110	318	106.00
C（12ml 万果宝兑水 25kg）	51	77	69	197	65.67
D（8ml 爱多收兑水 30kg）	50	45	50	145	48.33
E（10ml 爱多收兑水 30kg）	47	69	54	170	56.67
F（12ml 爱多收兑水 30kg）	30	28	32	90	30.00

从表 5-8 中可以看出万果宝和爱多收两种药剂使用浓度分别以 10ml 万果宝兑水 25kg

和 10ml 爱多收兑水 30kg 为最佳。香榧对这两种药剂剂量敏感，剂量少量的变化对香榧最终的座果影响很大，在配制药剂的时候应注意掌握用药量，必须按比例使用。同步进行的喷药时间和次数的试验表明，在花期和落果期各喷一次的保花保果的效果明显好于单次喷药的方法。

万果宝和爱多收两种药剂均含有单硝化愈创木酚钠的细胞赋活剂，据此郭维华提出是因不良天气（连续阴雨）引起香榧落果的主因是离层薄壁细胞坏死造成，用含有单硝化愈创木酚钠的细胞赋活剂进行保果，可促进细胞原生质体流动，赋活离层薄壁细胞活性，从而起到保果作用，其中尤以 10ml 万，果宝兑清水 25kg 进行（花期、落果期）两次喷施最佳。

农业和果树的研究证明，落花落果的直接原因是花果柄"离层"的形成。在植物的花果柄基部，常有几层形态特殊而机械组织不发达的"离区"。在花果脱落前，"离区"细胞的果胶酶和纤维素酶的活性大大提高，导致"离区"中有 1～2 层细胞的中胶层或细胞壁发生溶解形成"离层"，由于"离层"细胞的解体而发生脱落。"离层"形成的原因与生长素、赤霉素、乙烯、脱落酸等激素物质有关：果实中的生长素含量高，可抑制离层形成，防止或延缓脱落；乙烯含量增加则促进离层形成，加速脱落。这是由于生长素能够抑制果胶酶、纤维素酶活性，而乙烯则提高其活性，所以器官脱落受生长素和乙烯之间的动态平衡控制。此外，赤霉素能减少生长素在体内的破坏，促进其积累，而脱落酸可以破坏赤霉素的合成，所以前者可防止脱落，后者则促进脱落。

在果实发育过程中，如遇有机营养缺乏或恶劣的外界条件如干旱、低温多雨、光照不足等，光合作用受阻则生长素合成受阻，导致落花落果。而在逆境条件下，会促进乙烯合成，最后也可能导致落花落果。因此生长素类物质一般都能防止落果，一些保花保果药剂中大多含有生长素类物质。在产区，还存在一些生长旺盛而落花落果严重的生理失调树。对此，应控制氮肥用量，增加磷、钾肥及其他调节生长、生殖关系的农业技术来解决。

三、老树保护和更新

1. 香榧老树、老林状况

香榧为长寿树种，在产区百年乃至千年以上的香榧树，仍具有良好的生长势且能正常结果。现产出的香榧商品果中，大多数是来自百年以上的香榧古树。据诸暨、绍兴、嵊州、东阳、磐安等县、市古树调查，各县市的香榧古树约占香榧投产大树的 30%～50%。其中诸暨一市就有百年以上的香榧古树 40754 株，占总株数的 43.82%。从调查结果来看，70%以上的老树由于近年管理加强，树势恢复，生长结果正常。还有 30%左右的老树由于病虫危害、自然灾害（雷击、雪压、风折）及管理不善、林地水土流失严重、地力衰退等原因，导致生长衰弱，产量和质量下降。主要表现为：① 生长衰弱，发枝力及枝条生长势下降，着果率低，落花落果严重，大小年变幅大；② 主枝丛生，树冠内膛空虚，结实层外移，树冠体积大，结实体积小，特别是密度较大、光照不足的片林和树丛表现更为突出（如图 5-4 所示）；③ 树干中空或半边枯死，树冠残缺不全。香榧的心材很容

易受真菌危害而腐烂，当枝条受人为原因或自然原因而折断，其伤口很易被病菌侵入，由上至下腐烂，一直腐烂至干基。即群众所谓的"头顶生疮，脚底流脓"，导致树干中空（如图 5-5 所示）。据调查，磐安、东阳、诸暨等地香榧老树 80%以上树干中空或半边枯朽。但由于边材中的管胞组织发达，水分和无机营养成分运输受影响不大，所以仍能生长结果，但树势衰退，抗自然灾害能力显著下降。

依据孟鸿飞的调查数据，仅诸暨市就有生长较差的香榧树 3186 株，濒死树 152 株，生长势一般的更达到了 32111 株。香榧古树进行保护和更新复壮，是香榧生产的需要，也是保护香榧古树资源的需要。

图 5-4　香榧老龄片林生长状

图 5-5　千年以上古树主干中空，主枝裂折状

2. 保护更新方法

对香榧古树的保护更新应根据老树老林的具体情况，制定合适的保护更新方法。

（1）改善老树立地条件

对立地条件差的、水土流失严重和根系裸露的老树可用筑垒树盘的办法。先在老树下坡树冠滴水线外围用石块砌一条半圆形的小坎，高度依据老树所处的位置和坡度大小决定，坡度大则坎高；坡度大的地块可以考虑隔一定距离砌 2～3 条带（如图 5-6 所示）；再从树的四周收集疏松的表土覆盖老树树冠下的林地，用铁锹将土扒平稍稍打紧密即可。如果客土结合施入一定量的有机肥效果会更好。在土坎外侧可种茶叶或灌木绿肥护坡。

图 5-6　筑垒、坎保持水土栽培状

筑垒树盘一方面可减少水土流失，同时增加了土层厚度，从根本上改善了老树的立地条件。

（2）截干更新

对长期受病虫危害的老树，要加强病虫害的防治；对部分密度大、枝条交叉、光照差、枝干裸秃、结果枝少、产量很低的老树可采用截干更新。香榧的各级枝条上都分布有潜伏芽，在外界条件刺激下，会很快萌发新的枝条（如图 5-7 所示）。截干后使整个树体缩小，缩短了营养运送的距离且营养集中，新抽发的萌生枝长势旺，极易形成新的丰产树冠。诸暨市钟家岭村有株香榧树，主枝被风折断，在断口下面抽发了相当数量的萌生枝，这些萌生枝几年就形成了新的树冠，并开始有相当的产量。截干更新效果很好，但由于现阶段香榧价值高，农民舍不得对虽然结果很少、但仍有产出的树进行截干改造。据此，可推广隔年截干轮换更新的方法，先在老树上选择几个长势最差的枝条短截，等这部分枝条形成一定的枝冠后再对其他的枝条短截。

图 5-7　树干潜伏芽萌生状

截干更新的具体做法：

1）截干　截干部位一般选择在主枝分枝处 1m 以内，用钢锯把主枝截断后，截口保留 5°～10° 倾斜，用利刀或斧头削平锯面后，立即用 600 倍的敌克松涂抹截口，再用塑料薄膜严密包扎以防止截口腐烂。截干应在冬季休眠期进行。

2）留枝　香榧老枝经过短截刺激，在截口下方50～60cm区域内会萌发相当数量的新梢，在早期可尽量多留梢以保证有一定的光合面积。一般在短截后第二年开始选择空间位置适宜的2～3根健壮新梢作为副主枝，使其斜上生长，保持垂直优势，其余的萌生枝尽量多留，以尽快恢复产量。

3）松土、断根　植物的地上部分营养器官生长发育与地下根系生长间有很大的相关性，衰老树在地上营养器官出现衰老的同时，一定伴随着地下根系的衰老。因此在进行地上部分更新的同时，也需要通过抚育促使地下根系更新。可通过松土、掘断部分老根来促进根系重新萌发，完成根系更新。

在进行截干更新的同时，必须注重对截干树的肥水管理，保证树体的养分供应，促进萌发强枝，尽早形成树冠，恢复产量。

香榧截干更新效果显著，但目前推广难度很大。应先选点示范，以实际的效果说服群众。在香榧森林公园里有代表性的古树群，应保留古树的原生态，不能截干，只能加强水肥管理和病虫害防治。

（3）防腐、补洞

香榧老树中有很大一部分衰老树树干腐朽或半边枯死，树干中心暴露在外面，日晒雨淋，进一步加快了树干的腐朽。对这一部分树体必须先用刀刮去暴露在外面的腐朽部分（刮至露出新鲜的木质部），涂上800倍液的多菌灵水剂后，用塑料薄膜包裹紧实，待新的愈伤组织形成后去掉塑料薄膜即可。产区农户也有用水泥直接覆盖在树干腐朽部位，亦可取得相同的效果。

第三节　香榧重金属污染防治

农药残毒和有害重金属危害已成为现代环境保护中的一大公害，也是现代食品安全的一大隐患。为保护人类健康，世界各国已经或正在为农产品制定严格的限制标准，这些标准已成为农产品市场准入的门槛和国际间贸易的技术壁垒。

香榧作为我国加入WTO后最具国际竞争力的特色农产品之一，已经列为无公害食品和森林食品。为保证香榧产品的食用安全，在生产上针对病虫害防治、施肥等方面建立了一系列绿色安全技术规范，但对绿色农产品安全生产中的有毒重金属的危害特点、污染途径和防治措施，还知之甚少。重金属通常是指比重在5以上的金属，如铬、镉、铜、铅等，从农产品食用安全方面主要限制的是铬、镉、铜、铅、汞、砷等6种，其中砷虽不属于重金属，但因为其来源与危害都与重金属相类似，称之为"类金属"，在这里也把它归于重金属一起讨论。

一、有毒重金属的危害特点

重金属危害有以下特点：①隐蔽性强。重金属污染源不易察觉，如土壤发育母岩、汽车排放尾气、生活垃圾、工业"三废"等都可能是重金属污染源。②产生的污染危害时间长，防治难。土壤产生污染后，很难彻底根除，采用现有的植物转移、微生物降解等方法都需要很长时间才可以起到防治效果。③污染物通过食物链转移到人体后对人体产生毒害需要的浓度小、毒害大。有毒重金属多通过参与人体的生理代谢而对人体的肾、肝、肺、脑、心血管产生毒害，医治后也会留下一定的后遗症。④植物体对某些有毒重金属有富集作用。虽然在土壤或大气中某种有毒重金属含量很低，但有些植物通过选择性吸收后会在体内积累，从而使植物体内含该种重金属的浓度偏高。不同植物体的富集能力不同，在芸苔上的试验表明：不同芸苔种地上部分对 Cr 的富集差异相差 7 倍多。作物的富集作用的存在，对土壤重金属污染的防治提出了更高的要求。

二、有毒重金属种类、污染的来源、存在形态、危害形式

1. 镉

土壤中镉污染主要来源于土壤发育的母岩与工业"三废"。磷矿、铅锌矿都含镉；生产及使用镉及其化合物的工业有：颜料厂（硫化镉、硒化镉）、采矿、冶炼、电镀、电器、合金、焊接、陶瓷、油漆、照相材料、光电池、塑料、化肥、杀虫剂等生产制造业，这些工业生产中产生的"三废"是镉的主要污染源。镉被土壤吸附后，一般多累积在 0～15cm 的土壤层中，以 $CdCO_3$、$Cd(PO_4)_2$ 和 $Cd(OH)_2$ 的形态存在。土壤偏酸时镉的溶解度增高，更易于在土壤中迁移与被植物吸收；土壤处于氧化条件下（通透性好）镉也更易迁移与被吸收。镉不参与植物体的新陈代谢，为植物不需要的元素，但很多植物都能从水和土壤里摄取镉，并在体内富积，某些水草含镉量高于水体的 4500 倍，贝类富积系数高达 $10^5～2×10^6$。镉在植物体中累积和一般分布规律是：根>叶>枝的干、皮>花果，如水稻的相关研究得出镉在根部累积的量占总量的 82.5%。植物体吸收的镉在体内累积残留达到一定量后，会对植物的生长发育产生明显危害，通过危害叶片生长，抑制根系发育，导致植物生长缓慢，植株矮小，从而降低收获物的数量。高浓度的镉可直接导致植株死亡。

镉通过食物链转移到人体，在人体积累到一定浓度，会损伤肾近曲小管，临床出现高钙尿、蛋白尿、氨基酸尿、糖尿病及造成肺部、心血管损害。近年有报道镉对 DNA 破坏作用极大，其危害机理与许多致癌物相似。

2. 铅

铅是重金属污染中最为普遍的元素。铅的主要污染源是各种车辆产生的尾气，汽油中添加的抗爆剂烷基铅在汽油燃烧过程中产生了带铅的尾气，在风力、雨的作用下，可污染到公路沿线的很大区域；矿山开采、金属冶炼、燃烧煤是铅另一个重要污染源；有机肥料中含铅量可达 10～37mg/kg，它也是不可忽视的铅污染源。土壤中铅浓度的大小与当地经济生活水平有很大关系，由于我国是在近二十年中才出现汽车急剧增长的现象，土壤铅大多积聚在表土层。

植物体吸收铅在体内积累到一定程度后，会损害叶片叶绿素形成，阻碍植物光合作用，影响和危害植物生长发育，铅在植物体内的积累也多集中在根部。

动物和人体内的铅积累到一定数量后，能与体内的蛋白质、酶和氨基酸内的官能团结合，干扰机体多方面的生理代谢，能对全身器官产生危害，是可以作用于人体内多个系统的毒物。研究表明：当儿童体内血铅水平在 $10\mu g/dl$ 以上时，即可对他的智力发育产生不可逆的损害。

3. 铬

铬的污染源主要来自铬电镀、制革废水、铬渣，特别是优质钢、不锈钢厂的"三废"，常以 Cr^{3+} 和 Cr^{6+} 的形态存在于土壤中，而以 Cr^{3+} 为多；但 Cr^{6+} 的危害远远大于 Cr^{3+}，Cr^{3+} 进入土壤中 90%以上迅速被土壤吸附固定后不再迁移，Cr^{6+} 不易被土壤吸附固定，但土壤中的 Cr^{6+} 在有机质的作用下很容易被还原成 Cr^{3+}。

植物体吸收铬后，95%积累在根部，低浓度条件下，Cr^{6+} 能提高植物体内酶活性与葡萄糖含量，高浓度的铬存在，则阻碍水分和营养的垂直运输，破坏代谢。

铬对动物和人的影响也和植物体一样，一定浓度条件下，可消解人和动物的食欲不振，但 Cr^{6+} 具强氧化作用和致突变作用，过量摄入通过长期作用可引起肝硬化、肺气肿、癌症等病害。

4. 汞

土壤中汞的污染源主要是汞冶炼过程中汞制剂厂排放的废气，燃煤的废气，运用的含汞颜料及施用含汞农药。土壤中的黏土矿物和有机质对汞有强烈的吸附作用，进入土壤中的汞 95%以上能被土壤吸持固定，因此汞在土壤中的分布呈垂直递减。存在的形态有金属汞、无机汞和有机态汞，并在一定条件下可相互转化。无机态汞如 $HgSO_4$、$HgCl_2$、HgO 溶解度低，在土壤中迁移转化能力弱，但在土壤微生物的作用下，可转化为具有剧烈毒性的甲基汞，尤以好氧微生物作用下形成的脂溶性甲基汞，易被作物吸收积累，对植物体产生危害；厌氧微生物作用下，一般产生的二甲基汞，二甲基汞不溶于水，植物体对之吸收较弱。

不同种类的植物对汞的吸收能力不一致，针叶树种的吸收能力强，汞进入植物内后累积到一定程度后，会引起植物汞中毒，初期引起叶子和幼蕾掉落，严重时可直接导致植株死亡。

汞对人体的危害与汞的化学存在形式、汞化合物的吸收有很大的关系。无机汞不容易被吸收，毒性小。而有机汞特别是烷基汞，容易吸收，毒性大，尤其是甲基汞，90%～100%被吸收。微量的汞在人体内不会产生危害，可经尿、粪和汗液等途径排出体外，摄入超过一定量时，进入血液中的汞化合物与血浆蛋白质相结合，大部分聚积在红细胞中，并且随血浆液缓缓输送到身体的其他部分，尤其是大脑对甲基汞表现出特别的亲和力，比身体其他部分聚积量高 6 倍。在体内经生物转化有机汞可分解出二价汞离子，继续产生毒性作用。有机汞化合物中甲基汞等剧毒性物质，可 99%～100%吸收，是水俣病致病因子。根据日本对熊本和新泻水俣病患者的估计摄入量推算，体内 100mg 蓄积量就为中毒剂量。甲基汞还可通过胎盘进入胎儿体内，危害下一代。

5. 砷

砷的污染源主要是燃煤产生的废气，含砷农药等，土壤中的砷主要集中在 10cm 表土层，少量的通过淋洗进入较深土层。砷在土壤中的形态有水溶性、吸附性和难溶性三种，水溶性和吸附性砷可被植物吸收利用，又称之为可结合性砷。大部分的砷在土壤中为胶体吸收或和有机物结合，形成难溶性砷。土壤 pH 高，则土壤吸附量减少而水溶性砷增加，植物体吸收有机态砷后可在体内逐渐降解为无机态砷，转移至体内多个部位，在体内分布一般呈自下而上递减的变化规律。

植物体吸收砷积累到一定程度，可通过危害叶片（最初叶片卷曲慢慢枯萎），影响根系发育，进而导致植株死亡。

砷在人体中有明显的蓄积性，可通过微量摄入后慢慢积累，到一定浓度后，就会产生毒害。砷化合物能引起急性和慢性中毒，主要是亚砷酸离子与细胞中含巯基（SH-group）的酶结合，使酶失去活性，以致细胞代谢受阻，细胞的呼吸和氧化功能受到抑制，因而引起神经系统毛细血管及各系统功能和器质性病变。砷虽然是一种毒物，但它几乎存在于所有的食品和人体中，所以被认为是生命的必需元素。砷除能去除硒的毒性之外，还对动物起有益作用。有机砷常被用作家畜生长促进剂的抗生素，此外，砷还可以改善各种动物皮毛的外观。

从上述有毒重金属的特性和生理功能可见：① 镉、汞、铅等重金属是非生命必需元素，对人类生理有害无益；而铬、砷、铜、锌等既是有毒物质，又是生命必需元素，多则有毒，缺亦有害。② 不同的重金属在生物体内的代谢过程不同，不少有毒重金属吸收到体内后有富积作用，特别是镉、砷和 6 价铬的富积性很强，在植物体内可以达到几千至上万倍，这就增加了清除的难度。③ 不同重金属的存在状态与毒性有密切相关，有机砷低毒，无机砷剧毒；无机汞不易被吸收、毒性小，有机汞特别是甲基汞 90%～100%能被植物吸收，毒性大；3 价铬吸收和富积作用小，毒性低，而 6 价铬吸收和富积作用强，毒性大。了解这些知识，对防治有毒重金属元素污染有重要意义。

三、香榧林地土壤和种子受重金属污染影响现状

香榧栽培区域多集中在边远山区，受工业化进展带来的副产品——工业污染的影响较小，而且所处区域内绝少有正在开发利用的大型有害重金属矿资源，因此从栽培区域看，土壤受重金属污染相对较轻，但部分重金属会利用风、雨等气候因子产生移动污染。随着山区交通的进一步开发，汽车等运输工具的增加，增加了部分重金属的污染源。香榧林地施肥量增大也加大了土壤受污染的可能。香榧是一种长寿植物，部分植株寿命可达千年以上，而香榧果生长期长（跨年度成熟），如果香榧对某种有害重金属有富集作用，很有可能出现收获物受重金属污染的情况。因此，了解香榧林地土壤和收获物受重金属污染的现状，针对性制定预防、治理措施，对保证香榧产品安全极为重要。

2003 年，浙江林学院在香榧主产区诸暨、绍兴、嵊州、东阳、磐安 5 县、市等 11 个乡镇，按成土母质、土壤类型和管理水平差异采集了 19 个样点的 38 个（每个样点采集 0～20cm、21～40cm 两个样品）样品，并在样点区域内随机采集了 19 个香榧种实，

运用等离子体质谱法对土壤和种子中的 7 种有害重金属进行全面的分析，结果如表 5-9 所示、表 5-10 所示。在这 19 个土壤样品中，有毒重金属元素 Cd 和 Hg 没有检出；As、Cr、Cu 的变异系数较大，范围在 137.18%～214.17%，Zn、Pb 的变异系数较小，分别为 30.03% 和 18.86%；Zn 的含量没有超标，As、Cr、Cu、Pb 的含量除个别土样超标外，绝大部分符合绿色食品土壤环境质量标准 GB15618～1995 的 II 级标准要求。

香榧种子中 Zn、Cu 的含量较高，且样品间变异系数小；As、Cd、Hg 等重金属元素的含量较低，但变异系数在 87.66%～149.56%，样品间变异较大。Pb、Cr 两种重金属元素未检出。按国家绿色食品卫生标准（目前尚无干果国家标准，暂以粮食、豆类为准）衡量，重金属元素 Cu、Zn、Hg 的含量均在安全范围以内，仅个别样品 As 超标。

表 5-9　香榧林地土壤重金属元素含量

项　目	重金属元素/（mg/kg）						
	As	Cd	Cr	Cu	Zn	Hg	Pb
平均值	24.22	0	44.19	11.18	100.08	0	49.76
变异系数 / %	214.17	/	151.81	137.18	30.03	/	18.86
变幅	2.57～233.10	/	0～203.40	0～70.08	65.04～181.59	/	34.30～70.01
绿色食品产地环境质量标准	<20～25	<0.30～0.40	<120～150	<50～60	<200～250	<0.25～0.3	<50

表 5-10　不同林地上香榧种子重金属元素的含量

项　目	平均值/（mg/kg）	变异系数%	变　幅	国家卫生标准（粮食、豆类）/（mg/kg）
As	0.26	149.56	0～1.34	<0.70
Cd	0.060	87.66	0～0.206	<0.2～0.7
Cr	未检出	/	/	<0.2～1.0
Cu	9.26	13.94	6.89～11.39	<10～20
Pb	未检出	/	/	<0.4～0.8
Zn	34.11	23.55	22.46～49.68	<50～100
Hg	0.004	292.30	0～0.046	<0.05

四、香榧重金属污染的防治措施

香榧现有林地和产品受重金属污染尚处在一个相对较低的水平，绝大多数林地土壤和产品都符合绿色食品生产标准。但是重金属污染一旦形成就会造成长远的影响，而且很难消除。因此，在今后的生产中，必须树立"预防为主"的观点，合理规划生产基地，运用科学的生产管理措施，以确保名贵农产品——香榧的食用安全；对已产生污染的林地应积极治理，逐步降低污染带来的危害。

1. 香榧重金属污染的预防

（1）合理规划香榧的生产基地

新建香榧生产基地选地时，在考虑生态、气候和土壤肥力等影响因子的同时，必须对拟建基地土壤的重金属含量进行考察，了解成土母岩中是否富含有害重金属元素，土壤是否受到"三废"污染及土壤利用过程中施用肥料、农药的相关情况。由于铅的产生主要来自车辆的尾气，因此香榧的生产基地必须远离交通主干道，以减少土壤、空气受污染的可能。对基地土壤中的有毒重金属含量进行检测，确保土壤中有毒重金属含量在安全水平以内。

（2）重视科学的生产管理措施运用

在香榧的生产管理中，施肥和病虫害防治是造成土壤重金属污染的重要途径。如农药中如西力生（氯化乙基汞）、赛力散（醋酸苯汞）是剧毒的高残留的含汞农药，施用后就会带入汞污染；未加处理的生活垃圾作为有机肥施用，其中混有的废旧电池、塑料、玻璃、电器、油漆等都含有重金属，会对土壤造成污染。在实际生产中，必须做好以下两点：

1）重视肥料种类的选择和处理。化学肥料中氮肥、钾肥的生产过程中带入重金属化合物的几率较小；磷肥的种类多，有的磷肥只是将磷矿简单加工就应用于农业生产，极易造成重金属污染；其他如钙、镁、硫等肥料运用时也应严格监控其重金属含量。有机肥施用时，禁止使用未加处理的生活垃圾或者工业废弃物配制的有机肥，对生活垃圾中的电池、电器、玻璃、油漆、瓷器、塑料等杂质要加以清除，施用前应充分腐熟。

2）科学地使用农药。应根据无公害食品和森林食品要求，选用高效、低毒、低残留的农药，严格控制用药量和安全使用期，禁用标明含有汞、砷等重金属元素的剧毒、高残留农药。

2. 积极开展受污染土壤的治理工作

土壤污染是指有害元素或化合物在土壤中的累积超过土壤本底含量，并达到危害植物及人类的标准。对已形成的土壤污染要采取综合措施加以治理。

1）控制和消除土壤和大气中的污染源，降低土壤受持续污染的风险。

2）生物防治。部分土壤重金属污染物质可通过微生物降解和植物吸收转移的方法，减少土壤中重金属含量。除部分原生境污染（发育母岩中富含的重金属）外，土壤重金属污染在现阶段多属表层土污染，在受污染的香榧林地种植某些对重金属污染有强选择性吸收的草本植物，在该植物生长季节末期收割并丢弃该植物，转移土壤中的重金属。

3）改良土壤。土壤中的有机胶体和黏土矿物胶体，对土壤中的重金属有一定吸附力，因此多施有机肥增加土壤中的有机质，能促进土壤对重金属的吸附，提高土壤自净能力；某些重金属如铜、汞、镉在高 pH 情况下会改变属性，变成难溶性物质，不被植物利用，在香榧林地中可多使用石灰提高土壤 pH，使铜、汞、镉等重金属及其氢氧化物沉淀，减少香榧树体吸收。

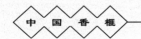

第四节 香榧重点产区及典型单位介绍

香榧栽培历史已达 1000 多年，但由于历史原因，在 20 世纪以前，只在会稽山区通过野生榧树改接换种繁殖扩展。20 世纪 50～60 年代开始育苗造林，并向会稽山区外引种。受榧树资源和嫁接技术等因素影响，历史产区仅在诸暨、嵊州、绍兴、东阳、磐安等 5 个县市，10 多个乡镇，而数量较多的仅五六个乡镇，这些重点乡镇在长期栽培过程中形成了各具特色的经营模式和栽培管理经验。20 世纪中期以后，在育苗造林和会稽山区外野生榧树改接换种中，又获得一些效果显著的典型经验，这些经验对香榧现有林管理和扩大栽培都有重要借鉴价值，特在此加以介绍。

一、"中国香榧之乡"——诸暨市

诸暨市地处浙江中部，绍兴市西部，位于东经 119°53′02″～120°32′07″、北纬 29°21′08″～29°59′03″。东北与绍兴交界，东临嵊州市，南连东阳、义乌市，西毗浦江、桐庐、富阳，北接萧山，全市总面积 2317.94km²，属浙江东南丘陵山区和浙江西北丘陵山区的交接地带。会稽山脉蜿蜒市境东南，海拔高度 4.3～1194m，90%以上属平原、台地、低山、丘陵，其中平原占 12.46%，台地 20.39%，丘陵 61.36%，低山 5.74%，中山 0.05%。

本市处于亚热带季风气候区，气候温暖，湿润多雨，光、热、水资源比较丰富，年平均气温 16.2℃，最热月平均气温 28.3℃，极端最高温 39.7℃（1966 年），最冷月平均气温 3.9℃，极端最低温-13.4℃（1977 年），无霜期 233 天。年降雨量 1300mm 以上，≥10℃积温 5137℃。

土壤母岩绝大多数为凝灰岩，流纹凝灰岩，少数紫砂岩、石灰岩及辉长岩，土壤多为山地红壤、黄红壤和少数黄壤，微酸性至酸性。

香榧主要分布于诸暨市东部的赵家镇及东南部的东白湖镇的 200～800m 的低山丘陵地带，生境条件多为重峦叠嶂、溪流蜿蜒的山坡中下部及沟谷地带和山顶台地。香榧所在地的年平均气温 13.5～15.5℃，≥10℃的年积温在 5000～4000℃之间，温暖湿润，无严寒盛暑。

诸暨市为我国香榧发源地和主产区，1000 多年以前就有嫁接香榧，19 世纪末到 20世纪初"诸暨香榧"、"枫桥香榧"就闻名于世。据对该市古树调查结果的显示，全市共有百年生以上香榧古树 40754 株，500～1000 年生的 1376 株，1000 年以上的 27 株，最大树龄 1350 年生，仍结果 600kg 以上。全市进入结果期的香榧树约 78000 多株，其中 70%产量来自 45000 株的大树。按现有林地实际调查每亩株数 7～9 株计，成林面积约 1 万亩左右。其中赵家镇约占 3/4，东白湖镇（原斯宅乡）占 1/4，其他乡镇很少，所占比例不到全市的 2%。自 20 世纪 90 年代以来，新发展香榧 4 万多亩，70%左右为实生苗造林，尚未进入投产期。诸暨市香榧成林株数、面积和产量均居全省之首，投产大树约占

全省 10.5 万株大树的 43%，占绍兴市大树的 49.83%；近 7 年产量占全省 44.37%，和绍兴市的 53% 左右。新发展的香榧占全省新发展的 30% 左右。为全国第一个"香榧之乡"，建成全省最大的林业特色基地——"枫桥香榧示范基地"，基地的核心区亩产值达 6000元以上。拥有冠军、老何等 10 多家香榧加工企业和名牌产品。诸暨市香榧历年干籽产量如表 5-11 所示。

表 5-11 诸暨市历年香榧产量

年 度	产量/t	年 度	产量/t	年 度	产量/t
1950	105.4	1960	90.0	1970	275.0
1951	153.6	1961	149.9	1971	99.0
1952	102.2	1962	145.0	1972	50.0
1953	172.2	1963	25.4	1973	7.3
1954	179.8	1964	182.7	1974	255.0
1955	212.4	1965	202.5	1975	200.0
1956	119.6	1966	135.0	1976	60.0
1957	221.9	1967	135.0	1977	150.0
1958	115.9	1968	155.1	1978	70.0
1959	197.2	1969	8.9	1979	350.0
$\bar{x}$	158.02		120.94		151.63
CV/%	28.62		51.65		25.06
d	102.2~221.9		8.9~202.5		7.3~350.0
投产株数	45000		45000		45000
单株产量/kg	3.51		2.68		3.37
1980	147.5	1990	49.0	2000	205
1981	225.0	1991	43.5	2001	687.0
1982	225.0	1993	55.0	2002	598.0
1983	95.0	1994	80.0	2003	630.0
1984	73.5	1995	74.0	2004	653.0
1985	123.1	1996	48.0	2005	330.0
1986	163.0	1997	280.0	2006	650.0
1987	200.5	1998	486.0		
1988	54.4	1999	486.0		
1989	209.0				
$\bar{x}$	151.60		133.19		536.14
CV/%	41.82		116.55		35.24
d	54.4~225.0		43.5~486		205.0~687.0
投产株数	45000		45000		45000
单株产量/kg	3.36		2.96		8.93

注：1950~1984 年资料摘自诸暨县林业区划材料，1990~1998 年为绍兴市林业局资料，2000 年后资料为童品璋提供。其中 2005 年为实际调查数字。2000~2006 年总产量中有 25% 为新投产的 33000 株幼树产量，大树平均单株产量应除去这部分产量，下面介绍单位也按此统计。

从诸暨市香榧历年产量资料可以看出：

1）从 1950～1996 年诸暨市香榧产量一直徘徊在 150t 左右，投产的香榧大树在 45000 株左右。香榧多分布于地少人多的山区，在"以粮为纲"的年代，香榧不仅得不到发展，而且屡遭破坏。产量大幅度上升是在 20 世纪 80 年代中后期承包到户，90 年代中期普遍推行人工授粉、施肥和病虫害防治等管理措施以后，1997 年后的年均产量为 1997 年以前的 3 倍以上。大规模造林也是在 90 年代以后。

2）诸暨市香榧面积、株数和产量居全省之首，管理也最集约，但单株产量却不是很高，在 20 世纪 90 年代以前平均单株产干籽（按 10 年时段统计）一直处在 2.68～3.37kg 之间，在加强管理的 2001～2006 年，平均单株产量也只有 8.93kg，比同一时期的嵊州市谷来镇、绍兴县稽东镇和东阳市西垣村的单株产量低。但诸暨市有 33000 多株新投产的香榧树，目前产量已占总产量的 25%左右，而且上升很快。从香榧的栽培历史、现状、发展前景和香榧文化内涵来看，诸暨市均居全省第一。

3）影响诸暨市香榧大树单株产量提高的原因为：① 树龄太大，百年生以上老树约占 44%，多数内膛空虚，加上树冠低矮，结实空间立体性不强。② 不少生于沟谷的榧树和部分成片榧林密度太大，光照不好，影响结果。据实际调查，嵊州市谷来镇榧林每亩 5～8 株，绍兴稽东镇 5～9 株，诸暨市达 5～16 株。③ 雄株太少，据 2003 年逐村调查资料显示：诸暨市雄、雌株比例为 1：41.5～1：116.3，嵊州谷来镇为 1：40 左右，绍兴县稽东镇为 1：21.87～1：49.20。雄株不足与分布不匀引起授粉不良，特别是在未推行人工授粉以前对产量影响很大。

由以上情况可知，老林、老树复壮更新，改善林地光照条件和授粉条件将是提高现有林产量的重要途径。

二、"中国香榧第一镇"——赵家镇

赵家镇位于诸暨市的东部与绍兴县接壤，全镇总面积 14.75 万亩，其中林业用地 11.7 万亩，辖 45 个行政村，总人口 3.4 万，是诸暨市香榧重点产区，是我国香榧第一大镇。全镇有香榧投产大树 32000 株，占诸暨市 45000 株的 71.11%，新投产的香榧树 28000 株以上，为新投产香榧最多的乡镇。1997～2006 年，年均产干籽 338490kg，占诸暨市产量的 60%～70%，占全省产量的 30%以上。先后被国家和国家林业局授予"中国香榧之乡"、"中国名特优经济林香榧之乡"。香榧主要分布于钟家岭、西坑、黄坑、杜家坑、里宣、外宣、相泉等 7 个山区村，占香榧总量的 90%以上。7 个村人口 5000 人左右，正常年景产香榧 35 万公斤，产值 3500 万元以上，人均收入 7000 元以上，占产区总收入的 80%以上。该镇是香榧的发源地，最老的香榧树龄达 1350 年，诞生于唐代初期，至今仍年产果 600kg，产值近 2 万元。1000 年以上古树 20 多株，500 生以上 1000 多株。全镇历年香榧产量如表 5-12 所示。

由表 5-12 可见，赵家镇香榧面积和产量均居全省香榧主产乡镇之首，但大树单株产量相对较低。20 世纪 70 年代至 1996 年加强抚育管理以前，年均单株产量仅 1.46～3.48kg，1997～2006 年年均单株产量 8.11kg。低于同期诸暨市年均单株产量，也低于同期的绍兴

县稽东镇、嵊州市谷来镇和东阳虎鹿镇的平均单株产量。低产的主要原因为：老树比例大（50%左右）；雄株少（雄雌株比例为 1∶91.5～1∶116.3），授粉不良；部分生于沟谷的香榧树和密度过大的榧林光照不足，产量低且不稳。该镇有株产 200～600kg 果的孤立树、散生树，而光照不良的密林、老林株产仅 10～40kg。

赵家镇香榧面积大，产量多，古树群保护最为完整，香榧文化内涵也最为丰富。省、市、镇各级政府对该镇香榧产业发展极为重视，"枫桥香榧特色基地"、"第三批全国林业标准化香榧示范县建设"、"香榧森林公园"均设于该镇，近年来除按"无公害标准"和"森林食品标准"管理现有林外，新发展香榧基地 1.2 万亩，是香榧发展最快的乡、镇之一，现在和将来赵家镇仍将是我省香榧的第一大镇，如图 5-8、5-9、5-10 所示。

表 5-12　赵家镇历年香榧产量

年度	干籽产量/kg	年度	干籽产量/kg	年度	干籽产量/kg	年度	干籽产量/kg	备　注
1971	66108	1980	133650	1990	35000	1997	265000	1. 产量数字为赵家镇政府提供，其中 2005 年为重点村调查数字
1972	37302	1981	16450	1991	13500	1998	435000	
1973	6128	1982	136500	1992	54000	1999	303000	
1974	247354	1983	46950	1993	73000	2000	119600	
1975	152177	1984	51000	1994	85000	2001	524100	2. 1997～2006 年总产量中 25% 为新投产香榧树产量
1976	61750	1985	75000	1995	55000	2002	425400	
1977	120013	1989	225000	1996	12000	2003	367800	
1978	49307					2004	465000	
1979	261654					2005	250000	
						2006	315000	
$\overline{x}$	111310.3		97792.9		46785.7		34609	
CV / %	82.67		73.35		59.97		34.98	
d	6128～261654		16450～225000		12000～85000		119600～524100	
总株数	32000		32000		32000		32000	
单株产量/kg	3.48		3.056		1.46		8.11	

图 5-8　赵家镇杜坑村香榧林相（斯海平摄）

图 5-9　赵家镇香榧成片老林

图 5-10　株产果 500kg 以上的千年孤立树

三、"香榧第一村"——钟家岭村

钟家岭村为诸暨市赵家镇的山村，位于低山上部的台地，海拔 550～700m 之间，土壤为凝灰岩和局部辉长岩风化的山地黄红壤。全村 287 户，916 人（2003 年），有旱地 170 亩，水田 97 亩，茶叶山 6990 亩，山林 1431 亩，现有香榧投产树（进入盛果期）6500 株，户均 22.5 株，人均 7.1 株。2001 年以来年产香榧干籽 65000～120000kg，香榧人均年收入 8000 元以上。2004 年，收干籽 9.2 万 kg，产值 823 万元，人均 9027 元，香榧收入占农民总收入的 80% 以上，香榧产量和质量均居全省第一。该村地少人多，交通不便，香榧一直是该村主要经济来源之一，所以长期以来对香榧管护较好。20 世纪 60 年代中期汤仲埙在该村驻点，开始利用野生苗嫁接造林，香榧面积、株数一直在较快地增加。1970 年以前该村投产香榧树为 4016 株，80 年代达 5461 株，70～90 年代种植的新投产香榧已达 5800 株，产量已达总产量的 25%。该村 1963 年率先进行人工授粉，70～80 年代开始大树高接雄株，保存有较为完整的香榧生产资料。香榧历年产量如表 5-13 所示。

表 5-13　钟家岭村香榧历年干籽产量

年　度	产量/kg	年、度	产量/kg	年　度	产量/kg
1950	14125.0	1961	25284.5	1971	17153.5
1951	17312.5	1962	17291.0	1972	11299.0
1952	1750.0	1963	2560.0	1973	1513.0
1953	9102.5	1964	39102.5	1974	49299.0
1954	21752.5	1965	33033.0	1975	30897.0
1955	21500.0	1966	35000.0	1976	15930.0
1956	23385.0	1967	24000.0	1977	34629.5
1957	32907.0	1968	31500.0	1978	14190.0
1958	10791.0	1969	905.0	1979	35950.0
1959	16044.5	1970	43046.0	1980	27403.5
1960	22004.0				
$\bar{x}$	17317.63		25172.2		23826.5
CV/%	48.37		57.35		59.85
总株数	4016		4016		5461
平均株产	4.31		6.27		4.36

续　表

年　度	产量/kg	年　度	产量/kg	年　度	产量/kg
1981	39117.0	1991	43000.0	2001	100000.0
1982	27158.5	1992	10000.0	2002	65000.0
1983	20685.0	1993	15000.0	2003	120000.0
1984	27050.0	1994	17500.0	2004	105000.0
1985	33159.0	1995	17000.0	2005	39000.0
1986	26178.5	1996	3000.0	2006	90000.0
1987		1997	65000.0		
1988	34375.0	1998	100000.0		
1989	47500.0	1999	55000.0		
1990	10000.0	2000	40000.0		
$\bar{x}$	29469.2		36550.0		86500.0
CV/%	36.67		82.93		34.21
总株数	5461		5461		5461
平均株产	5.40		6.69		11.88

注：1950～1979年资料来自钟家岭村及汤仲埙研究报告。1982～1984来自孙蔡江调查,其他均为钟家岭村提供。

由表 5-13 可见,从 20 世纪 50 年代到 90 年代钟家岭村香榧(10 年时段)年均株产在 4.36～6.69kg 之间,是同期诸暨市平均株产 2.68～3.51kg 的 2 倍左右,2000 年后平均株产达 11.89kg,也高于同期诸暨市平均株产 46%以上。

钟家岭村香榧产量之所以较高,首先是林相整齐,老、中、青树龄结构比较合理(如图 5-11、5-12、5-13 所示),20 世纪 60～90 年代发展的一批幼、壮龄林,产量上升快而稳定;其次是从 1963 年以来坚持人工辅助授粉,并在香榧大树上高接雄花枝,缓解授粉不足;第三,林地多数处于台地缓坡,光照条件好,陡坡香榧均修筑梯坎或树盘,水土保持好;第四,密度不大的散生林长期套种茶叶、黄豆,以耕代抚。1995 年以后全面推行施肥管理和病虫害防治,每年株施复合肥或尿素 30～50kg,有机肥 300～500kg,2003 年起发现化肥施用过量带来树体危害和产品质量下降后,目前正在按森林食品管理规范要求,降低施肥量,增加有机肥比重。但该村也有一部分密度大的老林,产量不高不稳,影响了整体产量的提高。

图 5-11　钟家岭村香榧林相

图 5-12　年产果 600kg、产值 15000 元以上的散生树　　　图 5-13　密度大的成片老林

该村骆金木是农民技术员,对香榧生产有丰富经验,熟悉香榧育苗、嫁接和大树高接换种,每年对香榧人工授粉、施肥、病虫防治、采收时间和产量都有详细记载。该户 3 口人,2006 年采香榧果 1583kg,收入 47490 元,人均 15830 元,从 1997～2006 年 10 年间香榧收入 324015 元,年均 32401.5 元。其香榧收入主要来自三部分:

1) 集体分配的大树 25 株　　集体分配时由于立地条件较差,单株产量较低,人均分到 8.3 株,高于全村人均 7.1 株水平。25 株大树历年香榧产量如表 5-14 所示。

表 5-14　大树历年香榧产量

年　度	产量(果)/kg	年　度	产量(果)/kg	产值/元	备　注
1990	285.0	1997	1050.0	16800.0	1995 年开始管理,1997 年起产量大幅度上升。产值开始记载
1991	165.0	1998	1720.0	27520.0	
1992	360.0	1999	1200.0	21600.0	
1993	500.0	2000	461.0	8298.0	
1994	491.5	2001	2248.5	40473.0	
1995	796.5	2002	1327.0	23886.0	
1996	52.0	2003	1338.5	26770.0	
		2004	987.0	11844.0	
		2005	619.5	24780.0	
		2006	1021.5	30645.0	
$\sum x$	2650.0		11973.0	232616.0	
$\overline{x}$	378.57		1197.3	23261.6	
CV/%	65.02		43.02		
株均产果	15.14		47.89	930.46	
株均产籽	3.79		11.97		

2) 自留地香榧产量　　20 世纪 80 年代中期,香榧承包到户,香榧价格大幅度上升,开始在 1 亩多自留地上栽植香榧嫁接小苗,至 90 年代保留香榧幼树 50 株,在香榧投产前以套种玉米、黄豆、番薯和蔬菜为主,香榧投产后,仍长期套种。1994 年幼树开始投产,1997 年起有一定产量,但因套种过度,施肥过多,影响香榧生长结果,使产量上升不快。历年产量如表 5-15 所示。

表 5-15 自留地香榧历年产量

年 度	产果量/kg	产 值/元	备 注
1994	33.0		产值从 1997 年开始记载
1995	61.5		
1996	25.5		
1997	135.0	2610.0	
1998	209.5	3352.0	
1999	135.0	2430.0	
2000	78.5	1413.0	
2001	495.0	8910.0	
2002	431.0	7758.0	
2003	388.0	7760.0	
2004	507.0	12168.0	
2005	322.5	12900.0	
2006	561.5	16845.0	
$\sum x$	3263.0	76146.0	
$\overline{x}$	326.3	7614.6	

自留地种植香榧嫁接小苗，6~8 年投产，在 1 亩多地面积上，9~18 年生的 10 年间，香榧收入达 76146 元，年均产值 7614.6 元，亩产值达 4000 元以上，其中 2004~2006 年年均产值达 13971 元，亩产值达 7000 元以上，而且产量尚在逐年上升，说明香榧虽然投产较迟，但投产后产量效益增加很快，造林后 15~18 年亩产值可达 6000 元以上，高于一般干果数倍。

3）栗、榧套种林　1982 年骆佥木分到自留柴山 1.9 亩，1995 年丌山种板栗（品种毛板红）300 多株，1996 年在板栗林中套种嫁接小苗 40 株，实生榧苗 45 株，种后陆续嫁接，现保留香榧幼树 45 株。板栗 1998 年（第 4 年）开始投产，早期由于板栗庇阴香榧生长良好，于 1999 年（第 4 年），少数单株即开始投产，由于板栗密度太大，香榧投产后对影响香榧生长的板栗单株和枝条，虽经不断疏除，但光照仍嫌不足，香榧产量也大受影响，历年板栗、香榧产量如表 5-16 所示。

表 5-16 历年板栗、香榧产量与产值

年 度	产量/kg		产值/元		备 注
	板栗	香榧	板栗	香榧	
1998	12.5		75.0		板栗产量以每担栗蒲（50kg）出 12.5kg 栗果计。产值以当时市价计
1999	25.0	2.5	150.0	45.0	
2000	50.0	5.0	300.0	90.0	
2001	75.0	15.0	375.0	270.0	
2002	87.5	14.0	437.5	252.0	
2003	100.0	12.0	500.0	240.0	
2004	50.0	80.0	250.0	1920.0	
2005	37.5	26.5	187.5	1060.0	
2006	37.5	102.0	187.5	3060.0	
$\sum x$	475.0	257.0	2462.5	6937.0	
$\overline{x}$	52.77	32.13	273.6	867.1	
平均亩产	27.78	16.91	144.0	456.3	

以上资料说明：香榧幼苗、幼树耐阴，板栗林下套种，第4年就有部分挂果，第8年就有相当产量。第4～11年的8年间平均亩产果16.91kg，产值456.3元，其中第9～11年的3年间平均亩产值1059.6元，其中11年生达3060元；同期共收板栗475kg，总产值2462.5元，年均亩产值144元，香榧与板栗产值之比约为1:0.35。说明板栗林下套种香榧，有利于香榧幼树生长和提早结果。如果能及时调节板栗密度和香榧光照，香榧产量和效益还会增加更快。在板栗套种的10年期间，板栗收入达2462.5元，补偿香榧苗木管理投入有余，可见在低山丘陵地区的板栗林套种香榧可以达到长短结合、以短养长的目的。

四、绍兴县稽东镇

稽东镇是绍兴县的一个山区镇，会稽山北麓，离绍兴市约25km。全镇24个行政村，人口34571人（2003年），面积111.4km²，低山丘陵占90%以上，是香榧发源地之一。20世纪30～60年代，这里年产香榧果、油桐籽、板栗各万担以上。20世纪60年代以后年产香榧60～90t，2000年以后年产105～250t，是浙江省居赵家镇之后香榧产量的第二大镇。全镇有香榧投产树2.1万株以上，其中50年生以上17000株，百年生以上的4905株，500年以上的9株，千年以上9株，新投产3000余株，投产面积4700亩，幼林4710亩。全镇有24个村，其中12个村有香榧分布，重点分布于陈村、龙西等4个村，香榧分布的海拔从70～550m，以200～400m为多，呈散生或小块状分布。重点村香榧人均收入达5000元以上。2001年被命名为省级"香榧之乡"。香榧历年产量如表5-17所示。

表5-17 稽东镇香榧干籽历年产量

年度	产量/t	年度	产量/t	年度	产量/t
1962	76.05	1970	146.0	1980	
1963	75.95	1971	42.05	1981	86.60
1964	102.65	1972		1982	98.10
1965	83.6	1973		1983	42.12
1966	72.5	1974	148.3	1984	34.60
1967	175.0	1975	81.5	1985	79.29
1968	195.0	1976		1986	90.25
1969		1977	75.0	1987	67.21
$\bar{x}$	91.35	1978		1988	36.26
CV/%	72.61	1979		1989	50.0
d	10.1~195.0			2000	100
投产株数	17000			2001	66.61
平均株产/kg	5.37			2002	
1990	22.10			2003	34.6~98.10
1991	22.0			2005	3.92
1993	31.0				

续表

年　度	产量/t	年　度	产量/t	年　度	产量/t
1994	53.0	2003	155.2		
1995	24.0	2004	212.0		
1996	24.0	2005	195.5		
1997	28.0	2006	250.0		
1998	98.0				
1999	90.0				
$\bar{x}$	41.34		192.6		
CV/%	78.56		25.06		
d	4.0~98.0		105.0~225.0		
投产株数	17000		21000		
平均株产/kg	2.43		10.19		

注：1996 以前数据为绍兴市产量减去诸暨市、嵊州市产量得出，1997～2006 年产量为稽东镇政府提供。2000～2006 年总产量中 10% 为新投产香榧产出。

　　从上表历年产量和以 10 年为期的产量统计资料来看，从 20 世纪 60 年代到 90 年代末，全镇年均产量在 62～91t 之间，年变异系数（10 年期）31.65%～84.39%，平均单株产量在 2.43～5.37kg 之间，表现为产量不高不稳；90 年代后由于管理加强和普遍推广人工授粉，产量大幅度增加，2000～2006 年 7 年间，年平均产量达 192.6 t，平均单株产量达 10.2kg，株产值达到 800～1200 元，年变异系数 25.06%，基本上达到高产稳产目标。

　　稽东镇香榧 80% 以上分布在 200～550m 海拔之间，地形地貌很适于香榧生长，土壤多为凝灰岩发育的山地红壤，较为深厚肥沃，水土流失少。全镇有雄榧树 900 多株，雄榧与香榧之比达 1：21.87，授粉条件好。该镇百年以上老香榧约占 25% 的比例，许多老树内腔空虚，加上密度较大，结实立体性不强，需要复壮更新，新投产的幼林以农民分散种植为主。该镇政府对发展香榧十分重视，已将香榧列为山区经济发展和社会主义新农村建设的重要项目之一。建有香榧科技示范园区和山娃子香榧加工企业，产区群众也有发展香榧的积极性。但由于绍兴县经济发达，居全国百强县前列，县内国内生产总值近千亿，香榧收入所占比重很小，影响了县里对发展香榧的重视程度，对香榧发展的投入不大。近年来新发展香榧 6000 多亩，但成片基地保存率不高，农户分散种植的保存率和生长情况都良好。稽东镇香榧林和老树如图 5-14、5-15、5-16 和表 5-17 所示。

图 5-14　稽东镇陈村香榧壮年林

图 5-15　稽东镇香榧老林

图 5-16　基部和内膛裸秃的古树

图 5-17　稽东镇香榧科技示范园区有 3000 多株香榧大树

五、嵊州市谷来镇

　　嵊州市谷来镇地处嵊州市、绍兴县、诸暨市三县、市交界处，属会稽山中段的低山丘陵地区，境内海拔 250～808m。全镇 63 个行政村，共 2.8 万人。有山林 10.5 万亩，茶园 2 万亩，竹林 3.5 万亩，旱地 1.1 万亩，水田 0.6 万亩，森林覆盖率达 82%。2002 年国内生产总值 15780 万元，农民人均收入 3771 元，属于嵊州市经济欠发达乡镇。经济收入以茶叶为主，香榧分布村以香榧为主。全镇香榧投产大树 14500 余株，其中 10 个重点村 12813 株，占全镇的 85%。香榧分布区的海拔多在 250～650m 之间，属于盆缘山地，海拔较高，相对高不大，地势较平缓，植被茂密，土壤肥沃，气候温暖、湿润。香榧产地年均气温 12.6～15.3℃，绝对最低温 -12.6～-16.5℃，≥10℃积温 4000～4850℃，年雨量 1400～1600mm。全镇香榧年均产量 150t 左右，居全省第三大镇，嵊州市第一大镇，单产也居全省前列。该镇投产株数和产量均占嵊州市 50% 左右，香榧重点村人均投产香榧 3～7 株，人均香榧年收入 2000～7000 元。2002 年香榧收入达万元的有 1000 多户，5 万元的 50 多户。近年的香榧产量如表 5-18 所示。

表 5-18　嵊州市谷来镇近年香榧产量

年　度	2000	2001	2002	2003	2004	2005	2006	$\bar{x}$	d	CV/%
产量/t	155.75	193.7	152.4	146.9	187.2	140.0	206.0	168.85	120～206	17.36

注：上述产量数字，2000～2004 年为 10 个重点村逐村统计资料，2005～2006 年为嵊州市统计资料。

　　全镇 7 年平均年产量 168.85t（其中新投产树产量占 10%左右），平均大树年单株产量达 10.48kg。全镇有新投产香榧幼树 5000 余株，产量上升很快。

　　谷来镇单产较高原因：

　　1）立地条件好。香榧林多分布于高丘、低山的缓坡、山脚、溪流两侧及山顶台地，坡度平缓，植被茂密，由凝灰岩、安山岩发育的土壤肥沃深厚，水土流失少。不少村边、山脚、河滩地上的散生和小片榧林一直高产稳产。

　　2）气候温暖，湿润，无严寒、酷暑危害，加上土层深厚，干旱危害也少。2003 年和 2006 连续两年夏季高温干旱，诸暨赵家镇、绍兴稽东镇等地小竹凋萎，香榧假种皮皱缩，而谷来镇则没有这种情况出现。

　　3）树龄比较年轻。据 10 个村调查，百年生以上老树占 25%～30%，结实旺盛的壮年树占 70%～75%，其中 20 世纪 60 年代小树嫁接的壮年树单株产果达 70～100kg，80 年代中期嫁接的幼树株产果也达 30kg 以上，且比较稳产。

　　4）雄树比例较高。全镇有 360 多株雄榧树，雄榧与香榧比为 1：39，而且普遍推行人工辅助授粉。

　　5）管理较集约，许多幼林进行林粮套种。20 世纪 90 年代中期以后，每年春秋两次施肥，施肥量多数为每产 250kg 果施复合肥 100kg，2001 年以后发现施肥过量导致伤树减产后，从 2004 年起一律改施饼肥、栏肥、绿肥等有机肥。由于生态环境好，从未发生过严重病虫害，对于部分蚜虫、蚧壳虫和螨类危害，坚持按森林食品基地要求，安全用药，尽早除害。

　　由于谷来镇的经济发展水平相对较低和香榧对山区农民增收的重要意义，地方政府对发展香榧十分重视，对香榧发展规划，基地建立，扶持力度均居全省的前列，农民对发展香榧的积极性很高，近年新发展香榧近 2 万亩，80 万株，新投产的香榧树增加快，香榧发展空间大，是香榧发展最快的乡镇之一，其林相如图 5-18、5-19、5-20 所示。

图 5-18　谷来镇山顶缓坡地香榧林套种，光照条件好

图 5-19　香榧与周围毛竹林相

图 5-20　盛产期香榧林

六、嵊州市谷来镇袁家岭村

袁家岭村属嵊州市谷来镇，海拔 450～650m 的山间小村，与诸暨钟家岭村仅一山之隔。地处低山的中上部地势较平缓的台地；有凝灰岩、流纹凝灰岩、流纹岩发育的山地黄红壤，较深厚、肥沃，坡度在 10°～30° 之间；坐西北，面向东南，缓风、光照充足。全村仅 83 户，280 人，165 个劳力，有耕地 96 亩，茶叶园 90 亩，山林 1500 亩，其中毛竹 500 亩。香榧呈小片状及散生分布，有成林香榧树 1318 株，实生榧树 60 余株，雄榧树 22 株，按 6.5 株/亩计，折成香榧林 215 亩左右，全村人均 4.71 株。20 世纪 80 年代中期挖野生苗种后 3 年嫁接，现株产 5～6kg 干籽，株产值 500～600 元。90 年代开始大规模造林，全村已造林 3 万余株，80% 以上为实生苗，3～4 年后嫁接。在 1300 多株投产香榧中，100 年生以上占 30% 以上，50～100 年占 50%，50 年生以下 20% 左右。90 年代

以前，香榧属集体所有，每年除采收前林地劈草外未加其他任何管理，以后承包到户开始施肥、人工授粉和防治病虫害（主要为蚧壳虫），一般株施复合肥 25～50kg，栏肥 250kg。在 20 世纪 90 年代加强管理以前全村年收香榧 5000～10000kg，从 1998 年以后年产量均在 10000kg 以上。近 6 年产量如表 5-19 所示。

表 5-19　袁家岭村香榧历年产量（干籽）

年　度	产量/kg	平均株产/kg	平均株产值/（元/株）	全村人均香榧收入/元	备　注
2001	26250.0	19.92	1593.3	7500.0	产值按每年实际价格统计所得
2002	21250.0	16.12	1289.8	6071.0	
2003	15000.0	11.38	1138.0	5357.1	
2004	20000.0	15.17	1365.7	6428.0	
2005	10000.0	7.58	1062.2	5000.0	
2006	22500	17.07	2048.0	9642.0	
$\bar{x}$	19166.7	14.54	1416.2	6666.4	

2001～2006 年全村年产香榧（干籽）10000～26250kg，6 年平均年产 19166.7kg，折成单株平均产量 14.54kg，单株年产值 1416.2 元，全村人均仅 4.71 株投产香榧，香榧年收入 5000～9642 元，平均年收入 6666.4 元，香榧收入占农民总收入 70%以上。2003 年调查该村何金原户，该户有投产香榧 42 株，百年生以上 22 株，小树 20 株，2001 年收香榧（加工品）562.5kg，收入 9 万多元，株产值 2143 元；2002 年收香榧 518kg，收入 83000 元，株产值 1976 元。年投入：施肥 2000 元，采工 15～18 个（1500～1800 元），人工授粉 100 元，其他（削草、病虫防治、果实处理等）600 元，合计 4200～4500 元，投入产出比为 1∶18～1∶20。该村何金祥户 4 口人，有香榧 18 株，百年生以上大树 8 株，实际记载 1998～2006 年香榧产量如表 5-20 所示。

表 5-20　何金祥户 1998～2006 年香榧产量

年　度	1998	1999	2000	2001	2002	2003	2004	2005	2006	$\bar{x}$	CV/%
产量/kg	312.3	462.8	162.5	462.5	212.5	175.0	320.5	218.0	456.2	308.5	40.68

9 年平均年株产 17.13kg，年株产值 1361～3041 元，年人均收入 5444～12164 元。

袁家岭村是香榧单产和效益最高的山村之一，主要原因：

1）立地条件好。该村地处 450～600m 的山体中上部台地，地势平缓，坡度多数在 15°以下，凝灰岩及局部安山岩发育的黄红壤，土层深厚、肥沃；地势坐西北朝向东南，西北山峰可防冬季干冷西北风危害；林地光照条件好；四周有毛竹及阔叶林，水土保持好，几乎不受高温干旱危害。

2）老、中、青香榧树年龄结构合理。百年生老树占 30%，中龄树占 50%，刚进入盛果期的幼树占 20%，每年都有较多的幼树投产，增产空间大。林分密度较小，大树片

林每亩仅 5～7 株，树冠发育好，内膛结实能力强。

3）全村有 26 株雄榧树，且分布较均匀，对雄榧树分别挂牌严格保护，并坚持每年进行人工辅助授粉。

4）抚育管理较好。坡地香榧都建有保持水土的树盘。从 20 世纪 90 年代起，坚持每年春秋各施肥 1 次，一般大树株施复合肥或尿素 20kg，有机肥 250kg 以上，由于有机肥使用较多，多数树下土壤松疏，肥沃，根系发育好。2001 年以后由于农户盲目施肥，有株施化肥 50kg 以上的，导致烧根、落叶、落果、严重减产等现象，2004 年以后基本停施化肥，改施饼肥，栏肥等有机肥。散生树的树下，四周多数套种茶叶、玉米、黄豆、蔬菜等，以耕代抚，林相如图 5-21、5-22、5-23 所示。

图 5-21　袁家岭村香榧林相

图 5-22　结果累累的老树

图 5-23　刚投产的幼林林下套种番薯

七、东阳市虎鹿镇西垣村

东阳市现属金华市管辖，古代曾先后属东阳郡、婺州、金华府。三国吴、宝鼎元年（公元 266 年）由会稽郡分置东阳郡，隋开皇九年（公元 589 年）改为婺州，明代改称金华府。东阳郡和婺州为古代榧树产区，亦为香榧的发源地之一。南北朝时陶弘景著《名医别录》称："榧产永昌、东阳诸郡"，北宋严友翼著《艺苑雌黄》中有："婺州之东阳所产榧子与他处迥殊"，苏东坡诗"彼美玉山果……"中所指的是玉山果，产地玉山，当时属东阳。清道光《东阳县志》载："榧实，一名'玉山果'，玉山在婺州，婺州榧子冠于浙江"。东阳市在会稽山之阳，香榧主要分布会稽山南麓。据调查，该市虎鹿镇、怀鲁镇、三单乡、八达乡、罗山林场、黄皮岭林场等 10 多个乡、镇、场有香榧分布，最多的为虎鹿镇，其次为怀鲁镇，其他均为零星分布。全市有投产大树 12600 多株，近年产香榧 120～150t 之间，属省级"香榧之乡"。

东阳市政府和林业部门对香榧发展极为重视，近年新发展香榧基地 3 万多亩，康大实业有限公司等企业参与香榧产业发展，其规模和效果均居全省先进列。

东阳香榧现有林资源最多的是虎鹿镇西垣村，该村位于会稽山南麓，海拔 300～600m，地形属低山宽谷，香榧多分布于谷底溪流沿岸及山脚缓坡地带，由凝灰岩发育的山地红壤，土层深厚肥沃，多为梯级整地，水土保持较好。全村人口总数是 1083 人，投产香榧大树 5850 株，年产香榧干籽 70t 左右，约占东阳市的 60%，近年产量如表 5-21 所示。

表 5-21　西垣村近年香榧产量

年　度	2001	2002	2003	2004	2005	2006	$\bar{x}$	CV/%	平均株产
产量/（籽 kg）	96750	81250	81250	62500	31250	75000	70837.5	30.90	12.11

2001～2006 年间，年产干籽 31250～93750kg，平均年单株产干籽 12.11kg。该村香榧年龄较老，多数大树树干从顶部到干基中空，但枝梢发育和结果都表现良好，单产也较高，主要是由于：① 林地地形开阔，林分比较稀疏，光照条件好；② 香榧种于梯地上，长期进行林粮套种，管理较好；③ 由于山区粮食紧张，种于耕地上的香榧为了减少对农作物的遮阴，多数经过断枝修剪，保留的树体冠幅较小，高冠比较大，枝条丛生，结实立体性强，单株产量虽不算最高，但单位树冠投影面积产量却居于各产区的前列（如图 5-24、5-25、5-26 所示）。

图 5-24　西垣村香榧林相

图 5-25　路边及其附近的孤立树、散生树，生长旺、产量高

图 5-26　古香榧心材腐烂仍生长结果良好

八、磐安县东川村

　　磐安县地理位置北纬 32°30′、东经 121°50′，为浙江古香榧分布最南的地区，是古代香榧的发源地。北宋苏轼诗中的"玉山果"，南宋叶适诗中的"蜂儿榧"是香榧的祖先，均产于该县的玉山镇、尚湖镇一带。现有香榧大树多为数百年生以上的古树。全县香榧分布主要在 5 个乡镇，为玉山镇、尚湖镇、大磐镇、墨林乡、窈川乡，均属大磐山脉，系侏罗纪火山岩系发育的典型地带，多数呈散生或小块状分布于玄武岩、凝灰岩、红紫砂砾岩发育的土壤上。据 2003 年对 5 个乡镇 15 个重点村（占香榧总数 90%以上）调查，共有香榧投产大树 3517 株，雄榧 56 株，野生榧 259 株，每村有香榧树 29～600 多株不等，其中墨林乡的东川村香榧最多为 626 株，产量约占全县的 1/4。

　　磐安县香榧与其他县市香榧比较，有以下三个基本特点：

　　1) 树龄古老，现投产大树 80%以上均为百年以上至千年古树，绝大多数树干和主枝中空，心材腐烂，树形老态龙钟。

　　2) 绝大多数树体有一主干（可能嫁接时接穗数量少），由于树龄大，主枝顶部枯死

脱落，由主干、主枝重新萌发新枝形成树冠，树体在长期的向心枯死脱落与重发新枝的过程中，形成树冠盘曲，枝条成丛，冠幅缩小，整个树冠呈云层状，高冠比大，结实立体性强，与诸暨、绍兴等产区的丛干形、大冠幅呈鲜明对比。

3）香榧多分布于海拔 300～650m 高丘宽谷的缓坡下部、山脚及溪流边缘，多呈散生状，光照条件好，单株产量高。

该县 1997 年以前，香榧基本不加管理，加上雄株砍伐殆尽，几乎没有产量。1997年以后多数由外县人承包，开始施肥、人工授粉等管理，近年产量基本上稳定在 50～70t。按全县投产大树 3800 株计算，年均单株产干籽 13.2～18.4kg/株，居全省单产前列，但新投产的香榧不多。

磐安县是国家生态示范县，也是全国的"香菇之乡"和"药材之乡"，香榧产值在全县经济中所占比例不大，但产香榧的重点乡、村香榧收入在农民总收入中却占有重要地位。因此这些乡、村和县林业部门非常重视香榧的发展，近年来新发展香榧 2000 多亩。该县香榧加工企业磐安县蜂儿土特产有限公司，采取公司加农户的经营模式，建立蜂儿榧有机产品基地，利用有机农产品经营技术指导现有林管理和扩大栽培，对香榧产业发展起到了良好的推动作用。

磐安县香榧最多的村是墨林乡东川村，该村位于 360～900m 的低山丘陵地，地形复杂，峰峦叠嶂，气候温暖湿润，土壤肥沃，全村 250 多户，800 余人，有香榧大树 626株（2003 年调查数字），人均不到 1 株，但产量较高，近年产量如表 5-22 所示。

表5-22 东川村香榧近年产量表 单位：kg

年 度	2000	2001	2002	2003	2004	2005	2006	年平均
产量（果）	30000	65000	40000	60000	70000	50000	65000	54285.7
单株产果量	47.92	103.83	63.89	95.84	111.82	79.87	103.83	86.71
单株干籽	11.98	25.95	15.92	23.96	27.95	19.97	25.95	21.67

注：2000～2002 年产量为 2003 年调查数字，2003～2006 年为陈星高高工提供。

东川村近 7 年平均年单株产干籽达 21.67kg，单株平均产值近 2000 多元，是全省单产最高的村，其中有 8 株大树产果 500kg 以上，最大 1 株"香榧王"近 1300 年生，最高年产曾达 900 多 kg，前几年经雷击，几个大枝被烧毁，目前产量仍达 400kg 左右。1998年以来该村新发展香榧 600 余亩，25000 株以上，约占全县新发展香榧的 1/3，少数已开始挂果，林相如图 5-27、5-28、5-29、5-30、5-31 所示。

图 5-27 磐安东川村香榧林相

图 5-28 磐安东川村香榧古树丛

图 5-29　磐安玉山黄里村溪边古香榧

图 5-30　磐安古香榧树丛

图 5-31　年产 550～700kg 果的千年香榧树

九、诸暨市东白湖镇娄曹村

诸暨市东白湖镇娄曹村属山区小村，198 户，580 人，海拔 400～500m，位于山顶小盆地。地势较平缓，相对高差不足 50m，坡度 15°以下，多数 5°～10°，为流纹岩发育的山地红壤，较深厚。以前有少量散生香榧分布。20 世纪 80 年代开始种香榧，是利用圃地嫁接小苗造林而培育成功的第一片香榧基地。

该村以前为交通不便的贫困小村，地少人多，除有少量桑树收入外，基本上没有经济来源。为求经济发展，1976 年在村会计提议下决定发展香榧，当年年底采种育苗，共育实生苗 1 万多株，1978 年 2 年生小苗嫁接，1980 年 3 月嫁接苗上山造林。共造林 300 亩，大多种在旱地上，实行榧粮套种。1979 年旱地分户经营，而香榧仍属于集体，加上人均只有 5 分地，粮食紧张，香榧短期又无效益，所以好的耕地上的香榧多次被破坏，又多次补植，只有在地边、坡脚和坡度较陡的地方保存较好，现保留投产树 2000 多株，

实际面积 230 余亩。由于海拔较高,造林时没有遮阴,夏季套玉米、黄豆成活率达 80% 以上,幼年基本上依靠套种以耕代抚。1987 年少数开始结果,90 年代中期普遍结果,1995 年全村产籽 500 余 kg。由于香榧价格大幅度上升,1996 年起开始防病(细菌性褐腐病)、施肥,1997 年人工授粉,1998 年收干籽 6000 余 kg。2001 年以后产量逐年上升。

表 5-23 娄曹村近年香榧产量与产值

年 度	产果量/kg	产 值/元	全村人均香榧收入/元
2001	35000	560000	965.0
2002	40000	720000	1241.4
2003	50000	900000	1551.7
2004	60000	1200000	2068.9
2005	60000	2400000	4137.9
2006	70000	2100000	3620.6
$\bar{x}$	52500	1313333.3	2264.3
CV/%	25.37	58.03	58.03
d	35000~70000	560000~2400000	965~4137.9

娄曹村是利用香榧小苗成片造林成功的第一村,他们的经验说明:

1)就地育苗就地造林容易成活。造林后实行榧粮套种,利用玉米、黄豆及桑树为香榧遮阴,通过农作物耕作以耕代抚,有利于香榧的生长发育。虽然早期在重粮轻榧的情况下,榧苗破坏较多,多数是以后陆续补植的,林相不够整齐,但只要保存下来的生长、结果都仍然良好。

2)在正常管理下,香榧并不是生长很慢、结果很迟的树种。该村 1980 年造林,1987 年开始结实,1995 年投产,2001~2006 年保存的 230 亩左右,年均产果 52500kg,年均产值 131.3 万元,全村人年均香榧收入达 2264.3 元,年均亩产值达 5708 元。2005 年调查,1980 年种植的冠幅 3.9~6.2m,树高 3.8~6.3m,地径 22~31cm,单株产干籽 4~14kg;1995~1996 小苗造林的,10 年生树高已达 3.2m,冠幅 2.3m×2.8m,基径 12cm,单株产干籽量 1.7kg,株产值 170 元,折成亩产值 3000 余元。

娄曹村香榧收入已占该村农民收入的 80% 以上,发展香榧已成为该村脱贫致富的成功之路,群众对发展香榧积极性很高。近年已形成基地近千亩,由于投产树均处幼、壮年,单产提高很快,加上新投产的幼树较多,香榧产量和效益迅速增加,已成为香榧新产区的典范(如表 5-23 和图 5-32、5-33、5-34 所示)。

图 5-32 娄曹村香榧林相

图 5-33 保存率高的片林

图 5-34　嫁接 10 年的幼树结果状况

十、杭州建德市大库村

大库村属建德市、三都镇的山区小村,位于杭州西部天目山区外围,海拔 500～700m,坡度 15°～35°。为凝灰岩及流纹凝灰岩发育的山地红壤,土层较薄,土壤石砾含量达 60%以上,通气性好但保水性差。周围植被保存好,土壤有机质较丰富。香榧所在地年平均气温(据建德市气象资料推算)约 13～13.5℃。该村 1958 年由当时的建德县供销合作社从诸暨引来香榧接穗,以当地野生榧为砧木改接而成,是香榧从会稽山区引向天目山区的成功实例之一。当时嫁接 500 余株,接后几年由供销社投资管理,以后归集体所有,除投产后在采果前劈草外,未加任何管理。由于数量少,群众又不熟悉香榧加工技术,采下的香榧常与野生榧一起分给群众食用,长期未受到重视,嫁接成活的树也屡遭破坏,最后保存下来 270 余株,除部分在榧树林内光照不好及林缘屡受损伤的外,正常结果的230 多株。20 世纪 90 年代由于香榧价格大幅度上升,于 1997 年由村民盛建旗承包,开始施肥、防治病虫害等管理,现生长结果良好,2001～2006 年每年实际产量如表 5-24所示。

表 5-24　大库村香榧历年产量

年 度	鲜果产量/kg	干果产量/kg	产值/元	备 注
2001	14500	3625.0	217500	1. 鲜果折干果按 4.5∶1,2003年、2006 年干旱果皮薄按 4∶1;
2002	15000	3333.3	150000	
2003	21000	5250.0	400000	2. 产值按当年鲜果价格统计,2003年为自己加工产值
2004	13400	2977.8	200000	
2005	4500	1000.0	90000	
2006	14500	3625.0	217500	
$\bar{x}$	13500	3164.4	212500	
CV/%	39.38	42.42	49.02	

　　大库村 1958 年嫁接香榧后，直至 1997 年近 40 年未加管理，而且嫁接后，上坡开山、挖树根时（作薪柴）石块和树根滚动对嫁接成活的香榧破坏很大，但保存下来的香榧一经抚育仍然生长结果良好。2001～2006 年年均产果 6750kg，折干果 1582.2kg，平均年产值 21.25 万元，平均单株产干果 6.88kg，平均株产值 923.9 元，按 7 株 1 亩计，亩产值达 6000 余元，产量品质和产值均不低于原产地，说明只要有野生榧树都可以改造成香榧。其次香榧抗旱能力很强，2003 年夏、秋节长期高温干旱，该村的杉木、毛竹成片发黄、枯死，而当年香榧却获得丰收，但该年夏、秋季的长期干旱影响当年枝、芽发育和花芽分化，导致 2005 年的大幅度减产。所以对坡度较陡，土层薄，石砾含量高，保水性差，易受干旱危害的大库村在今后的香榧管理中要特别注意水土保持，增加香榧林下土层厚度和土壤有机质。

　　近年来大库村通过育苗和挖野生苗嫁接已发展数千株香榧，其中盛建旗一户就发展 2000 多株。20 世纪 90 年代中期野生大苗嫁接的，接后 10 年单株产果已达 10～15kg，株产值 200～300 元（如表 5-24 和图 5-35、5-36、5-37、5-38 所示）。

图 5-35　大库村野生榧树林

图 5-36　野生榧树改接的香榧林

图 5-37　48 年生嫁接香榧树近 4 年年均产量 95.6kg、折 23.9kg 干籽，年均产值 2500 元以上

图 5-38 大库村 1994 年挖野生砧嫁接的香榧，近年株产果 10～15kg

从不同产地的典型经验介绍中可以看出以下几点：

（1）香榧扩大栽培前景广阔，可以通过野生榧树换种和育苗造林来实现

如浙江天目山区和安徽黄山地区，野生榧树改接香榧生长好，投产快。上面介绍的天目山区的建德市大库村 20 世纪 50 年代末改接的香榧，生长结果和干果品质丝毫不逊于会稽山区，单株产量还略高于会稽山区，现平均单株产值 920 多元，亩产值达 6000 多元；20 世纪 70 年代在临安市三口镇长明村、太湖源镇横渡村改接的香榧，株产干籽 10～60kg，株产值 1000～5000 元，说明凡有野生榧树资源的地方，改接换种是发展香榧快速有效的途径。诸暨市东白湖镇娄曹村 20 世纪 80 年代利用小苗造林，8 年左右投产，现株产 4～14kg，株产值 400～1400 元，2001～2006 年平均亩产值达 5708 元，说明小苗造林完全可以成林并实现高产高效。

（2）香榧是适应性很强的树种，但要高产稳产必须有适宜的立地条件和科学的栽培技术

1）立地条件 香榧喜肥，要求土壤疏松、通气良好。高产的典型如袁家岭、钟家岭、西垣、东川等村，共同的特点是地处山顶盆地边缘或宽谷溪边和谷侧缓坡，土壤深厚、水土保持好，光照条件好，树冠发育良好，产量高且稳；而处在狭谷两侧坡地及部分陡坡地，水土流失严重，土薄、光照不好，产量低且不稳。

2）合理的种植密度 香榧幼龄喜阴，结果后要求充足光照。密度过大，特别是密度大的老林，枝桠交错，相互庇阴，树冠内膛光秃，结果枝少而弱。结果表面化，产量低且质量差。调查中发现，几百年生孤立树，单株产果可达 200～600kg，而同样树龄在相同立地条件下的密林，株产最高仅几十千克，而且大小年明显。单株产量通常是孤立树>疏林>密林；光照好的地方>光照差的地方。由此可见，树冠的受光面积与产量呈正相关。

3）树体结构 香榧顶端优势强，主枝多而细长，冠幅大，结果立体性不强，有时单株产量不低，但单位面积产量不高。凡树体有明显主干、树冠紧凑，枝梢簇生，则单位面积产量高。高冠比越低单位面积产量越低。实际调查，诸暨赵家镇等地高冠比多在

0.6～0.8，绍兴、嵊州等地多在 0.7～1.0 之间，而东阳、磐安一些产区，树龄最老，在长期的向心更新过程中形成有明显主干的紧凑树冠，高冠比多在 1.0 左右，平均单株及单位面积产量最高。因此，香榧的整形势在必行。香榧萌芽力及树体可塑性强，通过整形，有目的培养主枝、副主枝，控制树冠横向扩展，比较容易构建合理的树体结构。

4）加强管理　　主要是控制水土流失，科学施肥，配植或嫁接雄株，防治病虫害等。当前要特别注意科学施肥，要控氮、稳磷和增钾，多施有机肥。娄曹村和钟家岭的经验证明，幼龄期间林下种植和林粮套种对促进幼林速生、早实有明显效果，这个经验对指导浙江省和我国南方大面积低产低效的板栗及其他落叶干、水果林的改造有重要意义。

第六章 香榧病虫害防治

第一节 概 述

一、香榧病虫害相关研究

我国现有的香榧结果林地大多是由野生榧树嫁接改造而来，在主产区大多呈散生或小片状分布，加之多数分布地区海拔较高，榧林混杂，林间生态环境较好，同其他果树相比，病虫害较少。长期以来，人们对于香榧生长发育期间主要病虫为害情况关注较少，研究历史不长，国内外相关研究报道十分有限。

20世纪90年代，丁玉洲等人对安徽歙县、休宁等地榧树害虫种类作过调查，发现有榧树害虫13种，分属昆虫纲4目6科，其中以咖啡虎天牛、考氏白盾蚧等危害最为严重。据黔县抽样调查结果来看，该地区榧树树体天牛为害面积超过40%，考氏白盾蚧虫株率近100%。

2001～2004年，吾中良、徐志宏等人对诸暨、绍兴、嵊州、东阳、建德等浙江香榧主产区病虫害种类进行了系统研究，共查明香榧害虫55种，分属6目29科，以鳞翅目蛾类、同翅目蚧类、鞘翅目天牛类和金龟子类等为主要虫害；主要病害4种，即香榧细菌性褐腐病、香榧紫色根腐病、香榧疫病和香榧苗木立枯病；另有其他有害生物4种。从调查情况来看，目前浙江不同香榧产区主要虫害发生情况也存在一定差异：诸暨、绍兴、嵊州地区以香榧细小卷蛾、黑翅土白蚁对大树危害较为严重；建德地区主要以香榧硕丽盲蝽危害为主；香榧苗期则以野蛞蝓和斜纹夜蛾危害最为严重。此外香榧瘿螨在不同年度之间会偶然发生，数量较多，范围较广。病害当中，又以果实褐腐病和绿藻危害最重，对香榧产量影响也最大。

二、香榧病虫害防治原则

在香榧栽培管理过程中，对于影响香榧正常发育的各种病虫害，应该严格控制其危害程度和发病范围。在防治过程中，应该遵循"预防为主，综合防治"的植保方针，从香榧生产全局和整个林地生态系统出发，预防为主，综合运用各种栽培、管理手段，改善生态环境，创造不利病虫害滋生，而有利于香榧及有益生物生长繁殖的环境条件，以保持生态平衡和生物多样性。同时，病虫害防治过程中还应考虑安全、经济、有效的原则，严格按照《浙江省无公害香榧标准》进行操作。在确保优质、高产的前提下，注意节省劳力、降低成本，保障人畜、作物和有益生物的安全，将病虫害控制在允许的经济阈值以下，减少防治过程中对产品和环境的污染及其他有害副作用。

三、香榧病虫害防治的基本方法

1. 农业防治

农业防治主要是指在林地抚育管理过程中通过香榧林地水土保持、土壤耕作、水肥管理、整枝修剪、控制密度等技术或措施，创造有利于香榧树体生长发育，不利于病虫害发生危害的条件，从而达到增强树势、控制病虫害发生的目的。农业防治是香榧病虫害防治的基础和关键。具体注意以下几点：

1）林地耕作　在香榧林地抚育管理过程中，秋、冬季结合林地土壤翻耕等方法，将一些土壤中的地下害虫和病原物翻到地表，使其冻死、风干或被天敌捕杀，也可将地表的病残体、菌核及部分在地表越冬的害虫，翻埋到土壤深层，促进以病残体越冬的病原物加速死亡，使菌核不能萌发出土，使害虫蛹不能羽化出土，减少来年的侵染源。

2）林地管理　在香榧育苗过程中，当苗圃内有中心病株出现时，要及时拔除病株，切断传染源。在栽培管理过程中，结合采收对伤残枝进行疏、截清理，剪除病虫枝，使树体通风、透光良好、生长发育强健，抵抗力增强，改善林地卫生状况。

3）科学施肥　合理施肥可以为香榧生长发育提供充足的营养，增强香榧树势，提高其对病虫害的抵抗能力。同时也是保证香榧丰产、稳产、优质的关键措施。多施有机肥和增加磷、钾肥的比例，可以改良土壤，增强树体抗性，减少病虫害发生。未经处理的城市垃圾肥和未腐熟的厩肥，则常会增加土壤有毒重金属污染和地下害虫的繁衍。

2. 物理机械防治

物理机械防治就是利用各种物理因素及机械设备或工具防治病虫危害。该方法简单方便，经济有效，副作用少，符合香榧无公害生产要求。

1）人工捕杀　对于茶蓑蛾等虫体较大、以袋囊越冬的害虫可以以人工摘囊捕杀；斜纹夜蛾、苹掌舟蛾等化蛹越冬的害虫，可以翻土杀蛹。对于卵块较多或害虫群集的枝叶，也可以人工摘除。根据榆掌舟蛾、苹掌舟蛾等幼虫具有群集和受惊后吐丝下垂的特性，可以人工振动捕杀。

2）灯光诱杀　许多夜间活动、取食为害香榧的昆虫如斜纹夜蛾成虫和金龟子等都具有趋光性，可用黑光灯进行诱杀。

3）化学饵料诱杀　根据某些害虫如香榧斜纹夜蛾的趋化性，配制糖醋毒液进行诱杀。利用蝼蛄、小地老虎、白蚁等害虫对某些物质喜食特性，配制毒饵进行诱杀。

3. 生物防治

生物防治是利用病虫害天敌或其产物来防治病虫害的方法。它具有对人畜无毒，对有益生物影响小，不污染香榧和环境，有效期长等优点，是香榧病虫害综合防治和无公害生产的重要组成部分。主要有：

1）以菌治虫　就是利用害虫的致病微生物来防治害虫。目前用得多的为 Bt 乳剂（苏云金杆菌乳剂），该菌繁殖容易，生产成本低，可以防治多种鳞翅目害虫。

2）以病毒治虫 此种防治方法从 20 世纪 70 年代以来发展很快，目前已发现多种角体病毒和颗粒体病毒，具有保存期长、用量小、防效高、专一性强、不伤天敌和对环境无污染等优点。如茶毛虫核型多角体病毒（NPV），小卷叶蛾颗粒体病毒（GV）等已在茶叶害虫防治上广泛应用。

3）以虫治虫 一般指人为利用捕食性和寄生性天敌昆虫或益螨防治害虫。榧树上常见的寄生昆虫有茧蜂、姬蜂，捕食性昆虫常见的有瓢虫、草蛉和黄足猎蝽等。生产上可以通过人工放养这些昆虫天敌如螨类或蜘蛛等防治害虫。

4. 化学防治

化学防治是利用化学农药防治病虫害危害的办法。由于化学农药使用方便，防治对象广泛，防治效果好，能够迅速控制病虫害的蔓延危害，因此在目前香榧生产中，化学防治仍然是病虫害防治的重要手段。如何合理减少农药使用剂量，减少农药污染，控制香榧果实中农药残留量在安全标准以下，是当前香榧生产应当注意的重要问题。

农药选择必须严格按照当地无公害香榧生产标准要求对农药种类进行选择。选择时要掌握 3 个原则：① 高效：就是对靶标病虫有很好的防治效果。② 选择性强：不仅要对靶标病虫防治效果高，还要考虑对有益昆虫天敌和微生物比较安全。③ 易于降解：即喷施后能在光、热、雨水淋洗等因素作用下分解稀释，降解至允许残留限量水平以下。具体地说所选用的农药要求半衰期（$T_1/2$）短，对人畜毒性小（LD50 值高于 50mg/kg），蒸气压高，在水中溶解度小。

要选择最佳防治用药时间，适量用药，根据不同农药的有效剂量喷药，防止滥施。提倡不同农药交替使用和混合使用，以提高药效和防止病虫对农药抗性的增强。

根据香榧病虫害发生的不同时期和特点，选择喷药、喷粉、土壤处理、施毒饵及涂抹等方式进行防治。喷药时可选用先进机械，低容量喷雾（雾滴直径在 100μm 左右）和超低容量喷雾（雾滴直径 50μm 左右），以提高药效，减少用药量。

第二节 香榧主要病害及防治

目前，香榧生产中常见病害主要有苗木立枯病、果实褐腐病及紫色根腐病和香榧疫病等几种，大多是由病原真菌侵染引起，侵染部位包括幼苗根茎、枝茎及香榧果实等部位。发病时对香榧育苗成活率、果实发育及树体正常生长影响很大。

一、香榧立枯病（Torreya seedling wilting）

立枯病是香榧幼苗期的一种主要病害，主要危害种芽、苗木的根和茎基部，染病后常造成幼苗植株大量死亡，降低香榧育苗成苗率。目前该病在我国香榧产区普遍存在。

【症状】香榧幼苗植株受害后，地表茎基部出现褐色病斑，并逐渐腐烂，严重时扩展到整个茎基部，造成幼茎基部缢缩，地上部茎叶凋萎、枯死，形成青枯病株。空气潮湿时，茎基部染病部位可见淡褐色的霉状物。常见有 3 种症状：① 香榧播种育苗期间，种子萌芽后，种芽由于受环境条件影响及真菌侵染，正常生理功能受到破坏，引起腐烂死亡，造成床面呈块状、团状或断断续续的缺苗现象。② 幼苗茎部木质化前，幼苗近地处茎部有褐色病斑，并逐渐呈水渍状腐烂，严重时扩展到整个茎基部，造成幼茎基部缢缩，幼苗倒地死亡。③ 幼苗茎木质化后受到侵染腐烂，破坏了输导组织，地上部分缺水，幼苗逐渐枯干，直立死亡（如图 6-1 所示）。

图 6-1　香榧苗木立枯病危害症状

【病原】香榧立枯病是由终极腐霉（*Pythium ultimum* Trow）、茄丝核菌（*Rhizoctonia solani* Kohn）和黄色镰刀菌（*Fusarium culmorum* Sacc.）等多种病原菌引起。为害比较严重的是茄丝核菌和黄色镰刀菌。

【发病规律】病原菌以菌丝体或菌核在土壤中或病残体中越冬。春季条件适宜时，菌丝体生长蔓延，侵染幼苗，形成发病中心，并不断扩展。在土壤中病菌主要分布在表土层。高温高湿有利于病菌生长。从发病情况看，茄丝核菌引起的立枯病多发生在湿度过高的土壤，镰刀菌则在土壤略有干燥的地方更容易感染，而腐霉菌在排水不良、过湿的苗床被害比较显著。苗木过密、阴雨天气等条件往往会加重立枯病的发生与蔓延。此外，该病原菌可由雨水、灌溉水、带菌堆肥以及农具传播。受害植株病情往往随苗龄增长而减弱。

【防治方法】香榧立枯病主要通过土壤传播，因此预防该病的重点措施应放在选择适宜苗圃地并注意土壤消毒。

1）选择通风、向阳、地势较高、土层深厚、通透性好、排灌方便的砂壤土建苗圃，播种前用 0.1%福尔马林溶液（甲醛溶液）浇穴，进行土壤消毒。

2）实行秋播育苗，避开发病高峰季节，或推广无菌土营养钵育苗技术。

3）播种育苗前可用 40%五氯硝基苯粉剂 100g 加细土 40kg 拌匀后覆盖种子。

4）发病苗床用 50%多菌灵按 1:500 兑水稀释，进行喷撒或灌根。5 天一次，连续 3 次。

5）在光照强烈的圃地，秋季高温干旱容易造成苗木根茎处受日灼损伤，病菌侵入引起发病高峰。因此，苗木荫棚不能过早拆除，干旱期间应注意灌溉。

6）苗圃集中发病区应及时清除病苗并烧毁，进行土壤消毒。

二、香榧细菌性褐腐病（Torreya bacterial broun rot）

细菌性褐腐病是目前危害香榧生产的主要病害之一，该病多在 4 月底或 5 月初开始出现，主要危害刚膨大的幼果，5 月中、下旬为发病高峰，6 月初为病果脱落高峰期，造成香榧大量减产。6 月中旬后遭病菌侵染，往往形成香榧畸形果。果实贮藏期间也可侵染危害。

【症状】香榧幼果受侵染后，被害果面先是出现针头大小的油渍状斑点。随后，病斑沿着维管束两侧延伸，迅速扩展成不规则形状，蔓延全果，使表皮发病组织变褐，病斑表面凹陷并有黏液分泌。严重时病菌还可以延至果蒂或侵入幼果内破坏种仁，使表皮颜色由青绿渐变为灰黄，幼果易脱落（如图 6-2 所示）。

图 6-2　香榧细菌性褐腐病

【病原】香榧细菌性褐腐病病原为胡萝卜软腐欧氏杆菌[*Erwinia carotovora*(Jones)Bergey et al.]，菌体短杆状，两端钝圆，大小（1.0~2.0）μm×（0.5~0.7）μm，周生 2~5 根鞭毛，革兰氏染色阴性，兼性嫌气性。

【发病规律】病原细菌寄主范围广，适应性强，能在高湿条件下传播，也能在 0℃ 低温条件下维持侵染活性。通常在病（僵）果上越冬，翌年环境条件适宜时借风雨传播，从伤口或皮孔侵入果实，潜育期 5~10 天。发育最适温度 25℃ 左右。一般在 4 月底或 5 月初开始发病，5 月中下旬为发病顶峰，病蒲开始脱落，6 月上旬，为病蒲脱落高峰期。香榧种壳木质化后染病，一般不易脱落，仅在侵染处形成斑点、干疤痕或萎缩成外形不完整的香榧畸形果。

【防治方法】

1）加强管理，及时清除香榧林中病残果等传染源，集中烧毁。

2）喷药保护：药剂防治时需避开香榧授粉期，可从 4 月下旬开始，用下列药剂进行防治（如表 6-1 所示），每隔 7 天交替喷雾一次，对枝、干、叶和果全面喷湿，至 7 月上旬雨季结束，可以有效防治香榧细菌性褐腐病。其中，以菌毒清防治效果最好。

表 6-1　香榧细菌性褐腐病防治用药、浓度及方法

药　剂	浓　度	使用方法
5%菌毒清	800 倍液	喷雾
50% 多菌灵	600 倍液	喷雾
50%代森铵	800 倍液	喷雾
20%叶青双	600 倍液	喷雾
农用链霉素	500ml/L	喷雾

三、香榧紫色根腐病（Torreya purple root rot）

紫色根腐病，又名紫纹羽病，是香榧生产中常见的一种致命性根部病害，主要危害苗木和成年榧树根部，受害后，香榧根系逐渐腐烂乃至枯死，是造成当前香榧树育苗效率不高、造林成活率偏低和大树树势衰弱死亡的重要原因。

【症状】发病时先是幼嫩的细根染病腐烂，后扩展到粗根，染病根皮层腐烂，容易剥落，木质部呈紫褐色。幼树或造林苗木感染后，病株多出现生长停顿、树叶萎蔫等现象，并随着根部腐烂而逐渐枯死。结实树受到侵染后，叶片逐渐由绿色变成黄褐色，树势衰退，种子瘦小，10 月份，榧叶枯黄脱落，植株逐渐枯死。50 年以上的香榧树被紫色根腐病病菌侵染后，常会出现不正常落叶，如图 6-3 所示。

【病原】香榧紫色根腐病原为紫卷担子菌[*Helicobasidium pur pureum*(Tul.)Pat.]，属真菌担子菌亚门、层菌纲、木耳目。菌丝体在病根周围集结成菌膜或菌索，紫红色。担子无色卷曲，担孢子单细胞、肾脏形，有三个隔膜，大小为（10～12）μm×（6～7）μm，无性世代常形成菌核（*Rhi-zoctonia crocorum* Fr.）。

图 6-3　香榧紫色根腐病发病症状

【发病规律】病原菌以菌丝体、菌束或菌核等形式潜伏在土壤里越冬。菌丝有抵抗不良环境条件的能力，在土中或地表蔓延，侵染健康树木根部。此外，通过病根与健康根

的接触或病残组织转移病菌也可以进行传播。一般 4 月初病原菌自幼根或伤口侵入，逐步向粗根扩展，7～8 月份为发病盛期。树体在低洼潮湿、排水不良的情况下更容易发病，并成为该病害的发病中心，逐渐向四周扩散。

【防治方法】

1）加强林地管理，发现树体枯死或不明原因落叶现象要及时处理。若为紫色根腐病菌侵染所致，要及时确定发病中心及范围，集中救治。对于枯死的香榧植株，须连根挖起，集中烧毁。挖树后留下的土坑必须及时进行消毒。

2）农药防治：3 月中旬到 4 月发病前，在病株根部周围树冠范围内挖数条不同半径的环沟或辐射状条沟，深及见根，选择晴朗天气，使用 70%甲基托布津 1000 倍液，也可用 2%石灰水或 1%硫酸铜液，或 1%波尔多液，或 5%菌毒清 100 倍液等药液灌浇。灌浇可分数次，使根部充分消毒。隔一周时间，再用药液灌浇一次，后覆上松土。在酸粘土壤上撒熟石灰可有效防治此病害。

四、香榧疫病（Torreya blight）

疫病是影响目前香榧生产的重要病害之一，幼苗发病时，常出现死苗，大树发病，主要为害主干或主枝，造成局部溃疡。

【症状】为害苗木，主要发生于茎部。发病初期病斑呈水渍状、黄褐或紫褐色，病皮稍肿皱，皮层组织腐烂，后期树皮干缩，枝条枯死。病枝上密生针头大小的橙黄色小突起，为病菌的子座，天气潮湿时，子座内挤出黄色的分生孢子堆。秋后，子座变为橘红色或红褐色。树干上病斑特征与枝上相似，但干上病斑常显著肿大，并有酒糟味，后期病部干裂，形成溃疡，如图 6-4 所示。

图 6-4　香榧疫病危害症状

【病原】病原物为寄生内座壳菌[*Endothia parasitia* (Murr.)And.]，属子囊菌亚门内座壳属。

【发病规律】病菌通过冻害、虫害、嫁接、剪锯等造成的伤口侵入寄主，以菌丝、分生孢子器和子囊壳在病组织中越冬。第二年春季气温回升、雨量充足时形成游动孢子囊，释放大量孢子。常 3 月开始发病，气温 18～27℃、相对湿度 70%～80%时病菌扩张迅速，

6 月进入发病盛期，染病枝干陆续枯死，10 月后病情逐渐停止发展。病菌在田间主要借随风、雨、昆虫传播，远距离主要通过苗木调运传播。

【防治方法】

1）选用抗病品种和健壮、无病的香榧接穗。

2）加强抚育管理，增强树势，提高树体抗病力。

3）及时防治蛀干害虫，防止病菌通过伤口侵入。

4）定期检查，发生重病株或病枝，及时清除烧毁。

5）对主干和大枝上的个别病斑，用刀刮除后涂"402"抗菌剂 200 倍液、波美 10 度石硫合剂、40%福美砷可湿性粉剂或 40%退菌特可湿性粉剂 1000ml 兑水 50kg、60%腐植酸钠 1000ml 兑水 50～75kg。另用 70%甲基托布津可湿性粉剂 1 份加豆油或其他植物油 3～5 份涂抹效果也很好。

五、绿藻（Chlorella）

绿藻属藻类植物绿藻门 Chlorophyta。绿藻在榧树叶表面形成一层粗糙灰绿色苔状物，影响叶片正常光合作用，造成榧树落果、减产，如图 6-5 所示。目前，浙江产区香榧绿藻的发生率为 51%～64%，以轻度发生为主。

【发生规律】绿藻大多发生在老叶上，新叶危害较轻。南方梅雨季节，空气湿度大，绿藻容易发生。6 月中下旬至 7 月中上旬为发病盛期。在潮湿温暖条件下，如山坡阴面、潮湿阴暗的山谷，种植过密、生长过于郁闭的榧林有利藻类滋生蔓延；管理粗放，通风透光不良有利绿藻生长。

【防治方法】

1）整枝修剪，保持榧林的通风透光、减少郁闭度，平地榧园开沟防止积水，可有效防治绿藻的发生。

2）6 月初梅雨来临之前防治或在雨间放晴时用晶体石硫合剂 800 倍液防治，10～15 天喷药一次，连续喷药 2～3 次，防治效果较好。

图 6-5　绿藻

A. 正常叶　B. 绿藻危害叶

六、香榧冻害

香榧低温伤害分为"冷害"和"冻害"两种。冷害是指 0℃以上低温对榧树造成的伤害，多发生于初冬，常在天气转暖以后突然出现降温时发生。冷害发生时，气温变化幅度不大，树体过冬准备不充分，常导致嫩叶、嫩枝受害。尤以苗木和幼树发生较为严重，特别是化肥施用量过多，树体徒长时危害更重。

冻害是指气温在 0℃以下的低温危害。常发生于隆冬及早春，由于地温低，根系吸收机能下降，如遇突然降温加上干旱和干冷的西北风天气，树体蒸腾强度大，引起水分失调而落叶。2005 年 3 月份，浙江香榧产区连续 3 次降雪，其中两次雪后立即转晴，气温下降，叶子表面白天融雪，夜晚结冰，叶片发生失水或冻伤，引起大量落叶，症状与柑橘冻害相似，即所谓"雪后霜，柑橘光"。冻害程度多表现为：施肥过多、树根部烧伤的树，重于少施肥的树；冲风处大于缓风处；结果多、生长弱的树重于结果少、发育好的树；上午最早受到阳光照射的树危害更重。当年冻害使诸暨、绍兴、嵊州等地香榧产区 40%～60%大树落叶，落叶枝条幼果全部落光，减产 30%～50%，但对当年抽发的结果枝影响不大。

【防治方法】香榧冻害可以从提前预防和冻后防治两个方面入手，尽量预防和减轻低温对香榧树体生长的影响。

预防措施：

1）香榧苗圃地建设。香榧幼苗树体耐寒能力较弱，苗圃地建设过程中应根据当地气候条件，选择背风向阳地段建圃，避免在低洼地、风口处和海拔过高的高山上建立苗圃。苗圃四周营造防护林带，以降低风速，阻挡寒流。

2）香榧造林地选择。山地造林宜选择避风的东南山坡，海拔较高的地方宜选在山腰地带，以减少高山下沉冷空气沉落山地的影响。

3）土壤增温措施。榧树栽植时应挖深种植沟，保证根系入土深度。低温来临之前可在 11 月中下旬于香榧树体根颈部埋下 10cm 的干草，并培土保温。对于幼树可用杂草或遮阳网搭建三角阴棚遮盖来加以保护。

4）加强肥培管理。结合榧树抚育管理，施足基肥，生长季节加强肥培管理，促进榧树健壮生长，提高树体对低温的抵抗能力。施肥过程中应加强有机肥的使用，以提高地温。

发生冻害补救措施：

1）冬季降雪后，应及时清除树体上的积雪，以避免积雪融化后使树体受冻部分损害加剧。

2）适度修剪榧树，清理冻害受损部位，摘除春季受冻嫩芽，可以刺激芽叶重新萌发，减少树体水分损失。修剪程度宁轻勿深，对受害较重的则应进行深修剪或重修剪。

3）越冬期冻害发生后，要重新增施催芽肥，同时配施一定量的磷、钾肥，在 5 月初每亩增施有机肥 1000kg，以增强榧树抗逆能力。萌芽期冻害发生后，在春芽展开时，喷施叶面肥。

4）喷抑蒸保温剂"六五〇一"和"OED"均能抑制叶片水分蒸发，减少叶片细胞失水，以保持正常的生理功能，达到减轻冻害的目的。

第三节　香榧主要虫害及防治

近年来调查统计表明，目前影响浙江香榧生产的害虫共计 50 余种，主要有香榧细小卷蛾、斜纹夜蛾、白盾蚧、角蜡蚧、盲蝽、香榧瘿螨、天牛以及蝼蛄、白蚁和金龟子等害虫。

一、金龟子

危害香榧的金龟子主要有铜绿丽金龟子、斜矛丽金龟子和东方绒金龟子等种类。浙江各香榧产区均有分布。幼虫蛴螬栖居土中，喜啃食刚刚发芽的胚根、幼苗等，成虫喜啃食危害榧树春季萌发的嫩芽、嫩叶和新梢。

【形态特征】如图 6-6 所示，幼虫（蛴螬）虫体肥大弯曲近"C"形，多白色，有的黄白色。体壁较柔软，多皱。体表疏生细毛。头大而圆，多为黄褐色，或红褐色，生有左右对称的刚毛，胸足 3 对，一般后足较大。腹部 10 节。成虫体长 6～22mm，宽 3～12mm，不同种类形态差异很大。

| A | B | C | D |

图 6-6　A.金龟子幼虫；　B.铜绿丽金龟；　C.斜矛丽金龟；　D.东方绒金龟

【生活习性】幼虫蛴螬年生代数因种、因地而异。一般一年一代，共 3 龄。1、2 龄期较短，第 3 龄期最长。幼虫栖生土中，其活动主要与土壤的理化特性和温湿度等有关。最适的土温平均为 13～18℃，高于 23℃，即逐渐向深土转移，至秋冬土温下降到其活动适宜范围时，再移向土壤上层。一年之中，4 月份出土的金龟子，为害性较大。成虫有强烈趋光性。黄昏后活动为害，以无风闷热的夜晚活动最盛。

【防治方法】

1）作好预防　在香榧育苗地建立及幼林抚育过程中结合育苗营林措施，秋末深翻土地，将成虫、幼虫翻到地表，使其冻死或被天敌捕食、机械杀伤等，消灭部分土壤中所藏越冬的幼虫和成虫虫体；避免施用未腐熟的厩肥，减少成虫产卵；合理灌溉，促使

蛴螬向土层深处转移，避开幼苗最易受害时期。

2）人工捕杀　　在施用有机肥前筛捡有机肥中的幼虫。在成虫活动盛期，利用金龟子假死、趋光特性，进行人工捕捉，或用黑光灯诱杀。

3）饵料诱杀　　根据金龟子喜食习性，用炒菜饼、甘蔗等饵料拌 10%的吡虫啉可湿性粉剂或 40%毒死蜱等药饵（10∶1）诱杀。

4）药剂防治

毒土：每亩用 90%晶体敌百虫 60～1000g，或用 50%辛硫磷乳油 70ml，兑少量水稀释后拌毒土 140kg，在播种或定植时均匀撒施于苗圃地面，随即耕翻。或撒于播种沟或定植穴内，13kg/亩，上覆土后播种或定植。

灌根：在幼虫发生严重、为害重的地块每亩可用 50%辛硫磷乳油 80～100ml，或用 90%晶体敌百虫 80～100g，或用 50%西维因可湿性粉剂 80～100g 兑水 70kg 灌根，每株灌药液 150～200ml，可杀死根际附近的幼虫。

喷雾：在成虫盛发期，对害虫集中的树上，每亩使用 50%辛硫磷乳油或 90%晶体敌百虫 70～100g，兑水 80～130kg 喷雾，或用 20%氰戊菊酯乳油 70ml，兑水 140kg 喷雾。

二、香榧瘿螨

如图 6-7 所示，瘿螨俗称"红蜘蛛"，有的地方也叫"锈壁虱"，属蜱螨目，瘿螨科。香榧产区散生的榧树上发生较为普遍。主要以成若虫刺吸嫩叶或成叶汁液，使叶片光合系统受到破坏。受害后叶背产生红褐色锈斑或叶脉变黄，芽叶萎缩，严重时枝叶干枯，呈现黄红色，似火烧灼状，造成香榧树落叶，对当年果实产量、质量及第 2 年花芽的形成都有影响。

图 6-7　A、B.香榧瘿螨危害症状；　　C、D.香榧瘿螨

【形态特征】体蠕虫形或纺锤形，橙黄色，越夏和越冬时体色橙红。足 4 对，腹部环节的背片和腹部相接处，一般没有明显界限，因此背片和腹片的宽窄、形状和数目几乎都一样；但纺锤形的种类、腹部环节的背片和腹片不同，在腹部两侧相接处有一明显的界限分开，背片宽大，数目少，腹片窄小，数目多。口器短小，一般不超过足长的 2/3，向前或斜向前下方。头胸背板上有背毛或缺口，但没有前背毛和后背毛。

【生活习性】1 年发生 5～9 代，以卵在榧树枝背面的叶痕、树皮缝隙及分枝处越冬。越冬卵于翌年 4 月底～6 月上旬孵化。幼螨孵出后爬到新梢基部叶面聚集为害，以后各代随新梢生长，为害部位逐步上移。从 4 月底至 10 月中旬均有为害发生，全年发生盛期在 5 月中旬至 7 月上旬。成螨羽化后经 1～2 天产卵，每次产卵 15～20 粒，卵散产在叶背侧脉低洼处，借风、雨、人畜活动及苗木传播扩散。气温 18～26℃、相对湿度 70%～80% 有利其生长发育。由于该螨多在叶面活动为害，对抵抗风雨袭击能力较差，连续阴雨或暴风雨后虫口密度显著下降。

【防治方法】

1）药剂涂干　　3 月中下旬用 10% 吡虫啉乳油加 5 倍柴油，或 50% 久效磷乳剂 20kg 兑水 400kg，涂刷树干离地 50cm 高处，操作时先刮除老皮 20cm 宽环状，涂药后用塑料薄膜包扎。

2）喷药防治　　5～7 月份为香榧瘿螨防治的最佳时期，发生期用 80% 唑锡乳油按 1：2000 兑水稀释或波美 0.3～0.5 度石硫合剂喷雾。如发生严重时可用下列专用杀螨剂：5% 尼索朗乳油 2000 倍液；50% 托尔克 2000 倍液；73% 克螨特乳油 3000 倍液；25% 倍乐霸可湿性粉 1000ml 兑水 1500kg 喷雾。第一次喷药后，隔 7～10 天再喷第二次，需连续防治 2 次以上。

三、黑翅土白蚁 *Odontotermes　formosanus*

白蚁属等翅目白蚁科 Termitidae，主要为害香榧树干和根系，不论苗木、成年树均受其害，如图 6-8 所示。苗木受害后成活率低或枝梢缩短；成年树受害后，大量落叶，枝叶稀疏，严重时全株枯死。

【形态特征】有翅成虫体长（不连翅）12～18mm，翅展 30～50mm。全体棕褐色。触角 19 节。前胸背板背观呈元宝形，中央有一淡色"十"字形纹。翅暗褐色。有翅成虫经群飞配对后，雌性为蚁后，雄性为蚁王。蚁后翅脱落，留翅鳞。但腹部逐渐胀大，体长达 70～80mm。工蚁体长 5～6mm，头淡黄色。

A　　　　　　　　　　　　　B

图 6-8　A.黑翅土白蚁蚁路；　　B.黑翅土白蚁

【发生规律】黑翅土白蚁长年居野外地下，为害树木时一般先取食树干表皮和木栓层，后期才逐渐向木质部深入。5～6 月份是为害高峰，7～8 月份则在早、晚和雨后活动，9

月份又形成高峰。蚁巢附近有泥被、泥线。无翅蚁畏光，有翅蚁趋光。群飞前工蚁用新土粒在蚁巢附近植被稀的地方堆成高出地面的群飞孔，群飞孔离蚁巢 1～5m。高峰期在 4 月底至 5 月初。

【防治方法】

1）清理杂草、朽木和树根，减少白蚁食料。

2）诱杀处理：用糖、甘蔗渣、蕨类植物或松花粉等加入 0.5%～1% 的灭幼脲 3 号、卡死克或抑太保，制成毒饵，投放于白蚁活动的主路、取食蚁路、泥被、泥路及分飞孔附近。

3）苗床、果园用氯氰菊酯、溴氰菊酯或辛硫磷等药兑水淋浇，浇后盖土。

4）发现蚁巢后用 50% 辛硫磷乳油 150～200 倍液，每巢用 20kg 药液灌巢。

四、蚧虫

蚧虫也是为害当前香榧生产的主要同翅目害虫，种类较多，主要有矢尖蚧、白盾蚧、角蜡蚧、橘小粉蚧及草履蚧等，如图 6-9 所示。寄主植物除榧树外，还有柑橘、桃、柿、石榴、梨、苹果、枣等。以成虫、若虫群聚于叶、梢、果实表面等处吸食汁液，使受害组织生长受阻，叶绿素被破坏，产生微凹的淡黄色斑点，严重时导致落叶，植株枯死。

图 6-9　A.白盾蚧；　B.橘小粉蚧；　C.矢尖蚧；　D.角蜡蚧

【形态特征】蚧虫种类很多，体态差异较大。体长 1～2mm、2～5mm、5～8mm 不等，多浅黄色。蚧壳白色或浅红褐色，体表多有白色蜡质分泌物，多卵圆形。如表 6-2 所示。

表6-2　常见榧树蚧虫种类形态特征及发生规律

名称	类　别	形态特征	发生规律
白盾蚧	同翅目盾蚧科 Diaspidiae	白盾蚧体长1～2mm，浅黄色，介壳白色。若虫第2、3龄时与雌虫相似。雄虫介壳白色，体两侧平行，群聚	盾蚧1年发生3代，主要以雌成虫及部分若虫在枝叶上越冬。4月中下旬产卵。第1代若虫多在叶背、叶柄、种蒂及枝干伤疤处为害；第2代、第3代若虫则多在种蒂处为害。翌年4月下旬产卵，卵在雌成虫体内孵化，初孵若虫5月中旬。6月上旬日平均气温26℃左右，天气晴朗时陆续从雌蚧体内爬出并扩散，雌蚧腹面留下大量的白色、碎屑状卵壳。若虫寻找合适嫩梢处固定，吸汁为害，9月下旬至10月上旬出现成虫，主要为害期在7～9月
矢尖蚧	同翅目盾蚧科 Diaspidiae	雌成虫约2～5mm，浅黄色，体表有介壳浅红褐色，箭形	
角蜡蚧	同翅目蚧科 Coccidae	雌成虫长约5～8mm，浅黄色，体表有白色蜡质的分泌物。卵圆形。若虫初孵时体扁椭圆形，浅黄色，触角及足很发达。第2、3龄时与雌虫相似	角蜡蚧1年发生1代，主要以受精雌成虫在枝叶上越冬。4月中下旬形成卵囊并产卵。终生均能爬行，无固定时期。第1代若虫多在叶背、叶柄、果蒂及枝干伤疤处为害；第2代、第3代若虫则多在种蒂处为害
橘小粉蚧	同翅目粉蚧科 Pseudoccidae	雌成虫长约2～3mm，浅黄色，体表有白色蜡质的分泌物。卵圆形，浅黄色，触角及足很发达。第2、3龄时与雌虫相似	橘小粉蚧1年发生3代，主要以受精雌成虫在枝叶上越冬，4月中下旬产卵。终生均能爬行，无固定时期。第1代若虫多在叶背、叶柄、种蒂及枝叶伤疤处为害；第2代第3代若虫则多在果蒂处为害。若虫寻找合适嫩梢处固定，吸汁为害，9月下旬至10月上旬出现成虫，主要为害期在7～9月
草履蚧	同翅目珠蚧科 Margarodidae	雌成虫长约8～10mm，浅黄褐色，体表有白色蜡质的分泌物。卵圆形。若虫初孵化时体扁椭圆形，浅黄色，触角及足很发达。第2、3龄时与雌虫相似	草履蚧1年发生1代，主要以受精雌成虫在枝叶上越冬。4月中下旬形成卵囊并产卵。若虫寻找合适嫩梢处，多在叶背、叶柄、枝干伤疤处吸枝为害，9月下旬至10月上旬出现成虫，主要为害期在7～9月。成虫、若虫终生均能爬行，无固定时期

【发生规律】蚧虫1年发生1～3代，主要以雌成虫及部分若虫在枝叶上越冬。4月中、下旬产卵。第1代若虫多在叶背、叶柄、果蒂及枝干伤疤处为害；第2～3代若虫多在果蒂处为害。初孵若虫5月中旬至6月上旬，日平均气温在26℃左右，天气晴朗时陆续从雌蚧体内爬出扩散，吸食嫩梢汁液为害，9月下旬至10月上旬出现成虫，主要为害期在7～9月。

【防治方法】

1）3～4月结合抚育管理，重剪有虫枝条，同时加强肥水管理，促发新芽。

2）3月中下旬用10%吡虫乳油加5倍柴油、或50%辛硫磷乳剂按1：20比例兑水，涂刷树干离地50cm高处，操作时先刮除老皮20cm宽环状，涂后用塑料薄膜包扎。

3）5月中下旬，在林间若虫孵化盛期，可用40%速扑杀乳油1000倍液，或35%快克乳油800倍液，或40%杀扑磷乳油1000倍液喷药防治，效果较好。

五、天牛

天牛幼虫常钻蛀香榧树干和大枝，造成主干大枝枯死，甚至整株枯死。有时也钻蛀顶梢，影响榧树正常生长。根据各地天牛危害情况的调查结果，目前为害香榧的种类主

要有咖啡虎天牛、星天牛和油茶红天牛 3 种，如图 6-10 所示。

A   B

图 6-10　A.油茶红天牛；　B.星天牛

【形态特征】如表 6-3 所示。

表 6-3　主要天牛种类特征及发生规律

种类	形态特征	发生规律
咖啡虎天牛	成虫体长 9.5～15mm，体黑色，头顶粗糙，有颗粒状。触角长度为身体的一半，末端 6 节有白毛，前胸背板隆起似球形，背面有黄白色毛斑点 10 个，腹面每边有黄白色毛斑点 1 个。鞘翅栗棕色，上有较稀白毛形成的曲折白线数条，鞘翅基部略宽，向末端稍狭窄，表面分布细刻点，后缘平直。中后胸腹板均有稀散白斑，腹部每节两边各有 1 个白斑。中、后足腿节及胫节前端大部呈棕红色，其余为黑色。卵椭圆形，长约 0.8mm，初产时为乳白色，后变为浅褐色。幼虫体长 13～15mm，初龄幼虫浅黄色，后熟后色稍加深。蛹为裸蛹，长约 14mm，浅黄褐色	以幼虫和成虫两种虫态越冬，越冬成虫于第 2 年 4 月中旬咬穿树体枝干表皮，出孔危害；越冬幼虫于 4 月底至 5 月中旬化蛹，5 月下旬羽化成虫。成虫交配后产卵于粗枝干的老皮下。卵孵化后，幼虫开始向木质部内蛀食，造成主干或主枝枯死。折断后蛀道内充满木屑和虫屎
星天牛	星天牛成虫体长 19～39mm，宽 6～13.5mm，全体漆黑，具金属光泽。触角第 3 至第 11 每节基部有淡蓝色毛环，毛环长短不一，一般占节长的 1/3；雄虫触角超出体外 4～5 节，雌虫触角超出体外 1～2 节。前胸背板两侧具粗短刺突 1 个；中部有 3 个瘤状突起，中间一瘤明显。鞘翅基部具大小不一的颗粒，其余部分光滑。每一鞘翅上具小形白色毛斑约 20 个，略呈平行不规则横列，有时毛斑合并或消失，以致数目减少。卵长椭圆形，长 5～6mm。初产时白色，后渐变淡黄，近孵化时变黄褐色。蛹体长 25～30mm，宽 14mm，乳白色。翅芽超过腹部腹面第 3 街后缘	1 年发生 1 代，少数地区两年发生一代后 2～3 年 1 代。11～12 月以幼虫在树干近基部木质部隧道内越冬。翌年 4 月中下旬化蛹。蛹期短者 18～20 天，长的约 30 天。5 月上旬至 6 月上旬（最迟 7 月下旬）成虫陆续羽化、交尾和产卵。雌成虫寿命 40～50 天，雄虫较短
油茶红天牛	油茶红翅天牛成虫长 11～17mm，宽 3～4mm，头胸红色。触角第 3 至第 4 节每节基部有淡蓝色；雄虫触角超出体外 4～5 节，雌虫触角超出体外 1～2 节。前胸背板两侧各具粗短刺突 1 个；中部有两个黑色瘤状突起。鞘翅基部具大小不一的颗粒，其余部分光滑。每一鞘翅上具黄色环斑 2 个。卵长椭圆形，长 5～6mm。初产时白色，后渐变淡黄，近孵化时变黄褐色。蛹体长 12mm，宽 3～4mm，乳白色。翅芽超过腹部腹面底 3 节后缘	1 年发生 1 代。11～12 月以幼虫在树鞘受害部隧道内越冬。翌年 4 也中下旬化蛹。蛹期短者 18～20 天，长的约 30 天。5 月上旬至 6 月上旬（最迟 7 月下旬）成虫陆续羽化、交尾和产卵。雌成虫寿命 40～50 天，雄虫较短

【发生规律】1 年发生 1 代，少数地区两年发生 1 代或 2～3 年 1 代。11～12 月以幼虫在树干近基部木质部隧道内越冬。翌年 4 月中下旬化蛹。蛹期短者 18～20 天，长的约 30 天。5 月上旬至 6 月上旬（最迟 7 月下旬）成虫陆续羽化、交尾和产卵。雌成虫寿命 40～50 天，雄虫较短。

【防治方法】

1）结合栽培管理，修剪虫枝、枯枝，消灭越冬幼虫。

2）发现树体上有天牛幼虫蛀道应及时用粘土堵塞，使幼虫窒息死亡。

3）树干涂白以避免天牛产卵。

4）捕杀成虫，星天牛可在晴天中午经常检查树干基近根处，进行捕杀。也可在闷热的夜晚，利用火把、电筒照明进行捕杀，或在白天搜杀潜伏在树洞中的成虫。

5）在 6～8 月，天牛成虫盛发期，经常检查树干及大枝，及时刮除虫卵，捕杀初期幼虫。根据星天牛产卵痕的特点，发现星天牛的卵可用刀刮除，或用小锤轻敲主干上的产卵裂口，将卵击破。当初孵幼虫为害处树皮有黄色胶质物流出，用小刀挑开皮层，用钢丝钩杀皮层里的幼虫。伤口处，可涂石硫合剂消毒。

6）化学防治

施药塞洞　　若幼虫已蛀入木质部，可用小棉球浸 80%敌敌畏乳油按 1:10 的水剂塞入虫孔，或用磷化铝毒签塞入虫孔，再用粘泥封口。如遇虫龄较大的天牛时，要注意封闭所有排泄孔及相通的老虫孔，隔 5～7 天查 1 次，如有新鲜粪便排出再治 1 次。用兽医注射器打针法向虫孔注入 80%敌敌畏乳油 1ml，再用湿泥封塞虫孔，效果较好，杀虫率可达 100%，此法对榧树无损害。幼虫蛀木质部较深时，可用棉花沾农药或用毒签送入洞内毒杀；或向洞内塞入 56%磷化铝片剂 0.1g，或用 80%敌敌畏乳油 2 倍液 0.5ml 注孔；施药前要掏光虫粪，施药后用石灰、黄泥封闭全部虫孔。

喷药　　成虫发生期用 2.5%溴氰菊酯乳油 1000ml 兑水 2000kg、50%杀螟松乳油 1000ml 兑水 1000kg、80%敌敌畏乳油 1000ml 兑水 1000kg 喷药于主干基部表面至湿润，5～7 天再治 1 次。在山区用干百步根塞入虫孔，再用黄泥封牢孔口，效果良好。

六、绿螽斯（*Holochlora japonica* von Wattenwyl）

绿螽斯属直翅目螽斯科 Tettigoniidae，发生普遍，以结果榧树发生较重。成虫和若虫喜欢湿润的环境条件，若虫啃食种子表面，造成落果，如图 6-11 所示。

【形态特征】成虫体长 30mm，前胸宽 5～6mm。体绿色。前胸背板马鞍形。前翅超过腹部末端，后足胫节背面有棘齿 1 列。卵块长形，长 2.0mm，宽 1.4mm。初产时灰白色，有光泽，后渐变为赤褐色，孵化前呈暗紫色。若虫淡绿色，复眼浅黑色。其后头、胸部及足渐变为浅绿色。

【发生规律】绿螽斯在华北以南地区 1 年发生 1 代。以成虫及有翅芽若虫越冬。越冬成虫、若虫于来年 4 月上旬开始活动。5 月份是为害盛期。5 月中下旬在土中产卵。5 月下旬到 7 月上旬是若虫孵化期，6 月中旬孵化最盛。孵化 3 天后若虫能跳动，昼伏夜出，分散为害。秋季天气变冷后即以成虫及老龄若虫潜至土下越冬。若虫共 6 龄。趋光性弱，

喜湿润土壤。

【防治方法】

1）红脚隼、喜鹊、黑枕黄鹂等食虫鸟类是螽斯的天敌，林间减少用药，招引益鸟栖息繁殖，以利消灭害虫。

2）在成虫盛发期，对害虫集中的树体，每亩用 50%辛硫磷乳油或 90%晶体敌百虫 60～100ml，兑水 80～140kg 喷雾，或用 20%氰戊菊酯乳油 30ml，兑水 80～100kg 喷雾。

图 6-11　A.绿螽斯成虫；　B.绿螽斯若虫；　C、D.螽斯危害状

七、香榧硕丽盲蝽（*Macrolygus torreya* Zheng）

香榧硕丽盲蝽属半翅目盲蝽科 Miriidae，寄主为香榧，如图 6-12 所示。若虫和成虫为害榧树的嫩梢和果实，严重时造成枯梢和榧实脱落。

【形态特征】成虫体长 6.8～8.0mm，宽 2～3mm。灰绿色，被细毛。体两侧平行，复眼大，达前胸背板，触角 4 节，第 1 节宽为第 2 节的 2 倍（雌虫）或宽为第 2 节的 1.3 倍（雄虫）。前面观触角窝靠近复眼下缘。喙伸达中足基节端部。前胸背板中央有一条横沟，将其分为前后两部分，小盾片呈倒“V”字形。体下方浅灰绿色，中胸腹板浅黄绿色，胫节端部 1/2 及跗节向端部渐浅青褐色。

【发生规律】每年发生 1 代，以卵在杂草上过冬。为害期一般从 4 月下旬始至 6 月上旬止，历时 50 天左右，为害高峰期出现在 4 月底 5 月初这一时段。受害嫩梢枯萎，受害幼果不久就会脱落，受害成熟果实发黑，开裂。成虫发生时间为 5 月上旬至 6 月上旬。卵产于嫩梢。

【防治方法】

1）营林措施，早春清除树下杂草，消灭越冬虫卵。

2）保护天敌蜘蛛。

3）药剂防治，若虫期每亩可用 10%吡虫啉乳油 70ml，45%辛硫磷乳油 70ml，兑水

100kg；成虫盛发期可用 80%敌敌畏乳油 70ml 兑水 140kg 喷雾防治。

图 6-12　A.香榧硕丽盲蝽；　　B、C、D.香榧硕丽盲蝽危害状

八、香榧细小卷蛾 *Lepteucosm　torreyae* Wu et Chen

香榧细小卷蛾属鳞翅目卷蛾科 Tortricidae，寄主为香榧，如图 6-13 所示。第 1 代幼虫蛀害榧树的新芽，为害严重时树体新芽几乎全部脱落；第 2 代幼虫潜叶。成虫白天有向光、向上爬行的习性，可作短距离跳跃和飞行，夜晚无趋光性。

【形态特征】成虫体长 4.6～6.0mm，翅展 14mm 左右，头顶和前胸灰色，胸部黑褐色，翅基片基部灰白色，前翅灰白色，雄性有前缘褶，最显著的特征前翅 3/4 部分为白色斑块。前翅前缘有 10 组白色斜纹。前翅缘毛灰褐色，后翅前缘部分白色，缘毛灰褐色。

图 6-13　A.香榧细小卷蛾危害症状；B.香榧细小卷蛾冬型成虫；C.细小卷蛾夏型成虫

【发生规律】1 年发生 2 代，以老熟幼虫在榧树主干基部树皮裂缝及树冠下枯枝落叶中做茧越冬，翌年 2 月中旬开始发育化蛹。越冬代幼虫 3 月上旬羽化并开始产卵，香榧叶芽长 1cm 时，达羽化高峰，为害期一般从 4 月上旬始至 5 月中旬，幼虫随虫苞落地后爬出虫苞化蛹，5 月下旬为化蛹高峰，6 月上中旬为第 1 代成虫高峰，6 月下旬

为产卵盛期。第二代幼虫孵化后潜叶危害，7月上中旬为孵化盛期，危害后于11月上旬幼虫老熟进入越冬状态。

【防治方法】

1）11月下旬至次年3月中旬之前清除榧树下枯枝落叶深埋，消灭越冬虫源。

2）3月中上旬香榧新芽长1cm时，防治成虫；4月上旬初见虫苞和7月上旬初见潜道时防治幼虫，每亩可用阿维苏云可湿性粉剂3000倍液喷药防治或抑太保3000倍液喷药防治，也可用5%杀灭菊酯乳油3000～5000倍液，吡虫啉2000倍液喷雾防治。

3）5月上旬用白僵菌粉炮，每亩2个。

4）11月幼虫老熟吐丝下垂时每亩用49%乐斯本乳油60～100ml兑水60～100kg，50%辛硫磷乳油60～100ml兑水60～100kg在树冠下喷雾。

九、鼠害

香榧播种育苗阶段和造林后的幼林抚育期是田鼠危害的两个主要时期。鼠害发生时主要偷食种子、危害幼树，严重时可造成幼树根茎及根茎处侧根大量损伤，引起植株生长不良以致整株枯死。近年来调查发现，鼠害已经成为香榧造林（含实生榧）保存率不高的重要原因之一。

【防治方法】

1）毒饵诱杀　　利用甘氟毒饵灭鼠。毒饵按药：饵料：水=1：30：115的比例配制。即将75%甘氟钠盐50g先用75g温水溶解，倒入115kg饵料（小麦或大米）中，并反复搅拌均匀而成（配制时，要注意操作安全，严防人畜禽误食中毒）。施放时，毒饵应放在田鼠经常活动的有效洞口。每亩苗圃地投毒饵堆数根据鼠穴数量而定，每堆投毒饵1g（30粒）左右，一般防效可达95%以上。

2）熏蒸灭鼠　　在苗圃地于晴天时找出有效洞口，每洞口投磷化铝片剂1片（3～313g），用泥土封洞踏实。施放后，磷化铝片吸收土中水分后分解，放出磷化氢，将田鼠毒死，无需用水灌浇。气温较高时使用，灭鼠效果可达98%以上。

3）生化剂灭鼠　　C型肉毒素（冻干剂）是一种灭鼠效果良好的神经毒素，淡黄色固体，怕光、怕热。应在避光条件下进行配制。配制时可用注射器注入5ml水到冻干剂瓶内，慢慢摇匀，再加入适量水对毒素进行稀释。在搅拌桶内将饵料（小麦、玉米渣）等与毒素稀释液按比例混匀（0.1%浓度的每瓶加水4kg,饵料50kg；0.12%浓度的每瓶加水3kg，饵料38.4kg），然后用备好的塑料布把搅拌桶封严，闷置15h备用。毒饵配制后，投放在田鼠洞口内，避免阳光照到。每洞投饵料300g（约1万单位剂量）以阴天或傍晚投放为好。毒饵要随配随用。

对山地幼林鼠害也可采取下列方法进行防治：

1）田鼠喜隐蔽环境，林下杂草灌木多，鼠害多，应经常清除香榧根际杂草。东阳森太公司香榧基地种于杂草灌木中的榧树鼠害严重，而同一地点林内杂草较少，管理细致的香榧幼树就没有鼠害发生。

2）用波尔多液（硫酸铜：生石灰：水=1：1：10）涂树干基部，并结合清园。波尔多液加入适量硫磺悬浮剂，效果更好。

第七章　香榧加工

香榧为我国特产，集中产于以浙江会稽山脉为核心的诸暨、绍兴、嵊州、东阳、磐安五县、市，栽培历史悠久。香榧不仅是珍稀干果，而且还是很好的保健油料树种，因资源少，价格贵，目前只用于炒制干果。香榧干果风味香酥甘醇，营养丰富，产品长期供不应求，其销售的辐射面也主要局限在浙江省、上海、江苏等地，而且常常出现供应断档，深度加工也因资源不足而无法启动。所以本章介绍的内容仅限于干果加工，而加工产品主要是椒盐香榧和香榧仁等。

第一节　加工前预处理

香榧的采收方法和后熟处理技术直接关系到香榧的产量和品质，许多新产区有的由于不了解香榧的采收和后熟处理技术，而导致香榧种子达不到加工要求；有的不懂加工方法，致使香榧干果品质下降，价格和效益受到影响。为使香榧由经验加工变成科学加工，提高干果品质和商品性，现将香榧采收和后熟处理作一介绍。

一、适时采收

香榧采收过早，果实尚未充分成熟，水分含量高，种子在干燥过程中收缩性大，种仁皱褶，种衣（内种皮）嵌入褶缝而不能剥离，加上含油率低，炒食硬而不脆，无香醇味，产量和质量都受影响。香榧假种皮由青绿转为黄色，有少量裂开时表示已经成熟，即可采收，一般在8月下旬至9月中上旬，到9月中旬后大量种子自然脱落，鼠害严重，影响产量。因此，一当榧实成熟，必须抓紧采收。香榧果实成熟的迟早还与海拔高低、土壤条件有关，应视成熟先后及时安排劳力，做到适时采收。由于香榧果实成熟时已孕育着幼果，为了保护幼果和树体，应该上树采摘，切忌用击落法采收。

二、种子后熟

香榧种仁内含单宁，必须通过后熟处理才能食用。常用堆积法，利用自身的呼吸作用放出热量，低温后熟。第一步，摊放脱皮。采种后带假种皮种子薄摊通风室内，待假种皮开裂、干缩、变黑时，剥去假种皮，收集种核待后熟处理；或将种子堆放通风室内，厚度20～30cm，上覆稻草，待假种皮软化时，用刀片手工清除，剥出种核。此法如堆积过厚，通风不良，堆温过高，容易引起假种皮腐烂，假种皮中的香精原油与果胶汁液从种脐渗入种仁，使品味下降，炒食有榧臭，甚至不堪食用。第二步，后熟处理。剥去假种皮的种核，群众称为"毛榧"，其种仁内单宁尚未转化，若立即洗净、晒干和炒食仍有涩味，须经种子后熟处理，促使单宁转化。方法是将不经清洗的"毛榧"在室内泥地

上堆高 30cm 左右，上盖假种皮或湿稻草，堆沤 15 天，在堆沤期保持堆内温度 35℃左右，温度过低脱涩效果差，过高种核易变质。在堆沤期间，为调节堆的上下温差，常将种核上下翻转 2～3 次，至种壳上残留的假种皮由黄色转黑色，同时种衣由紫红转黑即后熟完成。

种核后熟处理后，选晴天水洗，洗净后立即晒干到种子鲜重的 80%左右后，种壳发白，手摇种核无响声即可，太湿种仁易腐烂，太干核壳易破裂。晒干后种核用单丝麻袋包装出售、贮藏或加工。

第二节 加工技术

加工好坏是提高香榧质量的最后一关。优质香榧，一打开包装就榧香扑鼻。目前仍以炒制椒盐香榧为主要产品。

一、手工炒制椒盐香榧

产区群众仍有采用传统的铁锅人工炒制，以单家独户进行生产。准备好香榧，炒制用粗盐和食用盐，每锅约 7.5kg 粗盐和 7.5kg 香榧干籽，先用旺火将粗盐炒热到温度 80℃左右，放入香榧，继续炒至八成熟，时间 20 分钟左右，筛出香榧，浸入 10%左右的盐水中，时间 30 分钟以上，待其充分吸入盐水后捞出、沥干，先用旺火 80～100℃使水分快速蒸发，再用文火焙干至榧子外表面微有一层盐霜，榧仁呈米黄色，散发香榧特有香味时即可起锅，筛出晾摊。手工炒制香榧品质的好坏关键点在于温度的控制、翻动和盐水浸泡，温度高且均匀、翻动均匀和盐水充分浸透，炒制出来的香榧香脆、入味，品质优。

但手工炒制全凭经验操作，费工、费时，劳动强度大，生产效率低，破损率高，产品质量很难控制，因而有"一个师傅炒十锅，十锅香榧均不同"之说。

二、机械炒制椒盐香榧

采用机械炒制香榧效率高、破碎率低且成本低。根据测试，香榧人工炒制的成本为 1.61 元/ kg，破碎率为 1.5%；而机械炒制的成本仅为 0.68 元/ kg，破碎率降为 0.5%，具有较好的经济效益。目前采用的机械主要有滚筒机和炒茶机改装而成。

（1）原料：香榧、食盐、炒制用粗盐。

（2）工艺流程：准备工作→放盐→炒制→分筛→浸盐水→炒制→包装。

1）准备工作。检查炒制机的空运转情况，有无卡滞等不正常现象；清理机器内部，保持干燥卫生；备足燃料（木柴或煤）、盐等；香榧去杂，分级挑选。

2）放盐。待炒制机加热至一定温度后，一般按香榧 50kg，粗盐 50kg 比例，把适量的食盐加入机器滚筒内，合上顺开关使滚筒旋转，将食盐加热至 100～200℃。

3）第一次炒制。把干燥的香榧加入滚筒，炒制 10～15 分钟（根据香榧干燥程度而定）。使用倒开关放出香榧。

4）分筛。用筛分离香榧和食盐，把过筛后的香榧倒入竹箩筐。

5）浸盐水。将香榧连同竹箩筐浸入准备好的 5%盐水缸里，浸泡 30 分钟左右后，提出竹箩筐沥干香榧。

6）第二次炒制。把沥干的香榧放入滚筒内开始第二次炒制，待香榧稍干后再放入食盐。经过 30～40 分钟炒制，至香榧熟透后，种仁呈米黄色，把香榧从滚筒内放出。然后晾摊、拣杂。

7）包装。炒制好的香榧让其自然冷却后，用塑料食品袋包装密封，贮藏于阴凉干燥处。

（3）质量要求：外壳光洁，无明显的焦斑，咸味适中，手一捏壳就破，脱衣容易，榧仁色泽新鲜，呈米黄色，松脆，后味浓而清香。

三、香榧仁加工

（1）原料：香榧、食盐、炒制用粗盐。

（2）工艺流程：准备工作→放盐→炒制→分筛→浸盐水→炒制→剥壳、去衣→包装。

1）准备工作。检查炒制机的空运转情况，有无卡滞等不正常现象；清理机器内部，保持干燥卫生；备足燃料（木柴或煤）、盐等；香榧去杂，分级挑选。

2）放盐。待炒制机加热至一定温度后，一般按香榧 50kg，粗盐 50kg 比例，把适量的食盐加入机器滚筒内，合上顺开关使滚筒旋转，将食盐加热至 100～200℃。

3）第一次炒制。把干燥的香榧加入滚筒，炒制 10～15 分钟（根据香榧干燥程度而定）。使用倒开关放出香榧。

4）分筛。用筛分离香榧和食盐，把过筛后的香榧倒入竹箩筐。

5）浸盐水。将香榧连同竹箩筐浸入准备好的 5%盐水缸里，浸泡 30 分钟左右后，提出竹箩筐沥干香榧。

6）第二次炒制。把沥干的香榧放入滚筒内开始第二次炒制，待香榧稍干后再放入食盐。经过 30～40 分钟炒制，至香榧熟透后，种仁呈米黄色，把香榧从滚筒内放出。然后晾摊、拣杂。

7）剥壳、去衣。人工挑选外壳无明显焦斑、光洁的种核，剥去外壳，滚搓去除种衣，并用不锈钢刀或干净竹片剔除不易脱落的种衣。

8）包装。用塑料食品袋包装密封，贮藏于阴凉干燥处，或立即用专用塑料薄膜进行小包装（2 粒）。

（3）质量要求：咸味适中，榧仁色泽新鲜，呈米黄色，松脆，后味浓而清香。

四、中国古代榧子加工

公元 11 世纪，苏轼《物类相感志》云："榧煮素羹，味更甜美。猪油炒榧，黑皮自脱，榧同甘蔗食，其渣自软。"

公元 1214 年，高似孙撰《剡录》中载："久厌玉山果，初尝新榧汤，榧肉和以生蜜，水脑作汤奇绝。"

清·徐珂《清稗类钞》饮食类，炒榧子条："以榧子浸于水，经一宿取干，则其皮皆

贴壳，可食；一法：用猪油炒之，榧皮自脱；又法：榧子用瓷瓦刮黑皮，每斤用薄荷霜、白糖熬汁拌炒。"

目前民间尚有水煮脱涩、草木灰拌种脱涩。诸暨民间尚有双熄香榧，系用微火加工，火炉上放竹篓，盛香榧 15kg，微火烘烤，经常翻动至熟，浸盐水，滤干再烘烤至香脆。

第三节　香榧产品的质量标准

一、原料

香榧原料应品种纯正、颗粒匀称齐整，品种与品种类型间不能混杂，做到名副其实。

二、辅料

食盐符合 GB5461 的要求，不得添加任何防腐剂。

三、感官指标

（1）色：外壳呈棕灰色，种仁呈米黄色。
（2）香：有香榧独特而固有的香气。
（3）味：咸味适中、种仁酥松、香醇甘甜、后味鲜滋而清口。
（4）形：颗粒完整，外观无畸形，无明显焦斑，无杂质。
（5）不完善粒各子项和≤1%：
注：不完善包括第一次后熟太过（有榧奶味）、第二次后熟不足（有涩味）、发芽粒（仁破裂）。
（6）去衣容易：破壳后有部分种衣能自行脱落。

四、理化指标

（1）种子理化指标如表 7-1 所示。
（2）净含量允差（500g 以内小包装）为-3%，平均净含量不得低于标明值。
（3）安全卫生指标。安全卫生要求应符合表 7-2 所示的规定。

表 7-1　香榧种子理化指标

项　目	指　标
含水量	<5.0%
种子形状	细长，蜂腹形
单粒重/g	1.45～1.8
出仁率/%	65～68
蛋白质/%	≥11.0
油脂/%	≥54.0
淀粉/%	≤8.0

表 7-2　安全卫生要求

项　目		指　标
砷	mg/kg	≤0.5
镉	mgkg	≤0.05
铅	mg/kg	≤0.2
汞	mg/kg	≤0.01
氟	mg/kg	≤0.5
六六六	mg/kg	≤0.2
滴滴涕	mg/kg	≤0.1
乐果	mg/kg	≤1.0
敌敌畏	mg/kg	≤0.2
对硫磷	mg/kg	不得检出
菌落总数	CPU/g	≤750
大肠杆菌	MPN/100g	≤30
致病菌（系肠道致病菌和致病性球菌）		不得检出

五、标志、标签、包装、运输、贮存

1. 标志、标签

产品包装物上应按 GB7718 规定，有完整、正确的食品标签。在标签上印刷无公害标志，并在标志图形下方同时标印该产品的认证证书编号。

2. 包装

产品包装材料应符合 GB11680 等食品卫生包装材料要求。可采用食品袋封装后，外层用纸盒包装，或复合食品袋封袋包装。也可按销售合同要求包装。包装过程中，注意卫生操作，传染病人不得参与包装。每批次的产品应按同品种、同规格进行包装，其包装规格、单位质量和产品说明应一致。

3. 运输

运输工具应清洁卫生，干燥无污染、无异味，不得与有污染的物品混装，并防止破损和雨雪的侵蚀。

4. 贮存

产品应贮存在通风、干燥、无毒、无异味并且没有贮藏过农药化肥的仓库内。种子袋要堆放在高度 50cm 以上的木架上，与墙面距离不得少于 30cm。贮存期间，要防鼠害，不同批次贮存的品种、数量、规格、贮存时间要登记注册。

5. 保质期

香榧产品常温下保质期至次年 5 月底，冷库贮存保质期 1 年半。加工过的产品不得久藏。

第八章　榧属其他物种的介绍

第一节　榧属分类简史

榧属（*Torreya*）系 Arnott 于 1838 年创立，该属的模式为佛罗里达榧 *Torreya taxifolia* Arn.；1846 年，Siebold 与 Zuccarini 将林奈的 *Taxus nucifera* L. 转隶于榧属，即日本榧 *Torreya nucifera*（L.）Sieb. et Zucc.；1854 年，Torrey 发表了产于美国西部的加州榧 *Torreya californica* Torrey。产于我国东部的榧树是 1857 年由 Lindley 代 Fortune 定名的 *Torreya grandis* Fort. ex Lind.。随后，1899 年，Franchet 发表了我国的巴山榧 *Torreya fargesii* Franch.；1925 年陈焕镛教授发表了产于浙江仙居的长叶榧；1975 年郑万钧等人将分布于云南西北部的榧树从巴山榧中分出定为云南榧 *Torreya yunnanensis* Cheng et L.K.Fu；1990 年李志云、汤兆成将产于浙江遂昌九龙山的形态处于长叶榧与榧树中间的榧树定为榧树新变种九龙山榧 *Torreya grandis* Fort. ex Lind. var. *jiulongshanensis* Z.Y.Li，Z.C.Tang et N.Kang var. nov.。

1927 年胡先骕教授在对榧属系统研究后，在《中国榧属之研究》一文中，根据种子胚乳向内皱褶的深浅，将榧属分为两组：皱乳榧组 sect.1. *Ruminatae* Hu 与榧组 Sect.2. *Nuciferae* Hu。1995 年康宁、汤仲埙根据胡先骕教授的分组将长叶榧、佛罗里达榧、巴山榧、云南榧列为皱乳榧组；将榧树、日本榧、加州榧、九龙山榧归入榧组，并建立分组、分种检索表。

第二节　榧属形态特征

榧属，常绿乔木，枝轮生，平展或稍下垂；树皮不规则纵裂或薄鳞片状脱落。小枝近轮生或近对生，基部无宿存芽鳞；冬芽具数对交互对生的芽鳞。叶交叉对生或近对生，基部扭转排成两列，线形或线状披针形，镰形，坚硬，先端有刺状尖头，基部下延生长，有短柄，上面微拱凸，无明显中脉，下面有两条较窄的气孔带；横切面维管束之下方有一个树脂道，叶脉中具增强细胞；叶表皮细胞为厚壁细胞，表面具角质层；叶肉中有石细胞或无，有较多或大量菱形或六边形结晶。雌雄异株，稀同株；雄球花单生叶腋，稀呈对生，椭圆形或卵圆形，有短梗，具 8~12 对交叉对生的苞片，成四行排列，苞片背部具纵脊。雄蕊多数，排列成 4~8 轮，每轮四枚各有 4（稀 3）向外排列有背腹面区别的下垂花药，药室纵裂，药隔上部边缘有细缺齿，药丝短；雌球花无梗，两个成对生于叶腋，每一雌球花具两对交叉对生的苞片（珠鳞）和一枚侧生苞片（苞鳞），胚珠一个，直立，生于漏斗状珠托上，通常仅一个发育，受精后珠托发育成肉质假种皮。种子全部包被于肉质假种皮中，核果状，顶端有凸起的短尖头，基部有宿存的苞片；假种皮成熟

前绿色，熟时暗紫色，淡紫褐色或有紫色斑点；种皮骨质，内种皮膜质，胚乳向内深皱或微皱。花期 4～5 月，种子翌年 9～11 月成熟。2*x*=22。

第三节 榧属植物分组及种的形态描述

本属共 6 种 2 变种，其中北美 2 种，东亚 4 种 2 变种。根据康宁、汤仲埙的分组和种的形态特征，如下表 8-1 所示：

表 8-1 分组、分种检索表

1. 种子胚乳向内深皱...组 1：皱乳榧组 Sect. *Torreya*

   2. 叶线状披针形、镰状，长达 9～13cm，先端有渐尖的刺状尖头，基部楔形；二、三年生枝红褐色、有光泽；带假种皮的种子近圆形或上部稍宽.......................1. 长叶榧 *Torreya jackii*

   2. 叶线形，直或微呈镰状，长 1.3～4cm，先端微凸尖、微渐尖或渐尖，具刺状短尖头，基部宽楔形；二、三年生枝黄绿色、黄色或淡褐黄色。

      3. 带假种皮的种子倒卵圆形，骨质种皮内壁有两条对生的纵脊；叶肉组织中无石细胞...2. 佛罗里达榧 *Torreya taxifolia*

      3. 带假种皮的种子近圆形；叶肉组织中有石细胞。

         4. 叶长 1.3～3cm，直而不弯、先端有微凸起的刺状短尖头，上面两条纵槽通常不达中上部；骨质种皮内壁无纵脊，胚乳无纵槽.....................3a.巴山榧 *Torreya fargesii* var. *fargesii*

         4. 叶长 2～3.6cm，上部常向上方稍弯，先端具渐尖的刺状尖头，上面两条纵槽常达中部以上；骨质种皮内壁有两条对称的纵脊，沿脊处胚乳有两条纵槽

            ....3b. 云南榧 *Torreya fargesii* var.*yunnanensis*

1. 种子胚乳向内微皱...组 2：榧树 Sect. *Nucifera*

5. 二、三年生枝淡红褐色或至淡红紫色，叶揉烂后有香气。

   6. 叶长 3～5.5 (-6) cm，下面苍白色，具两条微陷的气孔带，叶肉组织中无石细胞；带假种皮的种子圆状卵圆形、椭圆形或倒卵圆形，绿色有散布的紫色斑点

        ....4. 加州榧 *Torreya californica*

   6. 叶长 1.5～3.0（-4）cm，下面绿色，有两条深陷的气孔带，叶肉组织中有石细胞；带假种皮的种子倒卵圆形，暗绿色至紫褐色.....................5. 日本榧 *Torreya nucifera*

5. 二、三年生枝绿色，叶质地较薄；叶揉烂后无香气；叶肉组织中有石细胞。

   7. 叶长 1.1～2.5cm,骨质种子椭圆状卵圆形，两端圆钝.........6a.榧树 *Torreya grandis* var. *grandis*

7. 叶长达 2.5~4.5cm，骨质种子倒卵状圆锥形，下部渐窄，先端扁

.... 6b.九龙山榧　*Torreya grandis* var. *jiulongshanensis*

一、组 1 皱乳榧组

种子胚乳向内深皱，本组共 3 种、1 变种，分布于中国及美国。

1. 长叶榧　（*Torreya jackii* Chun）

乔木，高达 12m，胸径约 20cm；树皮灰色或深灰色，裂成不规则鳞片状脱落；小枝平展或下垂，一年生枝绿色，后渐变为绿褐色，2~3 年生枝红褐色，有光泽。顶芽 3~5 个，瘦小。与榧树有显著区别。叶列成 2 列，线状披针形，质硬，上部多向上方微弯，镰状，长达 9~13cm，宽 3~4mm，上部渐宽，先端有渐尖的刺状尖头，基部楔形，有短柄，上面光绿色，有两条线槽及不明显中脉，下面淡黄绿色，中脉微隆起，有两条灰白色气孔带，气孔带上有排列整齐的乳突；叶片中含有较多的分枝粗短、形态粗壮的石细胞。种子近圆形或上部稍宽，肉质假种皮被白粉，长 2~3cm，顶端有小突尖，基部有宿存苞片，胚乳深皱。种内种子大小、形状、种仁风味变异很大。本种以叶片长大，显著区别于同属其他种。

长叶榧分布于我国东部的浙江南部、西部，福建西部、北部，江西东部、北部和湖北省北部一些地区，地理位置在东经 112°~122°，北纬 26°~32° 之间的低山丘陵地区，以浙江、福建两省资源最多。据高兆蔚在福建调查，该省主要分布于福建省邵武市的将石乡、肖家坊乡、将上乡；泰宁县的梅口乡、上青乡、城关镇、朱口乡、龙湖乡；浦城县九牧乡渭潭村等地，其他县市都呈零星分布，垂直分布在海拔 200~500m 之间。其中邵武市、泰宁县野生资源在 5 万株以上。

浙江为长叶榧资源最多省份，据浙江林学院金水虎等人调查，长叶榧在浙江的分布范围北自富阳市湖源（北纬 29°48′5″），南至庆元县五大堡（北纬 27°40′41″），东起仙居县淡竹（东经 120°35′5″），西至遂昌县三仁（东经 119°8′55″）。分布区域包括杭州市的富阳、桐庐和建德，金华市的浦江，台州市的仙居，丽水市的遂昌、松阳、缙云、云和、青田和庆元，温州市的永嘉等县、市。其中最大分布区在富阳南部、桐庐东南部、建德东北部和浦江西北部边缘地带的龙门山脉中南段；其次是仙居西南部、缙云东南部、永嘉西北部边界的括苍山脉西段；丽水和青田交界的洞宫山脉北段分布也较集中。一般分布于低山丘陵，局部达海拔 1250m 的中山。在桐庐、富阳多分布于 200~850m，而在浙江南部的松阳，庆元则分布于 400~1250m。长叶榧多生于火成岩坡陡、土薄的山坡地，萌芽更新能力很强，多呈丛生状，主干不明显，树高（丛高）多在 6m 以下。浙江全省长叶榧分布的群落总面积约 2600hm²，保存长叶榧约 63 万株（丛），数量最多的五个县、市为：桐庐（1089.5hm²，40.87 万株）、建德（440.0hm²，9.9 万株）、仙居（144.0hm²，7.38 万株）、富阳（174.0hm²，3.47 万株）和浦江（684.0hm²，1.19 万株）。第一分布中心龙门山脉有 2386.0hm²，55.4 万株，其面积和种群数量占浙江总量的 92.4% 和 87.4%；

第二分布中心括苍山脉有 161.8hm^2，7.44 万株，分别占全省总量的 6.3%和 11.7%。

长叶榧种子胚乳深皱，脱衣（内种皮）难，食用价值不高，但种子含油率高达 45% 左右，油质优良，为优质食用油，并可作香榧砧木。

2. 佛罗里达榧 （*Torreya taxifolia* Arn.）

小乔木，高 9m，胸径 10cm 左右，树冠阔塔形，树枝平展，有时略下垂；树皮褐色或淡褐色，条状开裂；小枝绿色或黄绿色。叶排成两列，线形，质硬，直或微呈镰形，长 2.5～4cm，宽 2～4mm，先端尖锐呈刺状，基部宽楔形，有短柄，上面暗绿色，有光泽，下面淡绿色，有两条气孔带；叶片无石细胞，叶揉烂后有强烈刺激性气味。雄球花淡黄色，长 6～8mm，宽 5mm。种子倒卵圆形，长 2.5～3.0cm，径 1.8～2.5cm，熟时假种皮暗绿色，间布紫色条纹；骨质种子倒卵圆形或近球形，淡红褐色，长 2～2.5cm，径 1.3～1.6cm，内壁有两条对生的纵脊，与胚乳表面两条纵凹槽相嵌合，胚乳向内深皱。无食用记录。

本种产于美国佛罗里达州西北部和佐治亚州东南部，生于海拔 30～1500m 的潮湿峡谷的密林中或散生于阿法拉底河沿岸斜坡地带的森林中，由于产地的森林砍伐，本种已处于濒临绝灭的境地。

3. 巴山榧 （*Torreya fargesii* Franch）

乔木，高达 12m；树皮深灰色，不规则纵裂；一年生枝绿色，2～3 年生枝呈黄绿色或黄色，稀淡褐黄色。叶线形，稀线状披针形，通常直，稀微弯，长 1.3～3cm，宽 2～3mm，先端微凸尖或微渐尖，具刺状尖头，基部微偏斜，宽楔形，上面亮绿色，无明显隆起的中脉，通常有两条较明显的凹槽，延伸不达中部以上，稀无凹槽，下面淡绿色，中脉不隆起，气孔带较中脉带为窄，绿色边带较宽，约为气孔带的 1 倍；叶片中有大量纤细、星状分枝的石细胞。雄球花卵圆形，雄蕊花丝短，花隔三角形，边缘具细缺齿。种子近球形，肉质假种皮微被白粉，直径约 1.5cm，顶端具小凸尖，基部有宿存苞片；骨质种皮内壁平滑；胚乳向内深皱。种仁含油率达 50%左右，可食用。

巴山榧分布于陕西略阳、勉县、安康、平利、岚皋，甘肃微县、武都、康县、岷县及四川宝兴、峨嵋、广元、南江、城口、万源、巫溪、巫山、奉节和南川，湖北巴东、兴山、通山，河南商城及安徽霍山，散生于海拔 1000～1800m 的针阔叶林中。本种为我国榧树中分布地域最北、抗寒性最强的一种。

4. 云南榧 （*Torreya fargesii* Franch. var. *yunnanensis*）

云南榧与巴山榧在形态特征上相近，1984 年 Silba 认为两者是同一种。康宁、汤仲埙则认为两者在某些形态特征上有显著差异，且地理分布不同，将云南榧定为巴山榧向西南分布的地理变种。

云南榧与巴山榧的主要区别在于叶较宽长（长 2～3.6cm，宽 3～4mm。），叶面积大于巴山榧 1 倍左右，叶上部常向上稍弯，微呈镰形，先端渐尖，有刺状长尖头，上面有两条达中上部的纵槽，下面有两条较中脉带窄或等宽的气孔带，边缘约为气孔带宽的

2～3 倍；叶片中有少量纤细、星状分枝石细胞；骨质种皮内壁有两条对生的纵脊，与胚乳的纵槽相嵌合，与巴山榧有显著区别。

本变种产云南贡山、中甸、维西、丽江、卢水、云龙和兰坪以及贵州童梓柏枝山等地。生于海拔 2000～3400m 中高山地带的阔叶林或针阔叶混交林中或陡峻山坡的岩石缝中，喜温凉湿润的气候以及棕色森林土，生态习性与巴山榧有显著差别。

二、组 2 榧树组种子胚乳向内微皱。本组模式为榧树（*Torreya grandis* Fort. ex Lind.）

本组共 3 种、1 变种。分布于日本、美国和我国。

1. 加州榧（*Torreya californica* Torrey）

大乔木，树高 5～30m，胸径 10～60cm，枝条平展，树冠塔形或圆形；树皮灰褐色，开裂；一年生枝黄绿色，二年生枝红褐色。叶列成 2 列，揉碎后有浓烈芳香，线形或线状披针形，坚硬，长 3～6cm，宽 2.5～3mm，先端渐尖或急尖，基部扭曲，有短柄，上面暗褐色，有光泽，具浅凹槽，下面苍白色，叶片中无石细胞。雄球花长椭圆形，近无柄，淡黄色，长 10mm。种子椭圆形、倒卵圆形或长圆状卵圆形，长 3～5cm，直径 2.5cm，假种皮绿色，散布有紫色斑点，种核卵圆形，顶端有小凸尖，胚乳周围向内微皱，未见食用记载。

本种分布于美国加利福尼亚州中部 *Coast Region* 山区，从 *Mendocino Country* 至 *Santa cruz* 的山间溪流沿岸及内华达州西北部一带，散生于海拔 30～1500m 的潮湿地区森林中。

2. 日本榧（*Torreya nucifera* (L.) Sieb. et Zucc.）

乔木，在原产地树高达 25m，胸径 90cm；树皮灰褐色或淡红褐色，幼时平滑，老树裂成薄鳞片状脱落；一年生枝绿色，无毛，二年生枝渐变成淡红褐色，3～4 年生枝呈红褐色或微带紫色，有光泽。叶成两列，线形，直或微弯，长 1.5～3.3cm（稀 4cm），宽 2.5～3mm，中上部渐窄，先端有凸起的刺状尖头，基部骤缩成短柄，上面微拱凸，深绿色，有光泽，下面淡绿色，中脉平或微隆起，气孔带黄白色或淡褐黄色，淡绿色中脉带稍窄或等宽；叶片中有多量形状粗短或细长，几无分枝的石细胞；种子椭圆状倒卵圆形，长 2.5～3.2cm，直径 1.3～1.7cm，成熟前假种皮暗绿色，熟时紫褐色；种核表面有不规则浅槽，胚乳微内皱。种仁含油率达 55%左右，可食用。日本报道，日本榧种子油能通过麻痹蛙和豚鼠体内寄生虫的神经而在 5～10 分钟内将其杀灭。

本种产日本本州岛的岩手、宫城、山形、新泻、那须、群马、琦玉、歧阜、静冈、名古屋、滋贺、三重、兵库、冈山、九州岛的屋久岛和对马岛等地。有文献记载朝鲜半岛南端的所安群岛亦有分布。散生于低海拔的常绿阔叶林中。我国青岛、庐山、南京、上海、杭州等地有引种栽培，作庭园树，生长比榧树慢。

3. 榧树（见本书第二章介绍）

4. 九龙山榧（*Torreya grandis* Fort. ex Lind. var. *jiulongshanensis* Z.Y.Li, Z.C.Tang et N.Kang,var. nov.）

九龙山榧是近年新发现的形态界于长叶榧与榧树之间一个类群，1990 年定为榧树的新变种。主要特征是高大乔木，树高 20m 以上，胸径 30cm 以上；叶长 2～4.5cm，宽 3～4mm，比榧树叶大，比长叶榧小；雄球花比榧树大，胚珠先端略呈暗红色，种子形状近似于榧树中的芝麻榧类型，但种核尾部扁平，是其与其他种不同的显著特征。单株或几株散生于长叶榧边缘地带如浙江磐安县安文镇及遂昌县九龙山自然保护区。数量很少，但树体高大，生长旺盛。

上述榧属 6 个种、2 个变种中，产于美国的 2 种，产于东亚的 4 种、2 变种。美洲种叶片中无石细胞，而东亚种及变种全部有石细胞。东亚的日本榧及美国加州榧叶片有刺激性香味，而中国产的几种榧树叶片全无香味。榧树、日本榧、九龙山榧属高大乔木，为优良用材树种，长叶榧多呈丛生状小乔木，云南榧、巴山榧形态相近，也属小乔木。东亚产的 4 个种与 2 个变种，种子都富含油脂和蛋白质（如表 8-2 所示）。据陈振德等人分析日本榧种子含 17 种氨基酸，总含量达 14.11%，为东亚种中最高；榧树、长叶榧、九龙山榧、巴山榧和云南榧的氨基酸含量分别为 9.9%、7.26%、9.87%、6.07% 和 5.03%。

表 8-2　国产榧属植物种子含油量及脂肪酸组成

脂肪酸/%	榧树子	日本榧子	九龙山榧子	长叶榧子	巴山榧子	云南榧子	香榧子
含油率/%	39.2～61.0	54.19	47.34	42.67	49.58	50.27	54.3～64.5
棕榈酸	8.3	7.2	8.8	8.3	8.3	9.0	7.7～8.1
棕榈油酸	0.1	～	0.3	3.2	0.1	0.3	0.2
硬脂酸	3.3	2.0	3.5	2.0	4.9	2.5	2.7～3.6
油酸	30.8～35.6	34.4	38.0	31.8	34.5	24.1	33.2～35.6
亚油酸	40.6～45.7	45.5	39.2	38.5	44.0	46.4	40.8～45.1
山嵛酸	9.6	8.5	5.3	11.2	5.5	12.3	7.7～10.2
亚麻酸	1.0	0.2	1.7	1.8	0.4	1.5	0.8～1.1
花生三烯酸	2.3	1.0	2.1	2.4	1.7	3.0	1.2～2.1
不饱和脂肪酸	74.7～81.9	81.3	82.0	77.8	81.2	76.1	79.8～84.3

由表 8-2 可见，东亚产的榧树均为油料树种，但种子可食用的仅榧树和日本榧，而作为干果栽培的只有榧树中香榧一个品种。长叶榧性耐贫瘠，可在土层瘠薄甚至岩石裸露地方生长，是重要的耐瘠、护坡、保持水土的生态经济树种。北美产的 2 种榧树种子能否利用，目前尚未见报道。

我国榧属植物种类最多，资源最丰富，不同种类资源数量：榧树>长叶榧>巴山榧>云南榧>九龙山榧。日本榧有少量引种，但生长结实情况不如国产榧。国产榧中仅香榧作为干果树种人工栽培，其余作为食用和药用的主要是榧树种子，其他榧的开发利用有待研究。

附录　香榧栽培周年农事历

1~2月（相对休眠期）	全树处于相对休眠状态，但根系仍不断生长，雌花芽进入分化盛期。 （1）林地枯枝清理。平地及梯地土壤翻耕。 （2）砌树盘、修水池、清理水平沟，用土或草覆盖地表裸根。 （3）冬季修剪。成年树剪去病虫枝、过密枝，老树截干更新。
3月（萌芽抽梢期）	混合芽萌发，营养芽开始膨大。 （1）圃地3月初春播种育苗，开始嫁接至11月份。 （2）可进行高接换种或高接雄花枝。 （3）施好抽梢肥和开花肥，小树每株施100g复合肥，大树每株施500~1000g复合肥。 （4）春季造林至4月中旬，小苗造林后及时遮阴。
4月（花期）	混合芽开花，营养芽萌发抽梢，病虫开始发生。 （1）采集雄花粉，人工辅助授粉。 （2）保花保果，落果严重的应喷施1.8%爱多收水剂5000倍液。 （3）病虫害防治。①金龟子用10%吡虫啉可湿性粉剂2500倍液喷雾防治。②香榧小卷蛾用10%吡虫啉可湿性粉剂2500倍液喷杀。 （4）间种绿肥。幼林种植印尼绿豆、印度豇豆、赤豆、绿豆等夏季绿肥，播种时每亩施钙镁磷肥5kg、硫酸钾10kg、钼酸铵2g。
5~6月（种子快速增大期）	新梢生长，花后落花落果期，2年生幼果进入体积快速增大及生理落果期。 （1）保果。第2次喷施1.8%爱多收水剂5000倍液。 （2）病虫害防治。香榧小卷蛾用10%吡虫啉可湿性粉剂2500倍液喷杀，种子细菌性褐腐病用菌毒清800倍液喷防，并注意林地排水。 （3）继续圃地地下害虫防治，用熟石灰、敌克松撒、灌土壤防治菌核性根腐病。 （4）追肥。对成年树施种子膨大肥，每株施500~1000g复合肥。
7~8月（种子内部充实期）	种子由体积生长转入内部充实时期，雨季结束，进入旱季。 （1）除草覆盖。夏季伏旱来临前，结合收割绿肥，连根清除杂草、杂灌，覆盖绿肥、杂草或嫩绿枝叶，厚约10cm，并用泥块压住。 （2）新造幼林遮阴、保湿、灌溉保苗。 （3）苗圃地遮阴，或喷雾降温到9月份。 （4）病虫害防治。① 继续防治菌核性根腐病。② 香榧小潜蛾。第二代开始危害新梢，用10%吡虫啉可湿性粉剂2500倍液喷杀。③ 小地老虎、蛴螬。用50%辛硫磷乳剂1000倍液浇灌，或用菜饼、甘蔗等饵料拌10%吡虫啉可湿性粉剂等药剂诱，配比为10:1。④ 茎腐病。采取根际覆草、保护圈遮荫，加强肥水管理等保护措施至9月底。 （5）高温来临，加强抗旱，做好灌溉覆盖作业。
9月（种子采收期）	香榧成熟、采收，做好枝叶保护工作。 （1）清除林下杂草，便于采收。 （2）9月上旬种皮部分开裂时及时采收。手工采摘，切忌用竹竿击落，并注意安全。 （3）播种冬季绿肥，如紫云英、豌豆、苜蓿等。 （4）施采后肥。以有机肥为主，每亩施土杂肥2500kg，或栏肥1000kg。 （5）9~10月为秋季嫁接最佳时期。

10～12 月 （树体养分积累 期）	地上部分进入相对休眠期，根系仍旺盛生长，11 月初雌花芽开始分化。 （1）土壤瘠薄、根系裸露林地进行覆草、培土、增施有机肥、保温，促进根系生长。 （2）11 月份香榧细小卷蛾幼虫吐丝下垂，每亩用 49%乐斯本乳油 60～100ml 兑水 60～100kg 树冠下喷防。 （3）育苗圃地翻耕以风化土壤，消灭地下病虫害。 （4）冬季造林最好时机。 （5）清园，深耕改土。 （6）种子增温湿砂层积催芽。

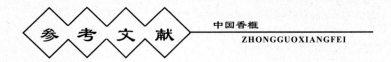

艾尔·敏德尔著，方勤译. 1999. 维生素圣典. 呼和浩特：内蒙古人民出版社

安徽徽州地区林业志编委会. 1991. 徽州地区林业志. 合肥：黄山书社

安徽植物志协作组. 1985. 安徽植物志(第1卷). 合肥：安徽科学技术出版社

曹若彬，方华生，许彩霞等. 1985. 香榧细菌性褐腐病病原细菌的鉴定. 浙江农业大学学报，11（4）：439－442

柴承佑，张锦绶. 2001. 皖南樵山香榧. 中国林业，9：41

陈可詠. 1990. 用C带方法分析三倍体香榧的染色体组. 植物学报，32（9）：731－732

陈其峰. 1987. 中国果树栽培. 北京：农业出版社

陈振德，郑汉臣. 1997. 中药"榧子"的本草论证与原植物调查. 中国野生植物资源，（1）：5－6

陈振德，郑汉臣等. 1998. 国产榧属植物种子含油量及其脂肪酸测定. 中国中药杂志，23（8）：456－457，481－482

陈振德等. 1996. 榧属植物的研究进展. 国外医药·植物药分册，11（4）：150－153

陈振德等. 2000. 国产榧属植物种子氨基酸的测定. 中药材，23（8）：456－458

陈振德等. 2000. 香榧子油对实验性动脉粥样硬化形成的影响. 中药材，23（9）：551－552

陈振德等. 1997. 中药"榧子"的本草考证与原植物调查. 中国野生植物资源，（1）：5-6

戴文圣，黎章矩，程晓建. 2006. 杭州市香榧生产的发展前景与对策. 浙江林学院学报，23(3)：334-337

戴文圣，黎章矩，程晓建等. 2006. 香榧林地土壤养分、重金属及对香榧子成分的影响. 浙江林学院学报，23(4)：393-399

戴文圣，黎章矩，程晓建等. 2006. 香榧林地土壤养分状况的调查分析. 浙江林学院学报，23（2）：140 -144

丁 度. 1983. 集韵. 北京：中国书店出版社

丁建林，施玲玲等. 2001. 香榧低产原因及丰产栽培试验. 林业科技开发，15（3）：35－37

丁玉洲等. 2003. 安徽省木本药用植物虫害发生与危害记述Ⅱ. 安徽农业大学学报，30（2）：197－201

东阳县林业局. 1986. 东阳县林业区划

樊汝汶，乔士义，李文鉥. 1989. 树木显微解剖图谱. 北京：中国林业出版社

福建植物志编写组. 1982. 福建植物志. 厦门：福建科学技术出版社

傅家瑞. 1995. 种子生理. 北京：科学出版社

傅雨露等. 1999. 香榧产量与气象因子关系分析. 上海农业科技，（1）：69-70

干 铎，陈 植，马大浦. 1964. 中国林业技术史料初步研究. 北京：农业出版社

高似孙. 剡 录. 1990. 北京：中华书局

高兆蔚. 1997. 我国特有树种长叶榧的生物学特性与保护问题研究. 生物多样性，5（3）：206－209

管启良，袁妙葆等. 1993. 香榧的核形和性别的早期鉴别. 林业科学，29（5）：389－392

国家环境保护局，中国科学院植物研究所. 1987. 中国珍稀濒危保护植物名录：第一册. 北京：科学出版社

何 方. 1983. 经济林栽培学. 北京：中国林业出版社

何 方. 2003. 应用生态学. 北京：科学出版社

何 方. 2000. 中国经济林区划. 北京：中国林业出版社

何关福，马忠武等. 1986. 香榧树叶精油成分与化学分类. 植物分类学报，24（6）：454－457

候曼玲. 2004. 食品分析. 北京：化学工业出版社

胡先骕. 1927. 中国榧属之研究

黄昌勇，石伟勇. 2002. 新世纪现代农业与土壤肥料. 北京：中国环境科学出版社

黄华宏，童再康等. 2005. 香榧雌花芽部分内源激素的 HPLC 分析及动态变化. 浙江林学院学报，22（4）：390－395

黄全兴，华新运，任钦良. 1993. 黎川岩泉香榧资源调查. 江西林业科技，6：9-12

黄少甫，王雅琴等. 1990. 香榧性别的早期鉴定. 林业科学研究，3（2）：127－131

黄友儒，林来官. 1982. 长叶榧生物学和生态学特性的初步研究. 武夷科学，2（2）：43－48

徽州地区香榧联合调查组. 1992. 徽州地区香榧种质资源调查. 经济林研究，10(1)：56-61

江西上饶地区农业局. 1981. 农业科技适用手册. 南昌：江西人民出版社

姜培坤，叶正钱，徐秋芳. 2003. 高效栽培雷竹土壤重金属含量的分析研究. 水土保持学报，17（4）：61－63

姜新兵，陈力耕等. 2002. 2004. 香榧体细胞胚发生的研究. 园艺学报，31（5）：654－656

金水虎，丁炳杨等. 浙江省长叶榧资源及群落学特征. 浙江林学院学报，19（1）：27－30

金天大，张 虹，王洪泉等. 1997. 日本榧叶挥发油成分分析. 中药材，20（11）：563－565

康 宁，汤仲埙. 1995. 榧属分类学研究. 植物研究，15（3）：349－361

寇宗奭. 1990. 本草衍义. 北京：人民卫生出版社

黎章矩，骆成方，程晓建. 2005. 香榧种子成分分析及营养评价. 浙江林学院学报，22（5）：540－544

黎章矩，钱莲芳. 1989. 山茱萸嫁接技术研究. 浙江林学院学报，6（4）

黎章矩. 2003. 山核桃栽培与加工. 北京：中国农业科学技术出版社

黎章矩，程晓建，戴文圣. 2005. 香榧品种起源考证. 浙江林学院学报，22(4)：443-448

黎章矩，高 林，王白坡. 1995. 浙江省名特优经济树种栽培技术. 北京：中国林业出版社

黎章矩，程晓建，戴文圣等. 2004. 浙江香榧生产历史、现状与发展. 浙江林学院学报，21（4）：471-475

李 鹏，黄衡宇. 2001. 湘西香榧自然资源及其保护利用. 中国野生植物资源，20（6）：23-24

李 昉. 公元976～984. 太平广记(卷二百七十二·妇人三)

李桂玲，王建锋，黄耀坚等. 2001. 植物内生真菌抗肿瘤活性菌株的筛选. 菌物系统，20（3）：387－391

李桂玲，王建锋，黄耀坚等. 2001. 几种药用植物内生真菌抗真菌活性的初步研究. 微生物学通报，28（6）：64－68

李三玉. 1991. 干果. 杭州：浙江科学技术出版社

李三玉. 1997. 干果类果树生产技术疑难问题解答. 北京：中国农业出版社

李时珍. 1975. 本草纲目. 北京：人民卫生出版社

梁 丹，吴 勇，曾燕如等. 2007. 香榧 AFLP 实验体系的建立. 福建林业科技，（2）

梁 丹. 2007. 利用 AFLP 标记进行榧树雌雄株鉴定. 浙江林学院硕士学位论文

刘 权，刘海等. 1993. 香榧的种质资源数量分类的研究. 浙江农业大学学报，19（2）：129－134

吕阳成，宋进等. 2005. 香榧假种皮种紫杉醇的检定. 中药材，28（5）：370－372

罗 冰，胡菊芳. 2005. 江西柑橘冻害及其变化和防御对策. 江西气象科技，28（1）：25－27

马正山，曹若彬. 1982. 香榧细菌性褐斑病的初步研究. 浙江林业科技，2（3）：23－25

马正山，施拱生. 1986. 香榧生物学特性的初步研究. 亚林科技，（3）：31－35

孟鸿飞，金国龙等. 2003. 诸暨市香榧古树资源调查研究. 浙江林学院学报，20（2）：134－136

倪德良，徐建平等. 1994. 野生香榧开发利用初步研究. 浙江林学院学报，11（2）：206－210

磐安县林业局. 1986. 磐安县林业区划

任钦良，何相忠. 1998. 香榧良种——细榧起源考略. 经济林研究，16（1）：52－54

任钦良. 1989. 香榧生物学特性的研究. 经济林研究，7（2）：56－59

任钦良. 1983. 香榧授粉特性及其应用效应的研究. 亚林科技，（1）：18－21

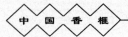
任钦良. 2001. 香榧 中国经济林名优产品图志. 北京：中国林业出版社

任钦良. 1985. 浙江省名特优经济树种栽培技术. 北京：中国林业出版社

任钦良等. 1981. 低丘红壤引种香榧初获成果. 浙江林业科技, 1（4）：167－168

上饶地区农业局. 1981. 农业科技实用手册. 南昌：江西人民出版社

绍兴市林业局. 1986. 绍兴市香榧生产调查报告——绍兴市林业区划

申世永, 张 耀. 2005. 陕西榆林森林鼠害发生现状及防治对策. 防护林科技, （增）：58－59

何 方, 胡芳名主编. 2004. 经济林栽培学（第二版）. 北京：中国林业出版社

嵊县林业局. 1986. 嵊县林业区划

施 良, 王伏雄. 1989. 香榧营养苗端细胞组织分区的超微结构观察. 植物学报, 31（5）：343－348

施良等. 1989. 香榧营养苗端的结构与淀粉动态的研究. 植物学报, 30（4）：341－346

史忠礼, 赵国芳. 1973. 香榧种子休眠的研究. 植物学报, 15（2）：279－280

苏敬等. 唐本草. 1981. 合肥：安徽科学技术出版社

苏梦云, 周国璋. 1997. 香榧花芽分化与核酸的关系研究新报. 林业科学研究, 1：114－117

苏 轼. 1982. 苏轼诗集. 北京：中华书局

苏 轼. 公元11世纪. 物类相感志.

孙蔡江. 2002. 香榧细菌性褐腐病的病状与防治. 森林病虫害防治, 10（5）：14

孙蔡江等. 2003. 香榧紫色根腐病的防治. 浙江林业科技, 9（5）：43－44

谭晓凤, 胡芳名等. 2002. 香榧主要栽培品种的RAPD分析. 园艺学报, 29（4）：69-71

汤仲埙, 陈祖铿, 王伏雄. 1985. 香榧后期胚的发育与结构. 植物学报, 27（6）：582－588

汤仲埙. 1986. 香榧有性生殖周期研究. 植物分类学报, 24（6）:447-453

汤仲埙. 1993. 浙江森林. 北京：中国林业出版社

唐锡华. 1953. 香榧树的胚胎分化. 植物学报, 2：193－200

陶弘景. 1986. 名医别录. 北京：人民卫生出版社

童品璋等. 2003. 诸暨香榧的现状, 问题与对策. 经济林研究, 21（4）：148－150

童品璋, 马正山, 曹若彬等. 1986. 香榧细菌性褐腐病研究. 浙江林学院学报, 3（2）：67－71

王俊杰, 唐海兵. 2001. 香榧营养袋扦插育苗试验研究. 安徽林业科技, （2）：7－8

王立中, 李 华, 韦昌雷. 2005. 大兴安岭蒙古栎主要病虫鼠害及其防治技术. 防护林科技, （5）：92

王向阳, 修丽丽. 2005. 香榧的营养和功能成分综述. 食品研究与开发, 26（2）：20－22

王 忻. 1988. 三才图会. 上海：上海古籍出版社

王肇慈. 2001. 粮油食品卫生检测. 北京：中国轻工业出版社

维生素工作室编著. 2003. 维生素全书. 汕头：汕头大学出版社

吴普等. 1982. 神农本草经. 北京：人民卫生出版社

吾中良, 徐志宏等. 2005. 香榧病虫害种类及主要病虫害综合控制技术. 浙江林学院学报, 22（5）：545－552

武夷山区农业气候资源论文集编委会. 1987. 武夷山区农业气候资源论文集. 北京：气象出版社

郗荣庭, 刘孟军主编. 2005. 中国干果. 北京：中国林业出版社

香榧资源调查及区划协作组. 1986. 浙江省绍兴市香榧资源调查及区划

徐传宏. 1999. 驱虫良药——香榧子. 农村百事通, （3）：30－32

徐荣章. 1989. 天目山木本植物图鉴. 北京：中国林业出版社

徐志发. 2001. 岩泉野生香榧探秘. 植物杂志, （4）：8－9

徐志宏, 吾中良. 2004. 香榧病虫害防治彩色图谱. 北京：中国农业科学技术出版社

徐志宏, 吾中良等. 2005. 浙江省香榧病虫害及害虫天敌种类调查. 中国森林病虫, 24（1）：14－19

亚热带丘陵山区农业气候资源研究课题协作组. 1988. 亚热带农业气候资源研究论文集. 北京：气象出版社

杨　芳，徐秋芳等. 2003. 不痛栽培历史雷竹林土壤营养与重金属含量的变化. 浙江林学院学报，20（2）：111－114

杨逢春. 1990. 天目山自然保护区自然资源综合考察报告. 杭州：浙江科学技术出版社

杨一光. 1990. 香榧资源的生态地理分布与开发利用. 湖南林业科技，4：39

杨玉爱，王　珂，叶正钱等. 1994. 有机肥资源及其对微量元素的螯合作用和利用的研究. 土壤通报，25（7）：21－25

杨月欣，王光亚. 2002. 实用植物营养成分分析手册. 北京：中国轻工业出版社

叶　适. 叶适集. 1982. 北京：中华书局

叶仲节，柴锡周. 1986. 浙江林业土壤. 杭州：浙江科学技术出版社

余象煜，李　平，林亚康. 1987. 香榧小孢子叶球的发育及花粉超微结构研究. 杭州大学学报，14（3）：343－346

余象煜，李　平，董霞云等. 1986. 香榧假种皮的结构及其芳香油研究. 杭州大学学报，13（3）：347－351

余象煜，李　平. 1982. 香榧种子的油脂分析. 杭州大学学报，9（3）：324－328

俞德浚. 1979. 中国果树分类学. 北京：农业出版社

玉景祥. 1993. 浙江植物志总论. 杭州：浙江科学技术出版社

曾勉之. 1935. 浙江诸暨之榧. 园艺，1（1）：11－17

张宏章，承仰周等. 银杏苗圃鼠害的综合防治方法. 江苏林业科技. 2001，28（2）：56－57

张　虹，王洪泉，陈振德. 2002. 日本榧叶挥发油成分抗菌抗真菌作用研究. 中国药师，5（9）：549

张虹等. 2003. TLC-HPLC 法分析榧属植物叶中的紫杉醇. 第二军医大学学报，24（1）：106－107

张华海. 2000. 贵州裸子植物新资料. 贵州科学，18（4）：315

张贱根. 2006. 茶树冻害的发生预防补救措施. 茶叶通报，28（1）：12－13

张跃林. 1995. 安徽广德山区香榧资源现状及开发利用. 林业科技开发，4：11

章文才，江爱良. 1983. 中国柑橘冻害研究. 北京：农业出版社

浙江林业志编委会. 2001. 浙江林业志. 北京：中华书局

浙江农业大学主编. 1961. 果树栽培学（下卷）. 杭州：浙江人民出版社

浙江磐安县政府. 2002. "玉山香榧"原产地域申报材料，2－5

浙江省林业勘察设计院，浙江林学院. 2001. 浙江林业自然资源·野生植物. 北京：中国农业科学技术出版社

浙江省林业厅. 2002. 浙江省森林食品安全质量标准汇编，381－415

浙江省人民政府农办组编. 1999. 《浙江专业之乡》. 北京：中国农业科技出版社

浙江省香榧产业协会. 2005－2007. 中国名果——香榧，各期

郑万钧，傅立国. 1978. 中国植物志（第七卷）. 北京：科学出版社

郑万钧. 1961. 中国树木学（第一分册）. 南京：江苏人民出版社

中国农业科学院等. 1987. 中国果树栽培学. 北京：中国农业出版社

中国树木志编委会. 1976. 中国主要树种造林技术. 北京：农业出版社

中国土壤学会. 1999. 土壤农业化学分析法. 北京：农业科技出版社

国家药典委员会. 2005. 中国药典. 北京：化学工业出版社

周大铮，易杨华，毛士龙等. 2004. 香榧假种皮中的木脂素成分. 药学学报，39（4）：269－271

周大铮等. 2001. 香榧活性化学成分研究. 第二军医大学硕士论文

周大铮等. 2002. 香榧假种皮的二萜类成分. 中草药，33（10）：877

周国璋. 1985. 香榧雌雄株叶片酚类物质的比较研究. 林业科技，4：16

周荣汉等. 1994. 紫杉醇及短叶醇在白豆杉中的存在. 中国医科大学学报，25（5）：259

诸暨市林业局. 2003. 枫桥香榧画册

诸暨县林业局. 1986. 绍兴县林业区划

（英）格雷厄姆. 2003-01-15. 富足之灾. 参考消息转载

Robertson A, B. Sc. 1904. Spore Formation in Torreya californica. The New Phytologist, 3: 133

Robertson A, B. Sc. 1904. Studies in the Morphology of Torreya californica, Torrey. II. The Sexual Organs and Fertilization. The New Phytologist, 3: 206-216

Coulter J M, Land W J G. 1905. Gametophytes and embryo of Torreya taxifolia. Botanical Gazette, 39:161-178.

Hu Hsen—Hsu. 1927. Synoptical Study of Chinese Torreyas. Contributions from the Biological Laboratory of the Science Society of China, 3 (5): 8-9 1-37 27

Lohstein J E, et al. 1935. Histology, chemistry and pharmacodynamics of the seeds of Torreya nucifera, a vermifuge drugs from China and Annam. Bull. Pharmacol. Sci., 42: 343

Margaret Kemp. 1943. Morphological and ontogenetic studies on Torreya californica Torr. I. The vegetative apex of the megasporangiate tree. American Journal of Botany, 30: 504

Margaret Kemp. 1959. Morphological and ontogenetic studies on Torreya californica. II. Development of the megasporangiate shoot prior to pollination. American Journal of Botany, 46: 249 - 261

Tang S-H (唐锡华). 1948. The embryogeny of Torreya grandis. Bot. Bull. Acad. Sin. (国立中央研究院植物汇报)，(2): 269-274.